“双高建设”新型一体化教材

金属塑性加工原理

Principles of Metal Plastic Processing

主　编　刘　捷　赵加平
副主编　胡　新　张文莉　蔡川雄

本书数字资源

北　京
冶 金 工 业 出 版 社
2024

内 容 提 要

本书根据高职高专的教学特点和要求编写而成，书中在介绍基本理论知识的基础上，突出应用和实训。全书内容分为两部分。第一部分为塑性变形原理，主要介绍各种压力加工方法都具有的共性知识，其内容包括绪论、金属塑性变形的力学基础、金属在塑性变形中组织和性能的变化、塑性变形的基本定律、金属塑性变形时变形和应力的不均匀、金属的塑性和变形抗力、金属压力加工中的外摩擦和润滑；第二部分为轧制原理，介绍的内容包括轧制的基本问题、实现轧制过程的条件、轧制时金属的横变形和纵变形、轧制压力的计算、传动轧辊所需力矩及功率、轧制时的弹塑性曲线和连轧基本理论。

本书可作为高职高专院校金属压力加工专业及金属材料类其他相关专业的教学用书，也适用于金属材料加工企业技术人员参考学习和轧制工岗位培训。

图书在版编目(CIP)数据

金属塑性加工原理／刘捷，赵加平主编. —北京：冶金工业出版社，2024.6

“双高建设”新型一体化教材

ISBN 978-7-5024-9786-6

Ⅰ. ①金… Ⅱ. ①刘… ②赵… Ⅲ. ①金属压力加工—高等职业教育—教材 Ⅳ. ①TG301

中国国家版本馆 CIP 数据核字(2024)第 053492 号

金属塑性加工原理

出版发行 冶金工业出版社　**电　话** (010)64027926
地　址 北京市东城区嵩祝院北巷 39 号　**邮　编** 100009
网　址 www. mip1953. com　**电子信箱** service@ mip1953. com

责任编辑 杨盈园 刘林烨 美术编辑 彭子赫 版式设计 郑小利
责任校对 王永欣 责任印制 禹 蕊
北京印刷集团有限责任公司印刷
2024 年 6 月第 1 版，2024 年 6 月第 1 次印刷
787mm×1092mm 1/16；12. 25 印张；295 千字；182 页
定价 46. 00 元

投稿电话 (010)64027932 投稿信箱 tougao@cnmip. com. cn
营销中心电话 (010)64044283
冶金工业出版社天猫旗舰店 yjgycbs. tmall. com
(本书如有印装质量问题，本社营销中心负责退换)

前　言

本书是按照教育部高职高专人才培养目标以及应具有的知识结构、能力结构和素质要求，在总结多年理论教学和实践教学经验，并吸收相关企业技术人员的实践经验基础上编写的。塑性变形和轧制原理是金属压力加工专业的理论基础课之一，是进一步学习其他专业课的基础。为配合该课程的教学，特编写了本书。本书主要包括塑性变形的一般原理和轧制原理两部分内容。鉴于冶金企业，尤其是钢铁行业中主要的塑性变形方式是锻造和轧制，本书主要以自由锻造和纵轧，同时兼顾挤压和拉拔，来介绍金属塑性加工的特点及其分类、金属塑性变形基础理论、塑性加工对金属组织结构与性能的影响规律、金属在塑性加工过程中的塑性行为、金属塑性加工过程中的摩擦与润滑、金属塑性加工过程中的不均匀变形等知识。

本书与同类图书比较，具有以下特点：

(1) 注意由浅入深、理论联系实际。强调基础，注重实用，以培养学生利用理论知识分析解决实际问题的能力。

(2) 注重理论在工程实践中的运用。在书中列举相关理论在金属塑性加工的科研与生产中的应用案例，从而为优化塑性加工工艺和提高金属制品质量，研发新的加工技术和新型金属材料提供理论指导。

(3) 强化理论与实训的结合。在书中穿插部分课内实训，在理论学习之后引入实训项目，使学生能够学以致用，应用理论指导实践。

(4) 本书可以配套金属塑性加工原理资源库使用。

(5) 融入课程思政，培养专业素养和专业技能。能培养学生认真、仔细、耐心的专业素养，精益求精的工匠精神，团队协作的精神，适合在教学中润物细无声地融入思政内容。

(6) 嵌入教学视频，便于碎片化学习。书中采用智慧职教资源库、职教云等嵌入学习资源，如生产现场视频、设备仿真操作动画等，时间长度控制在 3 ~ 10 min，教师和学生实景操作，在虚拟环境中感受工厂生产的过程。

本书由刘捷、赵加平担任主编，参加编写的有刘捷（项目1～项目4）、赵加平（绪论、项目5～项目8）、胡新（项目9、项目10）、张文莉（项目11、项目12）、蔡川雄（项目13、项目14）。全书由刘捷负责最终定稿，赵加平负责全面统稿，胡新负责全面核校。

作者在本书编写过程中，参阅了许多文献资料，在此对这些文献资料的作者表示衷心感谢。

由于时间仓促，编者的水平有限，不妥之处恳请读者予以批评指正。

编　者
2023年9月

目　　录

0 绪　　论

0.1 金属成型方法

众所周知，除水银外，金属（包括纯金属和合金）常温下大多数是固态晶体。金属除具有一定的形状外，还有坚硬性、延展性和特殊的光泽，是优良的导热体和导电体。人们正是利用金属加工后的各种形状和各种性能，来满足社会各个行业的需求。

要把冶炼得到的液态金属加工成各种形状、尺寸并具有一定性能的产品，必须应用各种成型的方法。金属成型的方法有以下三种。

0.1.1 质量减少的成型方法

即由大质量的金属去除部分质量后，获得一定形状和尺寸的工件。如：金属切削加工的车、刨、铣、磨、钻等；去掉局部金属的冲裁、剪切、气割、电切等；在酸、碱溶液中把金属制品蚀刻成花纹的蚀刻加工。该成型方法的优点：可得到尺寸精确、表面光洁、形状复杂的产品；缺点：原料消耗多，能量消耗大，生产率低，成本高，不能改善金属的组织结构和性能。

0.1.2 质量增加的成型方法

即由小质量的金属累积成大质量的金属产品。如：铸造、电解沉积、焊接和铆接、烧结等。该成型方法的优点：可获得形状较为复杂的产品，原料消耗少，成本低；缺点：存在难于消除的各种缺陷，如：铸锭中的各种缺陷（偏析、疏松、气孔和组织不均匀等）使金属的力学性能低下；电解沉积得到的金属虽无铸造缺陷，但尚不能广泛应用。

0.1.3 质量不变的成型方法

即金属本身不分离出多余质量，也不累积增加质量的成型方法。这种方法是利用金属的塑性，对金属施加一定的外力（大多数为压力），使之产生塑性变形，改变其形状和性能，从而获得所要求的产品。这种成型方法也称金属塑性加工或金属压力加工。

金属塑性加工过程中，若不计切头、切尾、切边和高温氧化烧损，可认为变形前后金属的质量不变；若再忽略变形过程中金属密度的变化，可认为金属的体积不变（体积不变定理）。所以，金属的塑性加工又叫无屑加工。该方法的优点：因为无屑，故可节约金属，产品成材率高；可改善金属的内部组织结构，提高其物理、力学性能；产量高、能耗少、成本低，适于大批量生产。缺点：该方法仅适用于加工具有塑性的金属；对要求形状复杂、尺寸精确、表面十分光洁的产品尚不及切屑加工方法；在成本和形状复杂程度方面远不如铸造方法；大多数压力加工设备体积庞大，加工薄而细及批量少的产品，成本较高。

0.2　金属压力加工的主要方法

金属压力加工的主要方法有轧制、锻造、拉拔、挤压、冲压等。

0.2.1　轧制

在金属压力加工方法中，由于轧制生产率高、产量大、产品规格多、成本低，故应用最为广泛。它是借助于两个旋转的轧辊与金属接触后产生的摩擦力，将金属拖入两个轧辊之间的辊缝中，再在两轧辊的压力作用下，使金属完成塑性变形的过程。简而言之，轧制是指金属在两个旋转的轧辊之间的辊缝中进行压缩，产生塑性变形的过程。目前，轧制方式根据轧辊的布置和运动、轧件的运动不同可分为三种：纵轧、斜轧和横轧。三种轧制方式的特点见表0-1。

表 0-1　三种轧制方式的特点

轧制方法	轧辊布置	轧辊运动	轧件运动	生产的产品
纵轧（见图0-1）	两轧辊轴线平行	两轧辊旋转方向相反	轧件的运动方向与轧辊轴线垂直	各种板、带、箔材和型、线材
斜轧（见图0-2）	两轧辊轴线不平行，在水平面上的投影呈一定角度	两轧辊旋转方向相同	轧件做既旋转又前进的螺旋运动，前进的方向沿轧辊轴线交角的中心线	斜轧穿孔用实心圆坯生产管坯、轧制管材
横轧（见图0-3）	两轧辊轴线平行	两轧辊旋转方向相同	轧件与轧辊同步旋转，两者旋转方向相反	齿轮坯、车轮和轴类等回转体工件

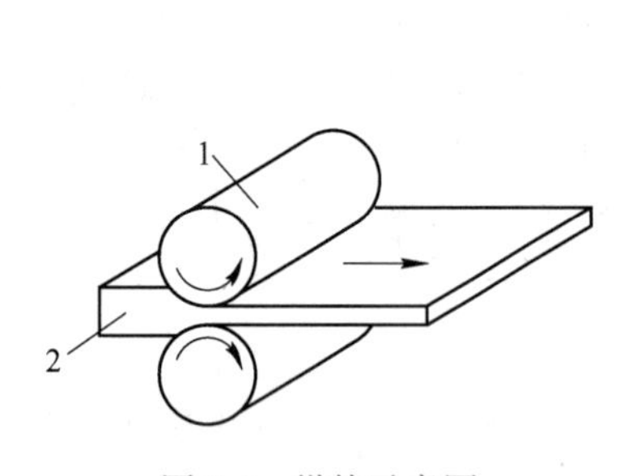

图 0-1　纵轧示意图
1—轧辊；2—轧件

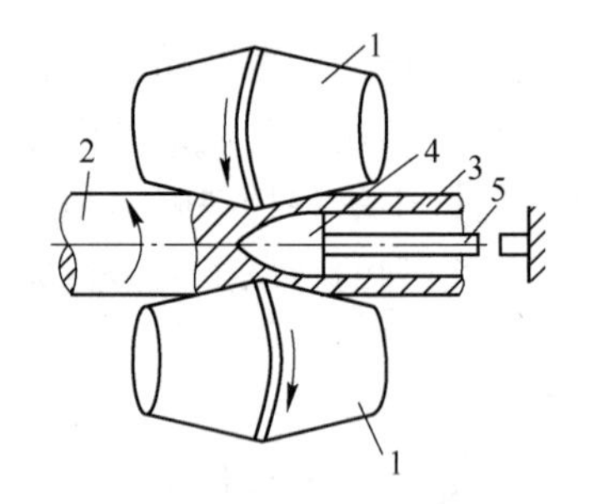

图 0-2　斜轧简图
1—轧辊；2—坯料；3—毛管；4—顶头；5—顶杆

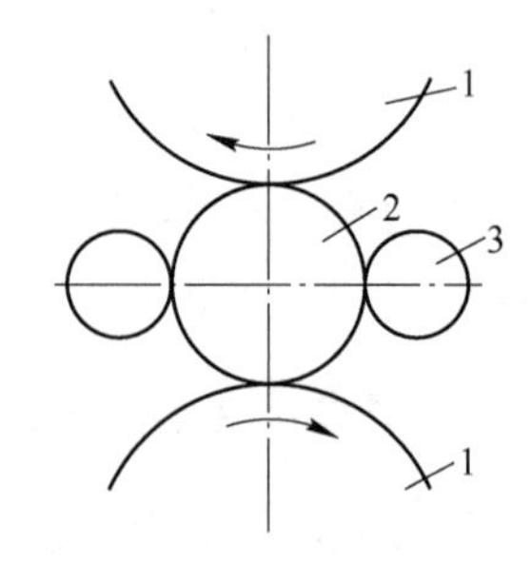

图 0-3　横轧简图
1—轧辊；2—轧件；3—支撑辊

在上述三种轧制方式中，纵轧应用最为广泛。纵轧的特点是轧件高度方向上被压下的金属向纵向和横向流动，但向纵向流动的多、向横向流动的少，得到长度长、宽度小的轧件。纵轧所用轧辊有两种：平面轧辊和孔型轧辊（见图0-4）。平面轧辊用于轧制板、带、箔材；而孔型轧辊用于轧制型、线材等。孔型轧辊上有刻槽，上下两轧辊的刻槽对齐，形成一定尺寸的孔型，轧件就在孔型中轧制。

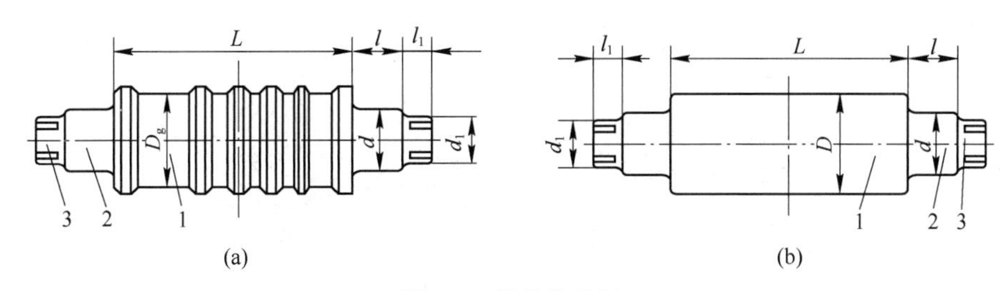

图 0-4 纵轧的轧辊

（a）孔型轧辊；（b）平面轧辊

1—辊身；2—辊径；3—辊头

0.2.2 锻造

锻造是一种古老的压力加工方法，俗称“打铁”。它是利用锻锤的往复冲击力或压力机的压力使金属进行塑性变形。锻造可分为自由锻造和模型锻造。

0.2.2.1 自由锻造

自由锻造是在上下往复运动的锤头的冲击作用下使金属产生塑性变形，而砧座通常固定不动（见图 0-5）。其特点是压缩变形的金属向四周自由流动，不受工具形状的严格限制。自由锻造的操作方法主要有：

（1）镦粗：使坯料断面增大、高度减小的锻造工序。

（2）拔长：使坯料断面减小、长度增加的锻造工序。

（3）冲孔：在坯料上冲出贯通孔或不贯通孔的锻造工序。

（4）扭转：使坯料一部分相对于另一部分绕其轴心线旋转一定角度的锻造工序。

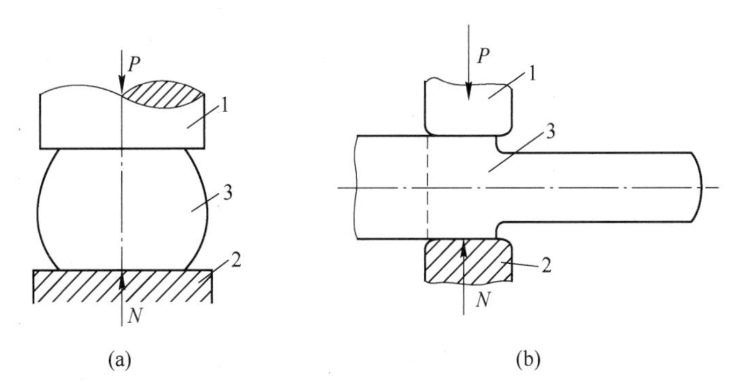

图 0-5 自由锻造

（a）镦粗；（b）拔长

1—上锤头；2—下砧座；3—锻件

0.2.2.2 模型锻造

模型锻造是将金属放在两个锻模形成的模腔中，使金属发生塑性变形而获得与模腔一样的形状（见图 0-6）。其特点是塑性变形的金属流动受到模腔的严格限制。模型锻造通常分为开式模锻和闭式模锻。

（1）开式模锻：开式模锻时，在模腔周围的分模面处有多余的金属形成飞边。正是由于形成飞边，才使金属充满整个模腔。开式模锻一般用于锻造形状较为复杂的工件。

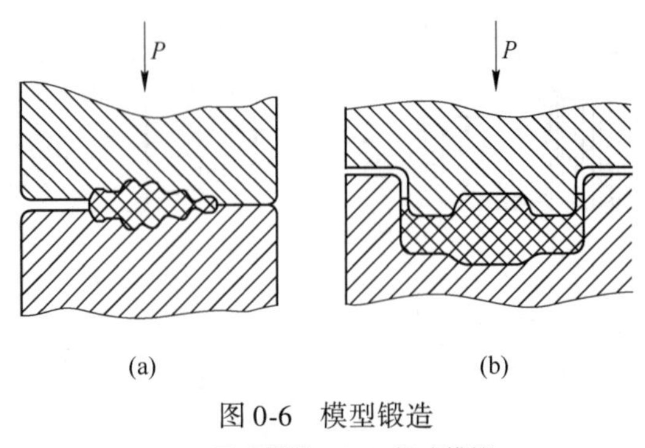

图0-6　模型锻造
(a) 开式模锻；(b) 闭式模锻

(2) 闭式模锻：在闭式模锻过程中整个模腔是封闭的，无飞边形成，故能节约金属，减少能耗。但因无飞边形成，难于保证金属充满整个模腔，故闭式模锻一般多用于锻造形状简单的工件。

锻造能有效地改善金属的铸态组织，提高金属的塑性和强度，所以锻造广泛应用于工业各部门。锻造的原料是金属锭和轧制坯。机械制造厂通常设有锻造车间，为后序加工提供组织和性能合格的坯料。锻造也能生产各种各样的产品，如曲轴、连杆、涡轮机的叶轮、轮船和飞机的螺旋桨、枪身和炮管等。但必须指出，同轧制相比，锻造生产率较低，机械化和自动化水平有待进一步提高。

0.2.3　挤压

挤压一般是把加热的金属坯料放在挤压机上的挤压筒中，通过挤压杆和挤压垫对金属施加推力，使金属从挤压模的模孔中流出，获得所需要的形状的制品的压力加工方法，如图0-7所示。

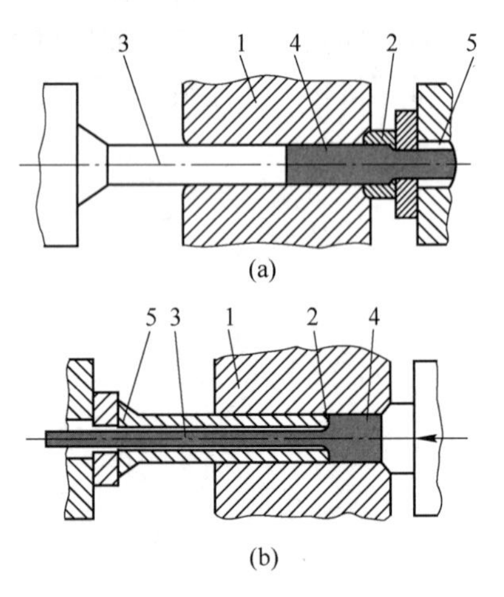

图0-7　挤压的基本方法
(a) 正挤压法；(b) 反挤压法
1—挤压筒；2—模子；3—挤压轴；4—铸锭；5—挤压制品

根据挤压杆和流出模孔的金属两者运动方向的关系，挤压可分为正挤压和反挤压。正挤压是指挤压时挤压杆的运动方向和金属的流动方向相同；而反挤压是指挤压时挤压杆的运动方向和金属的流动方向相反。

挤压可充分发挥金属的塑性，但金属的变形抗力很大，需要的挤压力很大。为了减小金属的变形抗力，从而使塑性变形更易进行，通常挤压前要加热金属，因此挤压大多数是热挤压。

挤压多用于有色金属及其合金的加工，尤其是低塑性金属的加工，产品多为棒材、型材和管材。

0.2.4　拉拔

拉拔是在管、棒、线材等金属一端施加拉力，使金属通过固定不动的拉拔模的模孔，得到断面减小、长度增加的产品的压力加工方法。

拉拔包括空心制品的拉拔和实心制品的拉拔。最具代表性的空心制品和实心制品分别是管材和丝材。拔管和拉丝，如图 0-8 所示。拔管是将管坯通过拉拔模的模孔（管坯心部可用芯头或不用芯头），然后在管坯前端施加拉力，使管径减小、管壁减小（或加厚）、长度增加。拉丝是将丝材穿过模孔，在丝材前端施加拉力，使丝材断面减小、长度增加。

拉拔大多数是冷加工，产品表面光洁，尺寸精确。拉拔因冷加工会产生加工硬化，金属的强度和硬度提高，而塑性和韧性降低，因而拉拔过程中常常需要进行中间退火（即再结晶退火）来消除加工硬化，以便继续拉拔。

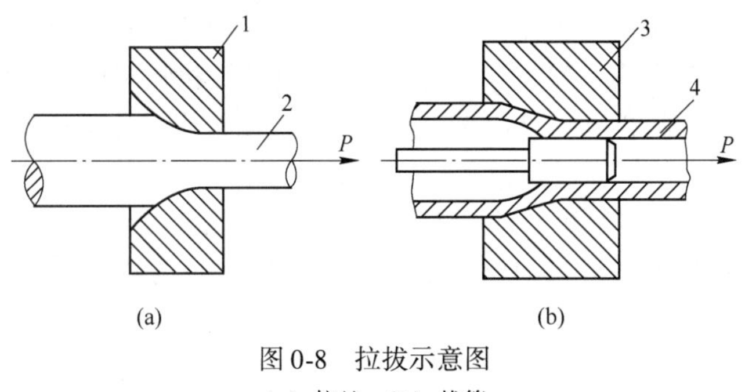

图 0-8　拉拔示意图

（a）拉丝；（b）拔管

1，3—模具；2—丝材；4—管材

0.2.5　冲压

冲压又称板料成型，它是对厚度较小的板材，利用专门的冲模，使金属产生塑性变形，获得所需要的形状与尺寸的零件或坯料的加工方法。冲压可进一步分为分离和成型两大类。

0.2.5.1　分离

使冲压件与板料沿一定的轮廓线相互分离，如冲裁、剪切等工序。在冲裁中，从板料上冲下所需形状的零件（或坯料）称为落料；在板料上冲出所需形状的孔（冲去的部分为废料）称为冲孔（见图 0-9）。

0.2.5.2　成型

使板料在不破坏的条件下发生塑性变形，成为具有一定形状和尺寸的工件，如拉伸、弯曲等。拉伸又称为拉延，它是将板料通过冲模变成带底开口空心零件的冲压成型工艺，如图 0-10 所示。用这种方法可以生产弹壳、汽车外壳以及日常生活用品（锅、碗、盆等）。

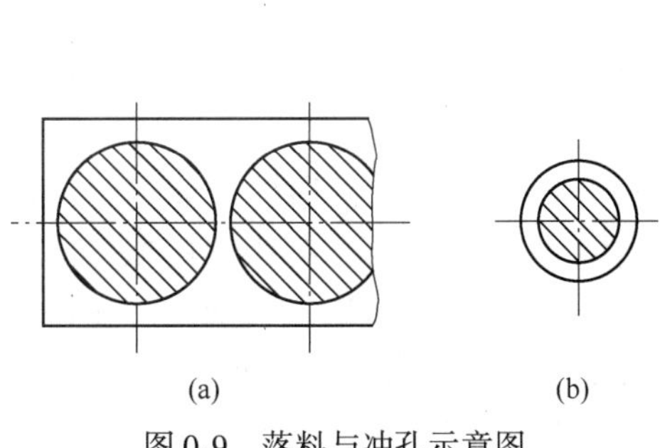

图 0-9　落料与冲孔示意图

（a）落料；（b）冲孔

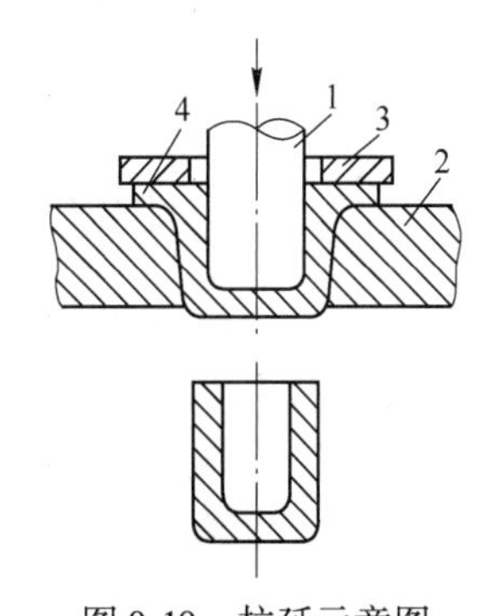

图 0-10　拉延示意图

1—冲头；2—模子；3—压圈；4—产品

冲压一般为冷加工，可以得到尺寸精度高、外观美观、强度较高的冲压件。冲压既能加工大型件，也能加工小型件，并且很容易实现机械化和自动化生产，材料利用率也很高，一般可达70%～85%，故冲压生产广泛应用于汽车、拖拉机、飞机、轻工业等制造业中。

0.2.6　组合的压力加工方法

为了扩大产品品种和提高金属成型的精度和效率，可将上述各种压力加工方法组合起来，形成新的压力加工方法，如图0-11所示。例如锻造和轧制组合的锻轧过程，可以生产各种变断面工件；轧制和挤压组合的轧挤过程，可以对用斜轧法难于穿孔的连铸坯进行穿孔；拉拔和轧制组合的拔轧过程，其轧辊不用电机带动，而靠拉拔工件带动，能生产精度较高的各种断面型材。冷轧带材的张力轧制也是一种拔轧组合，可减小轧制力，得到厚度更薄的带材；轧制和弯曲组合的辊弯过程，可使带材通过轧辊构成的孔型进行弯曲成型，生产各种弯曲断面的型材；轧制和剪切组合的搓轧过程（也称为异步轧制），因两轧辊旋转速度不等，从而导致上下辊面对轧件摩擦力方向相反的搓轧条件，可显著降低轧制力，生产高精度极薄的带材。

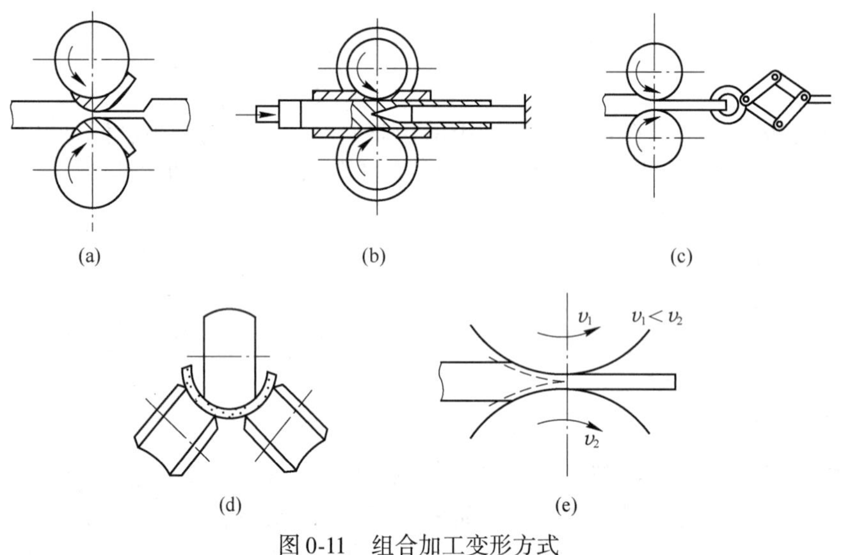

图0-11　组合加工变形方式

（a）锻轧；（b）轧挤；（c）拔轧；（d）辊弯；（e）搓轧

0.3　金属压力加工在国民经济中的作用和发展

金属压力加工的产品在国民经济中应用极为广泛。我们常用的一般钢材、钢轨、钢梁、钢筋、滚珠轴承、飞机机翼外壳、舰船船体、大炮炮筒等，都必须用压力加工的方法来优质地、大量地生产。据统计，在铁路运输工具中所用的金属压力加工产品占其金属制品的96%，在汽车和拖拉机制造业中约占95%，在农业机械中占80%，在航空航天工业中占90%，在机械制造业中占70%，基本建设中约占100%。总之，金属压力加工产品被应用于各行各业，面面俱到，无所不包。

就钢铁企业来说，通常冶炼出来的钢，除极少量用铸造方法制成零件外，绝大部分是用压力加工方法制成产品，而且其中90%以上都要经过轧制。某些钢材虽非直接由轧钢车间生产，但基本上由轧钢车间供料。由此可见，轧钢生产在现代钢铁企业中占据十分重要的地位，对促进整个企业的生产发展起关键的作用。

当今金属压力加工工业发展迅猛。目前除轧制、锻造、拉拔、挤压、冲压等几种传统普遍应用的压力加工方法外，还出现了爆炸成型、液态铸轧、粉末加工、液态冲压、振动加工等新的压力加工方法，以及各种压力加工方法的相互联合。其次，随着冶金技术的发展，自动控制和计算机技术的广泛应用，以及科学技术水平的提高，促使金属压力加工技术已发展到很高水平。如冷热带钢连轧机已全部实现了自动化控制，H型钢及其他异形钢材已经实现了连续轧制，高速线材轧机最高速度已达140 m/s。企业的生产能力和生产规模得到了很大的提升。同时，在金属压力加工行业中新工艺、新技术的不断应用，扩大了产品的规格、种类，改善了产品的性能，提高了生产率，降低了能源消耗和原材料消耗。

不同的压力加工方法具有不同的金属变形特点，即便如此，它们在加工过程中都有共同的基础，例如，加工对象均是具有塑性和变形抗力的金属，都需要外力并发生塑性变形，在工件和工具之间都存在外摩擦，金属的组织和性能都要发生变化。这些共同的基本概念、基本知识、基本规律构成了塑性变形原理。众所周知，在所有压力加工方法中，由于轧制生产率最高、产量最大、产品规格种类最多，使轧制成为应用最为广泛的压力加工方法。也正是由于此原因，人们对轧制的研究最多，相关的理论知识也多而复杂。

习 题

0-1 金属成型有哪几种方法？

0-2 什么是金属压力加工，其优缺点有哪些？

0-3 金属压力加工的目的是什么，主要方法有哪些？

0-4 什么是轧制，轧制方式有几种？

0-5 简要说明纵轧的轧辊布置和运动方式及轧件的运动特点，纵轧的产品有哪些？

0-6 什么是自由锻造，它主要包括哪些工序？

项目1　金属塑性变形的力学基础

在金属压力加工中，为了使金属发生塑性变形，必须施加一定的外力。在外力作用下，金属像其他物体一样要发生运动。一旦金属运动受阻，金属内部的原子会偏离平衡位置而产生变形，与此同时，金属内部将产生内力。根据去除外力后变形能否消失，金属的变形可分为弹性变形和塑性变形。本章介绍外力、内力和变形的基本概念和基本知识。

模块1.1　金属塑性加工时所受的外力

外力是指外界施加在变形物体上的力。金属在塑性变形过程中受到的外力有两种，即作用力和约束反力。

1.1.1　作用力（主动力）

作用力是压力加工设备上可动工具对变形金属施加的外力，也称主动力。如锻造时可动工具是锻锤［见图1-1(a)］，它对锻件施加的压力 P 是作用力；挤压时可动工具是挤压杆，它通过挤压垫对金属施加的挤压力 P 是作用力；拉丝时拉拔卷筒是可动工具，它对工件施加的拉力 P 是作用力。

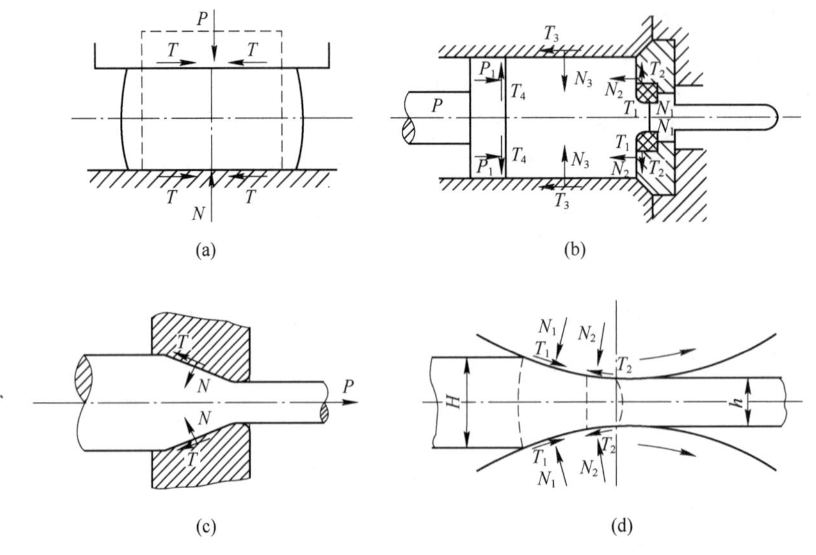

图1-1　各种压力加工方法的受力分析

(a) 镦粗；(b) 挤压；(c) 拉拔；(d) 轧制

1.1.2　约束反力

在金属压力加工过程中，工件在主动力作用下要运动，但工件运动受到工具阻碍就会发生变形。工件的塑性变形是通过其内部金属质点的流动而实现的，而金属质点流动时又会受到工件与工具接触面上摩擦力的阻碍。因此，在主动力作用下，工件的整体运动和其内部质点的流动受到工具阻碍时，就产生约束反力。约束反力有两种：正压力和摩擦力。

1.1.2.1　正压力

正压力是在工具和工件接触面的法线（即垂线）方向上阻碍工件整体运动或金属质点流动的力。应注意：正压力的方向总是垂直于接触面，并指向工件，不一定和作用力 P 在同一条直线上［图 1-1(b)和(c)中的 N］。

1.1.2.2　摩擦力

摩擦力是沿工具和工件接触面的切线方向上阻碍变形工件中金属质点流动的力。应注意：摩擦力的方向和接触面平行，并与金属质点的流动方向或流动趋势相反（图 1-1 中的 T）。

1.1.3　轧制时轧件受到的外力

在常见的压力加工方法中，轧制的情况较为特殊。就简单轧制来说，其特殊性表现在以下 4 个方面［见图 1-1(d)］。

（1）轧件受到的外力仅来自于轧辊，只存在径向压力 N 和摩擦力 T。

（2）由于轧制是靠轧件和运动的轧辊之间产生的摩擦力将轧件拖入辊缝进行压缩变形的，而摩擦力的产生必须有径向压力存在，因此谁是主动力很难划分，也无必要划分。

（3）在轧制过程中摩擦力既起有效作用，又对塑性变形起阻碍作用。

（4）轧制变形区可分为前滑区和后滑区。在前滑区摩擦力的水平分量和轧件的运动方向相反；在后滑区摩擦力的水平分量和轧件的运动方向相同。

模块 1.2　内力、应力和应力集中

1.2.1　内力

1.2.1.1　内力的定义

当物体受外力的作用时，物体内部将出现与外力相平衡、抵抗变形的力，这个力叫内力。内力与外力大小相等，方向相反。

1.2.1.2　内力产生的原因

金属中产生内力的原因有两个：

（1）外力作用：在外力作用下，物体产生变形时，则物体内部便产生与外力相抗衡的内力。

（2）物理作用或物理化学作用，包括不均匀变形、不均匀加热和冷却，不均匀相变等。这些作用会在物体内部产生相互平衡的内力。如金属板材不均匀加热的结果（见图 1-2），将使板材温度高的右半部膨胀大，而温度低的左半部膨胀小。又因为板材是一个整体，受整体性的制约，膨胀大的右半部受到附加压应力（-）作用而使膨胀减小，而膨胀小的

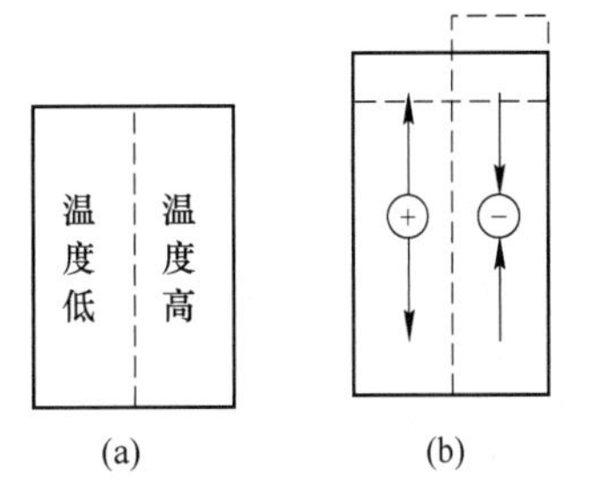

图 1-2　加热不均引起的内力
（a）加热前；（b）加热后

左半部受附加拉应力（+）作用而使膨胀增大，最终板材左右两部分的膨胀趋于一致。此时拉力和压力在板材内部是一对相互平衡的内力。

1.2.2　应力

1.2.2.1　应力的定义

变形物体内单位面积上的内力称为应力。常用 σ 表示，单位为 N/m^2，即 Pa。

若在物体的某一截面 F 上存在内力 P，则 P 与 F 的比值称为平均应力，为：

$$\sigma_{平} = \frac{P}{F} \qquad (1\text{-}1)$$

在图 1-3 中，若截面上应力分布不均匀，则任意一点的实际应力就不是平均应力，此时应采用微分来表示：

$$\sigma_{实} = \lim_{\Delta F \to 0} \frac{\Delta P}{\Delta F} \qquad (1\text{-}2)$$

式中　ΔP——该点处无限小截面上的内力；

　　　ΔF——该点处无限小截面的面积。

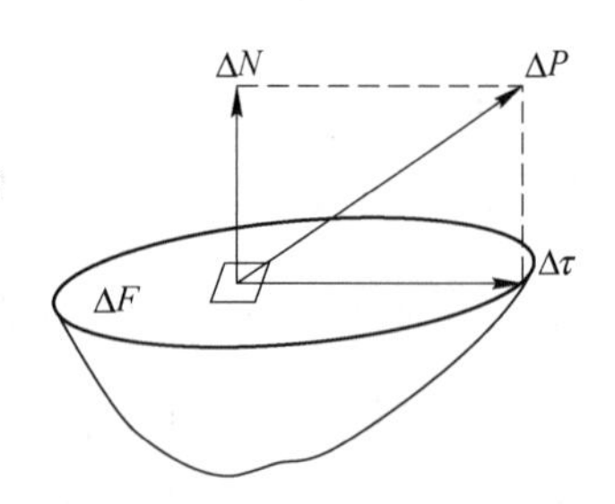

图 1-3　作用在微小面积上的力

1.2.2.2　应力分解

通常情况下，作用在任意微小截面上的应力，往往与该截面成一定的角度，应力可以按截面的法线方向和切线方向进行分解。应力在截面法线上的分量用 σ_n 表示，称法向应力或正应力；应力在截面切线上的分量用 τ_n 表示，称切向应力或剪应力。显然有：

$$\sigma = \sqrt{\sigma_n^2 + \tau_n^2}$$

1.2.3　应力集中

实际应用的金属材料表面和内部或多或少存在缺陷，表面有尖角、划伤、裂纹、缺口等；而内部有气泡、疏松、裂纹、夹杂物等。当金属内部存在应力时，表面或内部缺陷处的实际应力将远高于平均应力，这种现象称为应力集中。

应力集中处实际应力远大于平均应力。金属受外力作用发生的变形和破坏首先从应力集中处开始，它造成了金属的过早变形和过早破坏，因此应力集中降低了金属的强度和塑性。

模块 1.3　金属的变形

1.3.1　变形的宏观特点

金属在力的作用下产生的几何形状和尺寸的改变称为变形。金属变形一般分为弹性变形和塑性变形。

1.3.1.1　弹性变形

弹性变形是指去除力的作用后，物体变形消失，又恢复到变形前的形状和尺寸。金属弹性变形的宏观特点是：（1）变形可逆；（2）变形量小；（3）应力 σ 和应变 ε 呈线性关系，符合胡克定律 $\sigma=E\varepsilon$，式中，E 为弹性模量，大小取决于原子间的结合力；（4）弹性变形前后材料的性质基本不变。

1.3.1.2 塑性变形

塑性变形是指去除力的作用后，物体不能恢复到原来的形状和尺寸，发生了永久形变。金属塑性变形的宏观特点是：（1）变形不可逆；（2）变形量大；（3）应力 σ 和应变 ε 呈非线性关系，不符合胡克定律；（4）塑性变形改变了金属的组织结构和性能。

1.3.2 变形的微观本质

由金属学可知，大多数固态金属（包括纯金属和合金）都是晶体，它们是靠原子之间的相互作用力，有规律地、周期性地结合在一起。金属变形的微观本质可用双原子作用模型加以解释。

分析表明，固态金属中两个原子之间的相互作用力为吸引力和排斥力的代数和。吸引力使两原子靠近，而排斥力使两原子分开，它们的大小都随原子间距离的变化而变化，如图 1-4 所示。当两原子之间的距离大于 r_0 时，吸引力大于排斥力，两原子自动靠近，原子势能降低；当两原子之间的距离小于 r_0 时，排斥力大于吸引力，两原子自动分开，原子势能也降低。而当两原子之间的距离等于 r_0 时，排斥力等于吸引力，两原子的相互作用力（即结合力或内力）为 0，且两原子势能最低，此时，两原子最稳定，处于平衡状态。把这样的位置称为平衡位置。

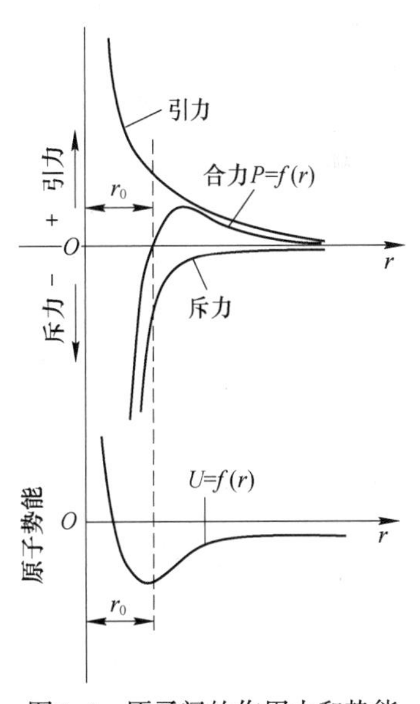

图 1-4 原子间的作用力和势能同原子间距（r）的关系

在力的作用下，原子的平衡状态会被打破，原子将偏离平衡位置发生位移。大量原子位移的总和在宏观上就表现为金属的变形。

若施加的外力小于原子之间的作用力，则原子只能在其平衡位置附近产生微小的位移。一旦去除外力，原子依靠原子间的作用力又回到原来的平衡位置，保持了原来原子之间的关系，这反映出变形的可逆性。这就是弹性变形的微观本质。此外，从图 1-4 中还可以看出，在平衡位置附近，原子之间的作用力和原子间距的关系近似呈线性关系，这反映了胡克定律的正确性。

若施加的外力（特指拉力）大于原子之间的作用力，则原子将被拉开，产生较大的位移，并且随位移的增大，所需拉力越来越小（见图 1-4）。这样，原子很容易由原来的平衡位置迁移到另一个平衡位置。在这种情况下，一旦去除拉力后，已处于新平衡位置的原子无法回到原来的平衡位置，结果破坏了原子间原来的联系，留下了永久的变形，这反映了变形的不可逆性。这就是塑性变形的微观本质。在图 1-4 中已经无法观察到原子位移和原子之间作用力的关系，这反映了塑性变形中应力和应变的关系不符合胡克定律，且要比弹性变形复杂得多。但是在图中仍可以看出，拉开原子所需要的力远小于压缩，这反映出拉力比压力更有利于变形。

需要指出的是，金属原子从一个平衡位置转移到另一个平衡位置，发生塑性变形时，所需要的外力无需超过图 1-4 中吸引力和排斥力的合力的最大值，因为实际应用的金属材料不可避免地存在各种缺陷、杂质、气孔和微裂纹，它们会产生应力集中，使金属材料过早地发生塑性变形。

模块 1.4　应力状态和主应力图示

1.4.1　应力状态

1.4.1.1　金属处于应力状态

在外力或物理或物理化学作用下，金属内部原子偏离平衡位置，产生内力及应力时，称金属处于应力状态。在以后的学习中，可以了解到金属的塑性变形和断裂与其内部的应力状态密切相关，因此，研究金属变形时的应力状态对于压力加工无疑是很重要的。

1.4.1.2　用主应力表示应力状态

研究变形物体的应力状态时，首先必须了解物体内任意一个几何点的应力状态，然后才能由此了解整个变形物体的应力状态。

在压力加工原理中，为方便研究变形金属内一个点的应力状态，通常在该点处取一个无限小的立方体来代表该点，并且可以选取适当的坐标系（见图 1-5），使坐标系满足：（1）坐标轴平行于立方体的 3 个相互垂直棱边；（2）立方体平面上只有法向应力作用，而没有切向应力作用。满足上述要求的坐标轴（x，y，z）称主轴，立方体的相互垂直的 3 个平面称主平面，作用在这 3 个主平面上的法向应力称主应力。从应力性质上，主应力分为两种：拉应力（应力方向指离主平面）和压应力（应力方向指向主平面）。图 1-5 中所示的 σ_1，σ_2，σ_3 3 个应力都是压应力。

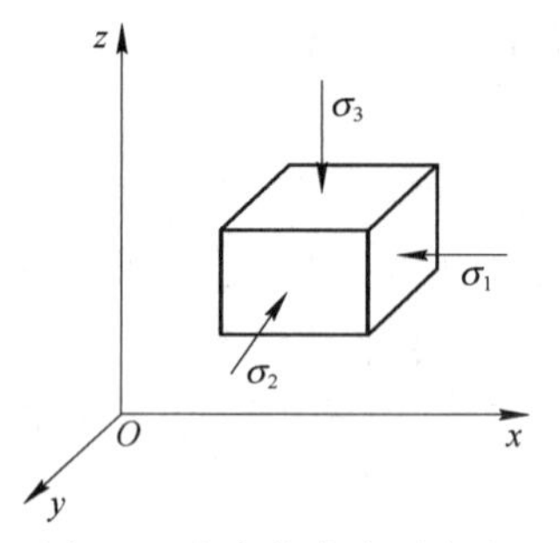

图 1-5　应力状态表示方法

根据弹性力学可知，变形物体内任意一点的应力状态，可用 3 个主应力来表示，也就是说，由该点处立方体的 3 个主平面上的主应力就能决定该点的应力状态。同时规定拉应力为正（+），压应力为负（-），且 3 个主应力按代数值的大小排序，有：

$$\sigma_1 > \sigma_2 > \sigma_3 \tag{1-3}$$

1.4.2　主应力图示

1.4.2.1　基本概念

A　主应力图示的定义

主应力图示是表示应力状态的定性图解。主应力图示直观地反映了变形物体内某一点在 3 个主轴方向上有无主应力存在，以及主应力是拉应力还是压应力，但无需注明应力数值的大小。应当指出，若变形物体的大部分几何点的主应力图示与某一点的主应力图示相同，则该点的主应力图示就是变形物体的主应力图示。

B 主应力图示的分类

根据代表几何点的立方体的主平面上是否存在主应力，以及主应力的种类，主应力图示分为3类9种（见图1-6）。线应力状态两种——单向压、单向拉；面应力状态三种——两向压、一向拉一向压、两向拉；体应力状态四种——三向压、两向压一向拉、两向拉一向压、三向拉。在面应力状态和体应力状态中，各向主应力符号相同时，称同号应力状态；各向主应力符号不相同时，称异号应力状态。

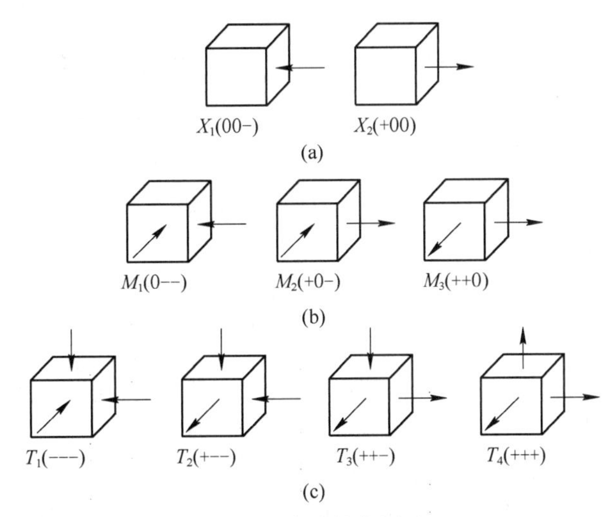

图1-6 应力状态图示

（a）线应力状态；（b）面应力状态；（c）体应力状态

1.4.2.2 主应力图示分析

A 线应力状态

单向拉应力状态出现在拉伸校直型材、棒材和薄板时，以及拉伸试验中试样均匀拉伸未产生颈缩之前；单向压应力状态只出现在工具和工件接触面上无摩擦或摩擦很小可以忽略的锻造中。

B 面应力状态

面应力状态有3种。在金属压力加工中，面应力状态很少见，只有薄板冲压和弯曲时会出现。

C 体应力状态

金属压力加工中的应力状态大多数是体应力状态，各种压力加工方法的应力状态见表1-1和图1-7。

表1-1 常见的压力加工方法的应力状态

体应力状态	三向压应力状态	两向压一向拉应力状态	两向拉一向压应力状态	三向拉应力状态
压力加工方法	锻造、挤压、简单轧制、张力轧制	拉拔、张力轧制	冲压成型、锻造冲孔	拉伸出现颈缩后

镦粗、挤压、平辊轧制都是三向压应力状态。镦粗的主应力图示中，σ_1、σ_2 两个压应力由阻碍金属向四周流动的摩擦力引起，σ_3 压应力由主动力和正压力引起，它的绝对

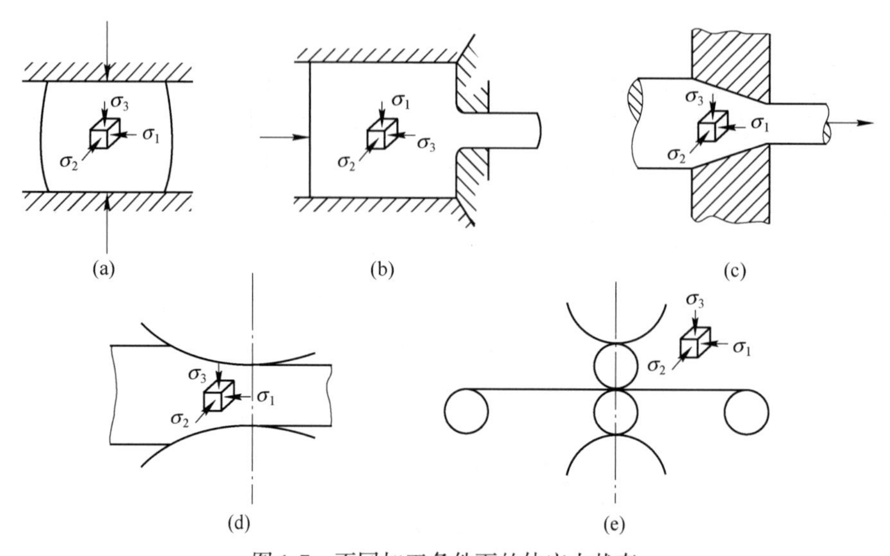

图 1-7　不同加工条件下的体应力状态

（a）镦粗；（b）挤压；（c）拉拔；（d）轧制；（e）带张力轧制带钢

值最大，但代数值最小。挤压的主应力图示中，3 个压应力都可由主动力、正压力和摩擦力引起，它们的绝对值都很大，被称为强烈的三向压应力状态。平辊轧制的主应力图示中，σ_3 的绝对值最大，但代数值最小，由轧辊的径向压力（或正压力）提供，σ_1 的绝对值最小，代数值最大，由阻碍金属纵向流动的摩擦力提供，σ_2 代数值介于 σ_1、σ_3 两者之间，由阻碍金属横向流动的摩擦力引起。

张力轧制是指在轧件的入口端和出口端施加张力而进行的轧制。在轧件出口端施加与轧制方向相同的张力称为前张力；在轧件入口端施加与轧制方向相反的张力称为后张力。张力是拉力，可以减小纵向摩擦力产生的 σ_1 压应力。若对轧件施加了较大的张力，可使 σ_1 由压应力变为拉应力，从而使轧制的应力状态由三向压应力状态变为两向压一向拉的应力状态。

拉拔的应力状态是两向压一向拉的应力状态，其中 σ_1 拉应力由外拉力引起，σ_2 和 σ_3 是压应力，由摩擦力和正压力提供。

1.4.2.3　主应力图示的重要性

主应力图示很重要，根据它可以定性地说明变形金属的塑性和变形抗力的大小。关于原理在“项目 5 金属的塑性和变形抗力”中讨论。这里直接给出结论，并利用结论对常见的压力加工方法作简要说明。

理论研究和生产实践均表明：(1) 拉应力最易导致金属中出现裂纹，而压应力能抑制和减小裂纹的出现。因此，主应力图示中，拉应力个数越多，越容易出现裂纹，越不利于金属塑性的发挥，而压应力个数越多，越有利于金属塑性的发挥。所以在 9 种主应力图示中，三向压应力图示最有利于发挥金属的塑性，而三向拉应力图示对金属的塑性是最有害的。(2) 金属在同号应力状态下的变形抗力比在异号应力状态下要大得多。因此，三向压主应力状态或三向拉主应力状态的金属变形抗力必然大于两向压一向拉或一向压两向拉主应力状态。

自由锻造、挤压、平辊轧制都是三向压应力状态。此应力状态压应力个数最多，有利于发挥金属塑性，尤其是挤压，由于三向压应力状态强烈程度最大［其强烈程度用平均压应力的绝对值大小来表示，平均应力为 $\sigma_m=(\sigma_1+\sigma_2+\sigma_3)/3$］，最有利于发挥金属的塑性，例如，高脆性的大理石在挤压条件下进行压缩，可获得相当大的塑性变形，因此，许多低塑性的金属和合金，用轧制法难于成型，甚至不能成型，但可用挤压法来加工。但在三向压应力状态下，金属变形抗力大，金属变形需要的外力也大，尤其是挤压，因此为减小金属的变形抗力，三向压应力状态的加工变形宜在加热条件下进行，因为加热可以降低金属的变形抗力。所以，有相当多的锻造、轧制和几乎所有的挤压都是热加工。

在金属处于三向拉应力状态时，拉应力个数最多，无论 3 个拉应力数值如何，金属在断裂之前都不能发生较大的塑性变形。例如，拉伸试验中试样发生颈缩后就处于三向拉应力状态，此时意味着试样即将断裂。所以压力加工中选择此应力状态是有害无益的。

两向压一向拉应力状态同三向压应力状态相比，虽然不利于发挥金属塑性，但能降低金属的变形抗力，减小变形所需要的外力和能耗，有利于变形，因此两向压一向拉应力状态也是压力加工中常见的应力状态，适合于加工本身塑性好的金属。例如，拉拔、施加较大张力的轧制就是两向压一向拉应力状态。两向拉一向压应力状态由于拉应力个数增多而压应力个数减少，很不利于金属塑性的发挥，在生产中不多见，仅见于冲压成型和锻造冲孔。

1.4.3　影响主应力图示的因素

既然主应力图示是应力状态的图解，所以以下讨论的影响主应力图示的因素实际上也是影响应力状态的因素。

1.4.3.1　外摩擦的影响

在压力加工过程中，工具和工件之间的接触面总会存在外摩擦，外摩擦的存在往往会改变金属内部的应力状态。例如，在镦粗时，若工件与工具之间的接触面上无摩擦，则金属内部的应力状态为单向压应力状态［见图 1-8(a)］。但这种情况实际上是不存在的，因为工具和工件的接触面上总存在着摩擦力，它使金属内部的应力状态变为三向压应力状态［图 1-8(b)］。

1.4.3.2　变形体形状的影响

在拉伸试验中，在试样未出现颈缩前，试样是单向拉伸应力状态；在出现颈缩后，试样的应力状态变为三向拉伸应力状态（见图 1-9）。

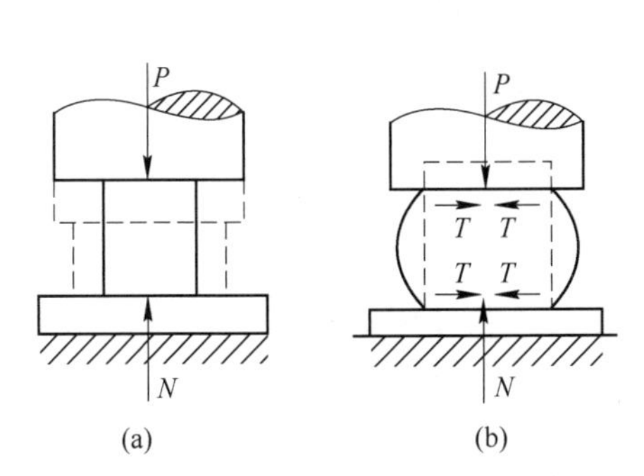

图 1-8　摩擦力对应力图示的影响
（a）无摩擦时；（b）有摩擦时

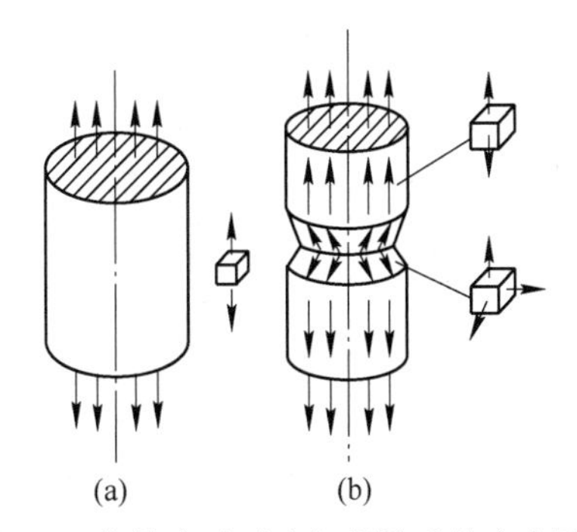

图 1-9　拉伸实验时出细颈前后的应力图示
（a）出细颈前；（b）出细颈后

1.4.3.3　工具形状的影响

当用凸形工具压缩金属时，由于工具凸度不同，会使作用力 P 和摩擦力 T 方向改变，引起应力状态也随之改变。由图 1-10 可知，当摩擦力的水平分力 T_x 大于作用力的水平分力 P_x 时，则为三向压应力状态；当 $T_x=P_x$ 时，为两向压应力状态；当 $T_x<P_x$ 时为两向压一向拉应力状态。

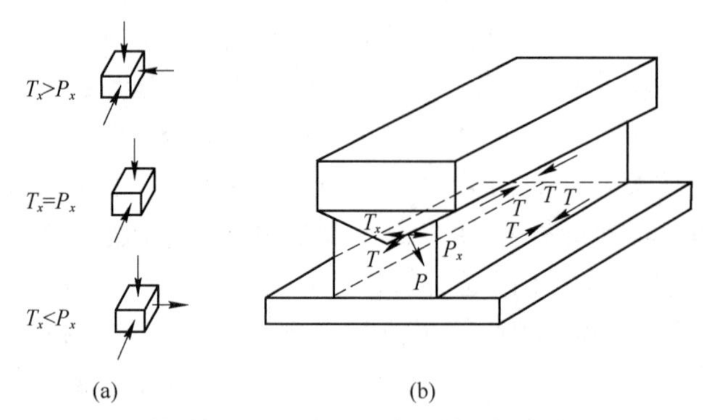

图 1-10　凸形工具对应力图示的影响
（a）作用力的大小和对应的应力图示；（b）凸形工具压缩金属

1.4.3.4　不均匀变形的影响

由于某种原因产生不均匀变形时，也能引起应力状态发生变化。如图 1-11 所示，当用凸形轧辊轧制板材时，板材中部压下量大，变形大；而板材两边部压下量小，变形小，板材沿宽度方向上变形不均匀。为保证板材的完整性，其内部将产生相互平衡的内力。如果此内力很大，则板材中部为三向压应力状态，而边部可能是两向压一向拉应力状态。

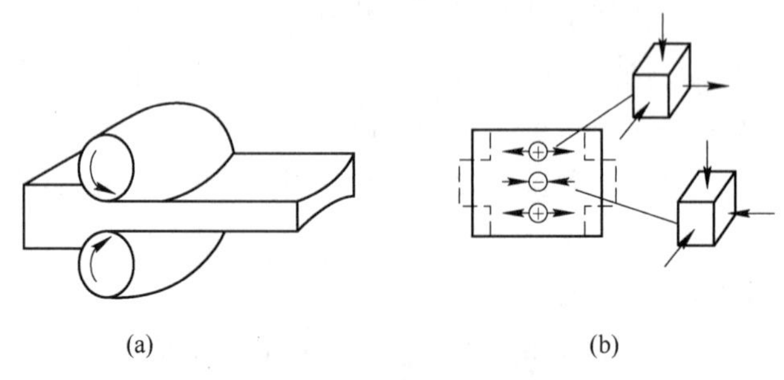

图 1-11　不均匀变形对应力图示的影响
（a）凸形轧辊轧制板材；（b）变形大和小部位的应力图示

以上简要地讨论了影响主应力图示或应力状态的因素。在压力加工中，这些因素往往不是单独起作用，而是几种因素共同起作用。所以在变形金属内往往不同的部分有不同的应力状态，甚至有不同的主应力图示，且主应力图示常常随变形的进行会发生变化，如单向拉伸。

模块 1.5　主变形和主变形图示

1.5.1　主变形

在金属压力加工中，金属在外力作用下将产生很大的塑性变形，引起金属形状和尺寸明显的改变。为方便研究变形，引入主变形的概念。所谓主变形是指在主轴方向（即主应力方向）产生的塑性变形。主变形有压缩变形和拉伸变形两种。表示主变形的方法有三种：绝对主变形、相对主变形和真实相对主变形。现以变形前后物体均为平行六面体为例来说明。设物体变形前后高向、横向和纵向的尺寸分别为 H、B、L 和 h、b、l。

1.5.1.1　绝对主变形

绝对主变形是指物体变形后与变形前的尺寸差，其大小可表示为：

$$\left.\begin{aligned} &\text{压下量：} && \Delta h = H - h \\ &\text{宽展量：} && \Delta b = b - B \\ &\text{延伸量：} && \Delta l = l - L \end{aligned}\right\} \tag{1-4}$$

因为绝对主变形仅能表示物体外形尺寸的变化，无相对比较的意义，不能表示变形程度的大小，所以在大多数情况下采用相对主变形。

1.5.1.2　相对主变形

相对主变形是指绝对主变形与变形前（或变形后）相应尺寸的比值，其大小可表示为：

$$\left.\begin{aligned} &\text{相对压下量：} && \frac{\Delta h}{H} \times 100\% \quad \text{或} \quad \frac{\Delta h}{h} \times 100\% \\ &\text{相对宽展量：} && \frac{\Delta b}{B} \times 100\% \quad \text{或} \quad \frac{\Delta b}{b} \times 100\% \\ &\text{相对延伸量：} && \frac{\Delta l}{L} \times 100\% \quad \text{或} \quad \frac{\Delta l}{l} \times 100\% \end{aligned}\right\} \tag{1-5}$$

相对主变形能表示物体变形前后单位尺寸的变化率，可以清晰地反映物体变形前后的变形程度，故在生产中使用广泛。但相对主变形不能准确地表示出物体在变形过程中某一瞬间的真实变形程度，所以在要求精确的计算中采用真实相对主变形。

1.5.1.3　真实相对主变形

真实相对主变形是用某一瞬间变形物体尺寸的无限小增量与该瞬间相应尺寸的比值之积分来表示，即：

$$\left.\begin{aligned} &\text{真实相对压下量：} && \varepsilon_1 = \int_H^h \frac{\mathrm{d}h_x}{h_x} = \ln \frac{h}{H} \\ &\text{真实相对宽展量：} && \varepsilon_2 = \int_B^b \frac{\mathrm{d}b_x}{b_x} = \ln \frac{b}{B} \\ &\text{真实相对延伸量：} && \varepsilon_3 = \int_L^l \frac{\mathrm{d}l_x}{l_x} = \ln \frac{l}{L} \end{aligned}\right\} \tag{1-6}$$

1.5.1.4　三个主变形之间的关系

在金属压力加工中，弹性变形量相对塑性变形量很小，可以忽略，因此，可以认为塑性变形过程中以及塑性变形前后金属体积不变。若仍以平行六面体为例，塑性变形前后应有：

$$HBL = hbl \quad \text{或} \quad \frac{hbl}{HBL} = 1 \tag{1-7}$$

两边取对数可得：

$$\ln \frac{h}{H} + \ln \frac{b}{B} + \ln \frac{l}{L} = 0 \tag{1-8}$$

或写成：

$$\varepsilon_1 + \varepsilon_2 + \varepsilon_3 = 0 \tag{1-9}$$

由式（1-9）可以得出如下结论：

（1）物体变形前后 3 个真实主变形之和为 0。

（2）当 3 个主变形都存在时，其中一个主变形在数值上等于另外两个主变形之和，且符号相反。

（3）当一个主变形为 0 时，其余两个主变形数值相等、符号相反。

和应力状态一样，变形金属中任意一点的变形状态可以用 3 个主变形表示。3 个主变形中数值最大的称最大主变形。显然，最大主变形比其他两个主变形更能准确反映物体的变形情况，因此，任何压力加工方法的变形程度一般都用最大主变形表示，如轧制以相对压下量表示，拉拔以伸长率表示，挤压用断面收缩率表示。

1.5.2　主变形图示

1.5.2.1　基本概念

主应力图示是变形体内某一点的应力状态的图解。同样，主变形图示是变形物体内某一点的变形状态的图解，即在立方体的 3 个主平面上用箭头表示 3 个主变形是否存在，主变形方向如何，而不必注明变形数值大小的图解。规定指离主平面的箭头代表拉伸变形，指向主平面的箭头代表压缩变形，如图 1-12 所示。同主应力图示一样，如果变形体内大部分几何点的主变形图示和某一点的主变形图示相同，则该点的主变形图示就是变形体的主变形图示。

1.5.2.2　主变形图示的种类

在金属压力加工中，受体积不变定律的制约，主变形图示只有三种（见图 1-12 和表 1-2）：（1）一向压缩两向拉伸（D_1 图示）；（2）一向压缩一向拉伸（D_2 图示，也称平面变形图示）；（3）两向压缩一向拉伸（D_3 图示）。

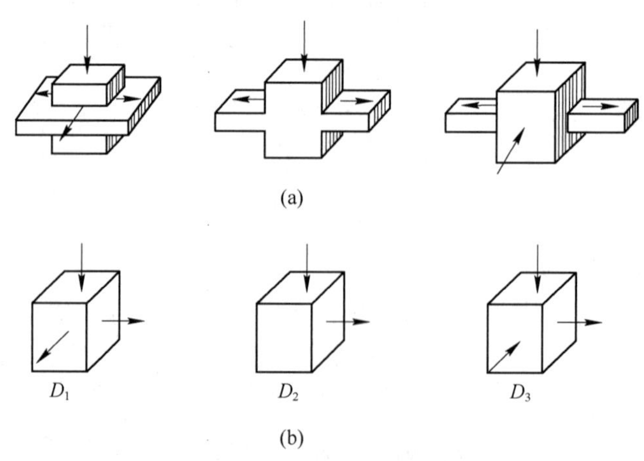

图 1-12　三种可能的变形图示

（a）变形方式；（b）变形图示

表 1-2 常见压力加工方法的主变形图示

主变形图示	一向压缩两向拉伸	一向压缩一向拉伸	两向压缩一向拉伸
压力加工方法	自由锻造、有宽展的轧制	无宽展的轧制	挤压、拉拔

1.5.3 主应力图示和主变形图示不一致

主应力图示有 9 种，而主变形图示只有 3 种。显然，两种图示不是一一对应的。

根据塑性变形力学理论，主应力图示中的每个主应力可以分解为球应力和偏差应力。球应力也称为平均应力，它是 3 个主应力的平均值，用 σ_m 表示，即：

$$\sigma_m = \frac{\sigma_1 + \sigma_2 + \sigma_3}{3} \tag{1-10}$$

球应力表示变形体内微小单元在各个方向上均匀受拉或受压，因此它只能产生弹性变形，而不会产生塑性变形；偏差应力是 3 个主应力分别减去球应力得到差值，分别用 $\sigma_1-\sigma_m$，$\sigma_2-\sigma_m$，$\sigma_3-\sigma_m$ 表示。偏差应力表示变形体内微小单元体在 3 个主应力方向上受拉或受压的差异大小，因此它只能产生塑性变形，而不会产生弹性变形。若在某个主应力方向上，其偏差应力为拉应力（或压应力），则在此方向上产生拉伸变形（或压缩变形）。

实际上，主变形图示中的主变形仅指塑性变形而不包括弹性变形，而主应力图示中的主应力引起的变形包括弹性变形和塑性变形，所以两种图示不是一一对应的。如果已知应力状态的 3 个主应力的数值大小，则可求 3 个偏差应力，得到相应的偏差应力图示。这个偏差应力图示和该应力状态下产生的主变形图示是一致的。虽然主应力图示有 9 种，但只能得到 3 种偏差应力图示，对应于 3 种主变形图示，如图 1-13 所示。

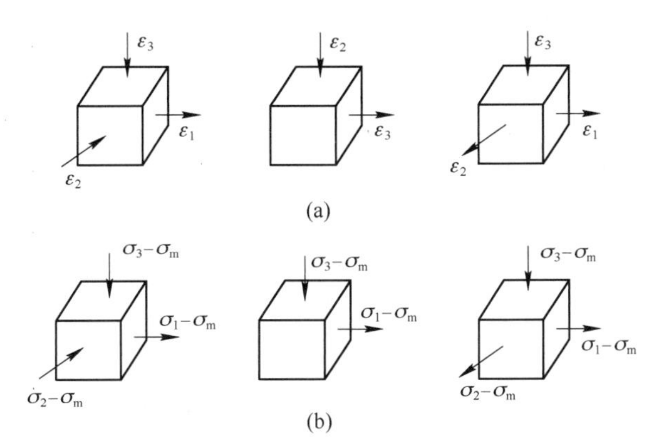

图 1-13 与主变形相对应的偏差应力图示

（a）3 种主变形图示；（b）3 种偏差应力图示

由于偏差应力把主应力和主变形联系起来，因此可由主应力的特点来判断主变形的特点，反过来，也可由主变形的特点来判定主应力的特点。

例如，变形体中某点的应力状态为 $\sigma_1=50$ MPa、$\sigma_2=-50$ MPa、$\sigma_3=-210$ MPa。对应的球应力（平均应力）为：

$$\sigma_m = \frac{\sigma_1 + \sigma_2 + \sigma_3}{3} = \frac{50 - 50 - 210}{3} = -70 \text{ MPa}$$

对应的 3 个偏差应力为：

$$\sigma_1 - \sigma_m = 50 - (-70) = 120\ \text{MPa}$$

$$\sigma_2 - \sigma_m = -50 - (-70) = 20\ \text{MPa}$$

$$\sigma_3 - \sigma_m = -210 - (-70) = -140\ \text{MPa}$$

与这 3 个偏差应力对应的主变形图示为：ε_1 和 ε_2 是拉伸变形，而 ε_3 是压缩变形，是两向拉伸一向压缩的主变形图示。

再如，无宽展轧制板带的主变形图示是一向压缩一向拉伸，又称平面变形状态，其中 $\varepsilon_2=0$，与此对应的偏差应力为 $\sigma_2-\sigma_m=0$，即：

$$\sigma_2 - \frac{\sigma_1 + \sigma_2 + \sigma_3}{3} = 0$$

$$\sigma_2 = \frac{\sigma_1 + \sigma_3}{2}$$

这说明，在平面变形状态下，在主变形为 0 的方向上主应力并不为 0。

1.5.4　主变形图示对金属塑性的影响

主变形图示很重要，它直接影响金属塑性的好坏。众所周知，金属中存在缺陷是无法避免的。在金属压力加工过程中，缺陷沿一个方向被拉伸比沿两个方向被拉伸，对塑性造成的危害较小，因为在两个方向上缺陷被拉伸，缺陷的面积被扩大得较多，缺陷被充分暴露。因此具有两向压缩一向拉伸变形图示的压力加工方法（如挤压、拉拔）容易发挥金属塑性，而具有一向压缩两向拉伸变形图示的压力加工方法（如镦粗，有宽展轧制）不利于发挥金属塑性，如图 1-14 所示。

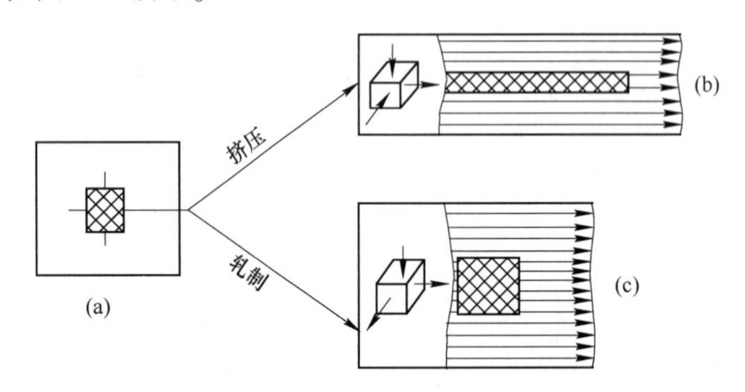

图 1-14　主变形图对夹杂物状态的影响

（a）未变形的情况；（b）经两向压缩一向延伸变形后的情况；

（c）经一向压缩两向延伸变形后的情况

应当指出，金属在压力加工中的主变形图示取决于加工工具的形状，而与应力状态无关。前已介绍，应力状态也强烈地影响金属的塑性。因此要判断一种压力加工方法是否能充分发挥金属的塑性，必须综合考虑应力状态和变形状态，才能作出正确的判断，例如挤压和拉拔的主变形图示均为两向压缩一向拉伸，但因挤压的主应力图示是强烈的三向压应力图示，而拉拔的是两向压一向拉应力图示，使挤压成为最能发挥金属塑性的压力加工方法。

模块 1.6　变形速度

在金属压力加工中，变形速度是一个很重要的变形条件。在后续的学习中，我们会了解到变形速度对金属的塑性、变形抗力及接触面上的摩擦有很大的影响。本模块先了解变形速度的概念和各种压力加工方法的变形速度求法，以便为后续学习作准备。

1.6.1　瞬时变形速度和平均变形速度

变形速度就是变形程度 ε（或应变）对时间 t 的变化率，又称应变速率。在金属压力加工过程中，变形速度往往是变化的，瞬时变形速度 $\dot{\varepsilon}$ 和平均变形速度 $\bar{\varepsilon}$ 分别表示为：

$$\dot{\varepsilon} = \frac{\mathrm{d}\varepsilon}{\mathrm{d}t} \quad 和 \quad \bar{\varepsilon} = \frac{\varepsilon}{t} \tag{1-11}$$

一般用最大主变形方向的变形速度来表示各种压力加工方法的变形速度。例如，轧制和锻造的最大主变形方向是高度方向，因此常用高向的变形速度来表示，它们的瞬时变形速度 $\dot{\varepsilon}$ 和平均变形速度 $\bar{\varepsilon}$ 分别表示为：

$$\dot{\varepsilon} = \frac{\mathrm{d}\varepsilon}{\mathrm{d}t} = \frac{\frac{\mathrm{d}h_x}{h_x}}{\mathrm{d}t} = \frac{1}{h_x} \cdot \frac{\mathrm{d}h_x}{\mathrm{d}t} = \frac{v_y}{h_x} \quad 和 \quad \bar{\varepsilon} = \frac{\bar{v}_y}{\bar{h}} \tag{1-12}$$

式中　h_x——工件的瞬时厚度；

$\frac{\mathrm{d}h_x}{h_x}$——瞬时相对压下量；

$\frac{\mathrm{d}h_x}{\mathrm{d}t}=v_y$——工具瞬时压下速度。

由式（1-12）可见：变形速度不仅和工具瞬时压下速度有关，还与工件瞬时厚度有关，所以切莫把变形速度和工具移动速度混淆起来。不过变形速度在很大程度上由工具移动速度决定，工具移动速度越快，变形速度越大。

1.6.2　各种压力加工方法的平均变形速度

1.6.2.1　锻压

$$\bar{\varepsilon} = \frac{\bar{v}_y}{\bar{h}} \approx \frac{\bar{v}_y}{\frac{H+h}{2}} = \frac{2\bar{v}_y}{H+h} \quad 或 \quad \bar{\varepsilon} = \frac{\varepsilon}{t} = \frac{\ln\frac{H}{h}}{\frac{H-h}{\bar{v}_y}} = \frac{\bar{v}_y \ln\frac{H}{h}}{H-h} \tag{1-13}$$

式中，平均压下速度 $\bar{v}_y$ 可按$\frac{H-h}{t}$来计算。

1.6.2.2　轧制

如图 1-15 所示，假设轧制平均压下速度等于接触弧中点的压下速度，接触弧对应的圆心角为 α，一半接触弧对应的圆心角为$\frac{\alpha}{2}$，一个轧辊接触弧中点处的压下速度是 $v\sin\frac{\alpha}{2}$

(v 为轧辊圆周速度)。考虑到上下两个轧辊，接触弧中点处的压下速度应是 $2v\sin\frac{\alpha}{2}$，则平均压下速度为 $\bar{v}_y=2v\sin\frac{\alpha}{2}\approx 2v\frac{\alpha}{2}=v\alpha$。又有轧制变形区的几何关系：$\alpha\approx\sqrt{\frac{\Delta h}{R}}$（$\Delta h=H-h$，称压下量；$R$ 为轧辊半径），所以，轧制的平均变形速度为：

$$\bar{\varepsilon}=\frac{\bar{v}_y}{\bar{h}}=\frac{v\alpha}{\frac{H+h}{2}}=\frac{2v\sqrt{\frac{H-h}{R}}}{H+h} \tag{1-14}$$

轧制的平均变形速度也可按下式求得：

$$\bar{\varepsilon}=\frac{\varepsilon}{t}=\frac{\frac{H-h}{H}}{t}\approx\frac{\frac{H-h}{H}}{\frac{R\alpha}{v}}$$

$$\bar{\varepsilon}=\frac{H-h}{H}\cdot\frac{v}{R\sqrt{\frac{H-h}{R}}}=\frac{H-h}{H}\cdot\frac{v}{\sqrt{R(H-h)}} \tag{1-15}$$

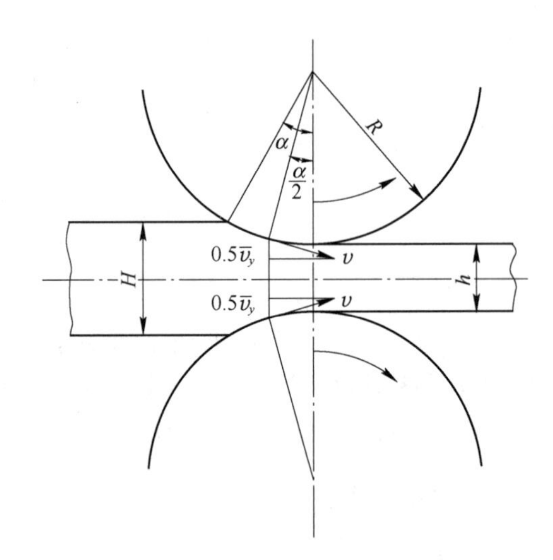

图1-15 确定轧制时平均应变速率

1.6.2.3 拉伸

$$\bar{\varepsilon}=\frac{\varepsilon}{t}=\frac{\ln\frac{l}{L}}{\frac{l-L}{\bar{v}_y}}=\frac{\bar{v}_y}{l-L}\ln\frac{l}{L} \tag{1-16}$$

式中 $\bar{v}_y$——平均拉伸速度。通常在拉伸实验中拉伸速度 v_y 为常数。

1.6.2.4 挤压

若挤压筒直径为 D，挤压杆速度为 v，挤压比（挤压筒断面积与制品断面积之比）为 μ，挤压模模角为 α，变形程度为 ε 时，挤压平均变形速度按下式计算：

$$\bar{\varepsilon} = \frac{\varepsilon}{t} = \frac{\varepsilon}{\frac{V}{F_f v_f}} = \frac{6v\varepsilon\tan\alpha}{D\left(1 - \frac{1}{\sqrt{\mu^3}}\right)} \tag{1-17}$$

式中　V——变形区的体积；

F_f——制品断面积；

v_f——金属流出速度。

各种压力加工设备上的平均变形速度见表1-3。

表1-3　各种压力加工设备的变形速度

设备类型	平均变形速度 $\bar{\varepsilon}/s^{-1}$	设备类型	平均变形速度 $\bar{\varepsilon}/s^{-1}$
液压机	0.03～0.06	中型轧机	10～25
曲柄压力机	1～5	线材轧机	75～1000以上
摩擦压力机	2～10	中厚板轧机	8～15
蒸汽空气锤	10～250	热轧宽带钢轧机	70～100
初轧机	0.8～3	冷轧宽带钢轧机	可达1000
大型轧机	1～5		

习　题

1-1　什么是内力，金属中产生内力的原因是什么？

1-2　什么是应力和应力集中，应力集中有何危害？

1-3　简要说明弹性变形和塑性变形的微观本质。

1-4　什么是主应力图示，可能的主应力图示有几种？

1-5　绘出拉拔、镦粗、挤压、轧制的主应力图示和主变形图示。

1-6　主应力图示对金属的塑性和变形抗力有何影响？

1-7　镦粗、轧制和挤压的主应力图示相同，为什么挤压最有利于发挥金属的塑性？

1-8　什么是张力轧制？画出并分析张力轧制的主应力图示。

1-9　什么是主变形，主变形有几种表示方法，生产上用主变形的哪种方法来表示变形程度的大小？

1-10　什么是主变形图示，可能的主变形图示有几种，为什么？

1-11　轧制宽板时，通常在宽度方向上无变形，试分析在宽度方向有无应力？

1-12　已知变形体内某点的应力状态为 $\sigma_1 = 60$ MPa、$\sigma_2 = 50$ MPa、$\sigma_3 = 40$ MPa，试判断该点产生何种变形，并画出该点的主应力图示、偏差应力图示和主变形图示。

1-13　已知轧辊直径300 mm，轧辊圆周速度3 m/s，轧制前后矩形轧件的厚度分别为6 mm和4 mm，试计算轧制的平均变形速度。

项目 2　金属在塑性变形中组织和性能的变化

传统上，金属的塑性变形以再结晶温度为界，大致可分为热变形和冷变形。但这种分类对大多数金属来说，冷变形温度过于宽泛，远不能满足现代生产实践的要求。现在按塑性变形时变形金属温度不同，塑性变形可分为冷变形（或冷加工）、温变形（或温加工）和热变形（或热加工）。

模块 2.1　冷变形金属的组织和性能变化

冷变形是指在变形前不加热金属，在室温下对金属进行的塑性变形。由于没有加热处理，金属冷变形得到的产品不会发生氧化和脱碳，表面质量好，同时产品尺寸精度很高。其次，随着变形的继续，金属内部晶粒不会长大，且在变形量大到一定程度时，晶粒会变得更加细小。但在室温下进行变形，金属的变形抗力大，塑性难于发挥，同时变形过程中会产生加工硬化。为消除加工硬化，必须对冷变形金属进行退火。所以相对于热变形而言，冷变形的生产工序多而复杂，生产周期长，对设备的要求也很高。

2.1.1　冷变形金属的组织变化

金属冷变形后，其组织变化主要表现在以下三个方面：

（1）晶粒形状被拉长或压扁，产生冷变形纤维组织。金属在冷变形中，随变形程度的增大，金属在外观尺寸发生变化的同时，内部等轴晶粒［见图 2-1(a)］沿延伸方向被逐渐拉长、压扁，夹杂物和第二相也被拉长或被拉碎而成链状排列，这种组织称为冷加工纤维组织［见图 2-1(b)］。由于产生纤维组织，使金属纵向（延伸方向）力学性能优于横向(垂直延伸方向)，出现各向异性。这是因为，纤维组织的晶界与纵向基本一致。当平行于纤维方向受拉应力时，微裂纹不容易扩展和贯穿到金属的横截面上；而垂直于纤维方向受拉应力时，微裂纹很容易沿晶界扩张至整个断面上，导致金属破裂。

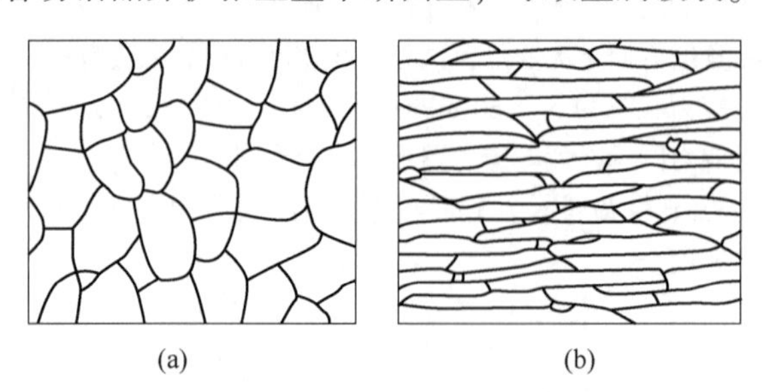

图 2-1　冷轧前后晶粒形状变化

（a）冷轧前的等轴晶粒；（b）冷轧后拉长、拉细或压扁的晶粒

（2）晶粒内部位错密度增大，产生亚结构并使之细化。金属的冷变形主要通过滑移，即位错在滑移面上沿滑移方向运动来进行。在冷变形过程中，位错运动并不断增殖使晶粒内部

位错密度大大增加，而位错之间相互作用产生的“位错缠结”形成亚晶界，将晶粒分割成许多位向略有差别的小区域，如图2-2所示。这种小区域称为形变亚晶，也称为亚结构。随变形程度和位错密度的增加，“位错缠结”数量也会增多，这将导致亚晶尺寸减小，亚结构细化。变形亚晶的形成对位错的运动有很大的阻碍作用，是产生加工硬化的主要原因。

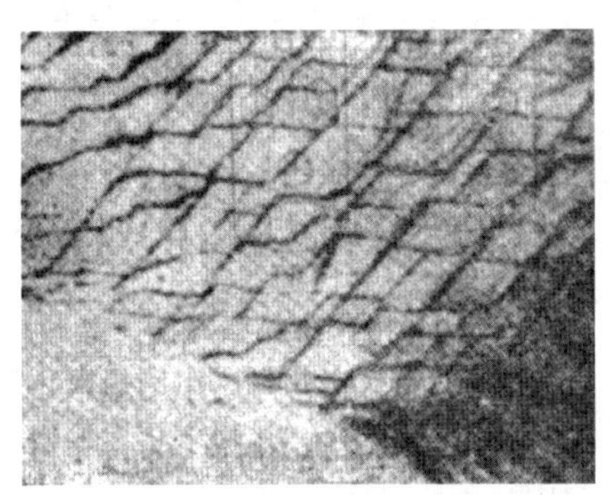

图2-2 冷变形后的亚结构

（3）晶粒位向改变，产生变形织构。通常金属多晶体是由许多位向任意的晶粒组成的（见图2-3）。在塑性变形过程中，随晶粒形状和尺寸的变化，晶粒滑移面和滑移方向要向某一方向发生转动。当变形程度很大时，各个晶粒的位向会大致趋于一致。这种由于塑性变形而使晶粒具有择优取向的组织，称为变形织构。

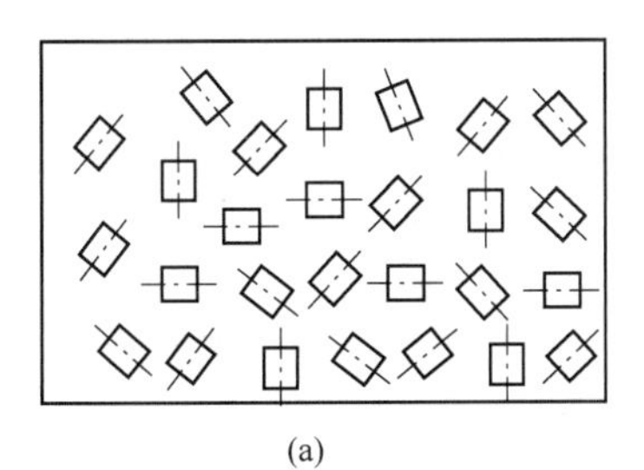

(a)

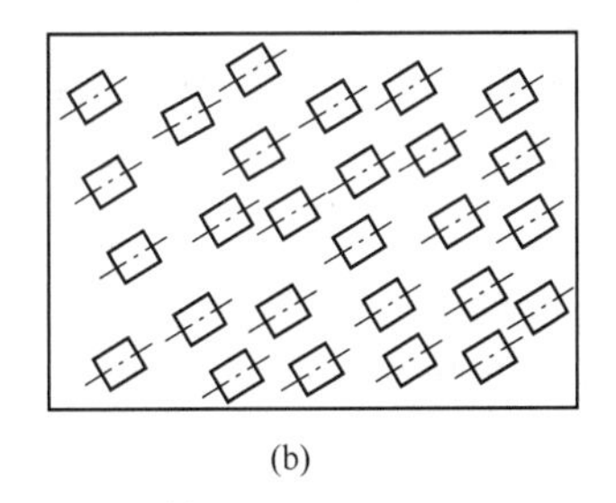

(b)

图2-3 多晶体晶粒的排列情况

（a）晶粒的紊乱排列；（b）晶粒整齐有序的排列

根据加工变形方式的不同，变形织构主要有两种：(1) 拉拔、挤压时形成的丝织构，其特征是各个晶粒的某一晶向（多为滑移方向）大致与延伸方向平行（见图2-4）；(2) 轧制时形成的板织构，其特征是各个晶粒的某一晶面（多为滑移面）与轧制面平行，某一晶向（多为滑移方向）大致与轧制方向平行（见图2-5）。几种常见金属的织构见表2-1。

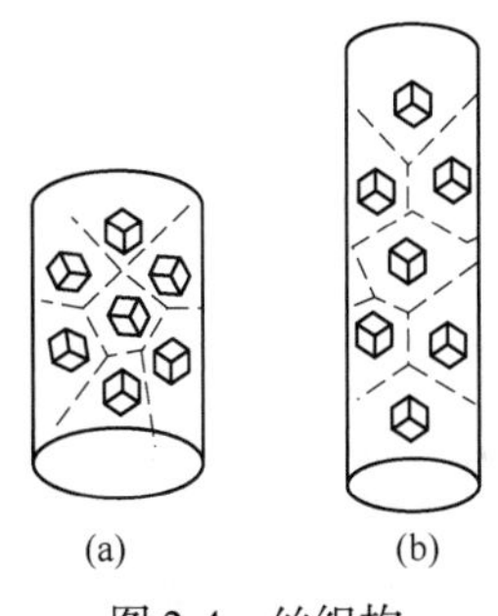

(a) (b)

图2-4 丝织构

（a）拉拔前；（b）拉拔后

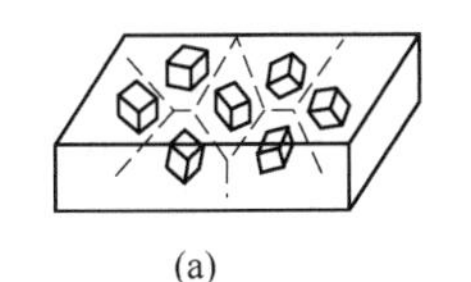

(a)

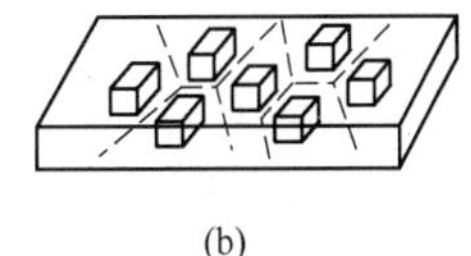

(b)

图2-5 板织构示意图

（a）轧制前；（b）轧制后

表 2-1　一些金属及合金的形变织构

晶体结构	金属及合金	丝织构	板织构
面心立方 (fcc)	Cu，Al，Ag，Ni， Cu-Ni，Cu-Zn	<111>+<100>	{110}　<112>
体心立方 (bcc)	α-Fe，Mo，W， 铁素体钢	<110>	{001}　<110> {110}　<100> {111}　<110>
密排六方 (hcp)	Zn，Mg	<10$\bar{1}$0>	{0001}　<11$\bar{2}$0>

2.1.2　冷变形金属的性能变化

既然冷塑性变形使金属的内部组织发生了变化，那么金属的性能也应发生相应的改变。冷变形后金属在性能上的变化表现为：密度减小，导电、导热、耐腐蚀性能降低，产生加工硬化和各向异性等。这里主要介绍与力学性能相关的加工硬化和各向异性。

2.1.2.1　*加工硬化*

所谓加工硬化是指在塑性加工过程中，随变形程度增大，金属的强度和硬度增加而塑性和韧性降低的现象。图 2-6 所示为含碳量 0.27% 的碳钢冷拉时，力学性能随变形程度的增大而变化的曲线。加工硬化产生的原因，一般认为与位错的运动、增殖和交互作用有关。在塑性变形过程中，随变形程度的不断增加，位错运动不断增殖，使位错密度不断增加，位错之间的交互作用以及位错运动形成的“位错缠结”阻碍可动位错的进一步运动，使塑性变形难于进一步发展，提高了金属的强度和硬度；同时，塑性变形使晶粒变形、破碎，晶粒尺寸变小，产生大量的晶体缺陷（如空位、位错、晶界和亚晶界），在外力作用下这些缺陷处很容易产生应力集中，出现微裂纹，降低了金属的塑性和韧性。

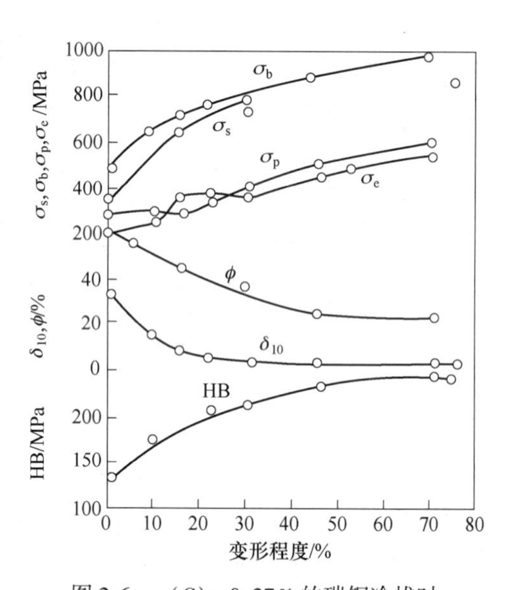

图 2-6　w(C) = 0.27% 的碳钢冷拔时力学性能的变化

σ_b—强度极限；σ_s—屈服极限；σ_p—比例极限；σ_e—弹性极限；ϕ—断面收缩率；δ_{10}—伸长率；HB—布氏硬度

了解加工硬化的规律对生产有重要的指导意义。首先，加工硬化是提高金属强度、硬度、耐磨性的一种重要方法。尤其对于不能用热处理强化的金属来说，加工硬化是相当重要的。如用高锰钢制作的坦克、拖拉机履带，用 16Mn 钢制作的自行车链条等，都使用了加工硬化的强化方法。其次，加工硬化提高了金属的某些工艺性能，使金属得以成型。例如冷拉丝材时，丝材出拉拔模后虽然断面积减小，但由于加工硬化提高丝材强度，使其不致被拉断，保证了拉拔的顺利进行。再次，利用加工硬化可以提高零件在使用过程中的安全性。如零件在承受载荷时，若发生了塑性变形，则会产生加工硬化，使零件得以强化，不会在该载荷下继续发生塑性变形，从而提高了零件在使用过程中的安全性。

加工硬化在提高金属强度的同时，也带来了一些不利之处。首先，降低了金属的塑性，使金属冷变形时易破裂，增大了继续冷变形的难度。其次，加工硬化的金属变形抗力大，若要继续冷变形，必须施加更大的外力。这不仅需要更多的能耗，而且对压力加工设备提出了更高的要求。

2.1.2.2　各向异性

一般情况下，金属多晶体的性能表现为各向同性，但经冷变形后，会出现各向异性，特别是在大变形后，这种现象尤其明显。例如冷变形生产的板材、棒线材，无论是力学性能还是物理性能，在不同的方向上都有明显的差别。冷变形金属具有各向异性是由两方面的因素造成的。一方面，冷变形产生的纤维组织，使金属沿纵向上的力学性能优于横向，力学性能出现方向性；另一方面，冷变形使晶粒取向发生转动而产生的变形织构，不仅使金属的力学性能，而且使金属的物理性能具有方向性。变形织构是冷变形金属具有各向异性的决定因素。

在大多数情况下，由变形织构产生的各向异性是有害的。例如，在用有变形织构的冷轧板材冲压杯状工件时，由于板材沿不同的方向上变形能力不同，会导致冲压的工件边缘凹凸不平、壁厚不均，产生所谓的“制耳”现象［见图 2-7(b)］，降低了产品的成品率。但在某些情况下，变形织构的存在却是有利的。例如，硅钢片沿<100>方向最易磁化，当采用具有｛110｝<100>变形织构的冷轧硅钢片制作电动机和变压器的铁芯时，将可以提高磁导率，减少铁损，提高设备效率。

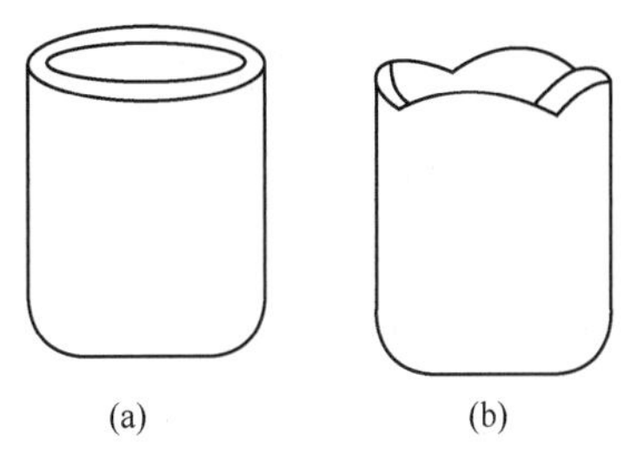

图 2-7　冲压杯出现制耳情况
（a）无各向异性；（b）有各向异性

模块 2.2　冷变形金属的退火

退火是将金属加热到一定温度，保温一定时间，然后缓慢冷却至室温的一种热处理工艺。冷变形产生的加工硬化和各向异性，对于需要继续冷变形的金属是极为不利的。实际生产中，通常采用适当的退火方式来消除或减轻加工硬化和各向异性。这种退火一般穿插在冷加工工艺之间进行，称为中间退火。

实践证明，将冷加工金属由低温加热至其熔点的$\frac{1}{2}$附近，或直接在其熔点的$\frac{1}{2}$附近进行保温，随加热温度的升高或保温时间的延长，金属组织和性能的变化可分为回复、再结晶和晶粒长大 3 个阶段（见图 2-8）。

2.2.1　回复、再结晶的驱动力

对金属进行冷加工需要外界做功，其中消耗的功大部分以热量的形式散失到周围环境中，只有少部分能量以残余应力（主要是晶格畸变）的形式存在于金属中，这部分能量称

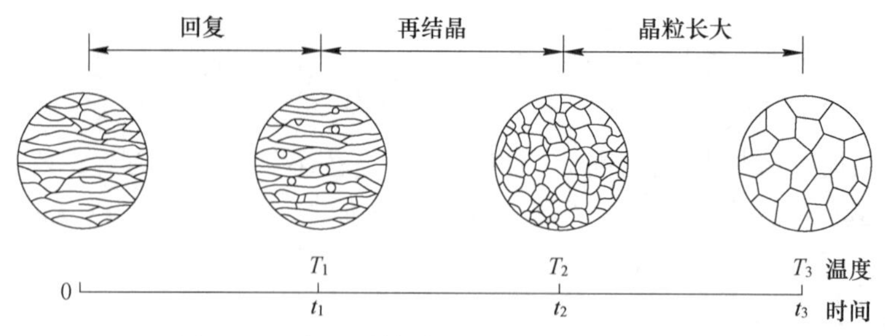

图 2-8　回复、再结晶及晶粒长大过程示意图

为储存能。储存能使金属内能增大，因此冷变形纤维组织不稳定，有自发向稳定组织转变的趋势。但在低温下，因原子扩散能力很弱，这种组织转变很难进行。如果加热冷变形金属，使原子有足够的扩散能力，则不稳定的冷加工纤维组织就会发生回复和再结晶而转变为稳定组织。促使回复和再结晶发生的驱动力就是储存能，而加热只是为组织转变提供了一个外部条件。

2.2.2　回复阶段组织和性能的变化

回复是指冷变形金属在低温加热时，在冷加工纤维组织发生改变前，晶粒内部亚结构和某些性能发生变化的过程。

回复不能完全消除加工硬化。这是因为回复时加热温度低，原子扩散能力弱，冷变形纤维状组织不变化，位错密度降低不大，金属的强度、硬度、韧性、塑性也变化不大。但回复能显著降低空位浓度，使位错整齐排列（见图 2-9）而减小晶格畸变、消除宏观内应力，使工件的电阻率降低、密度增大、耐蚀性能提高和外观形状尺寸稳定。

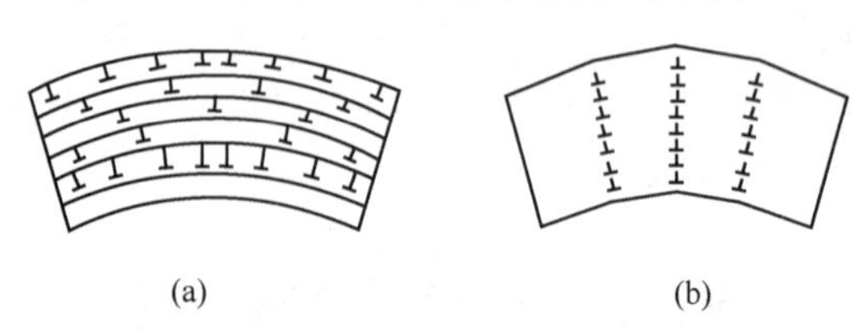

图 2-9　位错整齐排列前(a)、后(b)的情况

生产上应用的去应力退火，即回复处理，就是利用回复过程使冷加工工件在基本保持加工硬化的状态下，消除宏观内应力，以减轻工件的变形和翘曲，并提高其耐蚀和导电性能。

2.2.3　再结晶阶段组织和性能的变化

再结晶是指冷变形金属在较高温度加热时，在冷变形纤维组织中形成晶核，晶核长大为等轴晶粒，逐渐取代纤维状组织的过程（见图 2-8）。

再结晶后，金属的冷变形纤维组织转变为细小的等轴晶粒，位错密度大大降低，残余应力完全消除，导电性能、密度、耐蚀性能进一步提高，尤为重要的是，强度、硬度迅速降低，塑性、韧性显著提高，加工硬化完全消除，如图 2-10 所示。同时变形织构带来的各向异性在很大程度上也可消除。

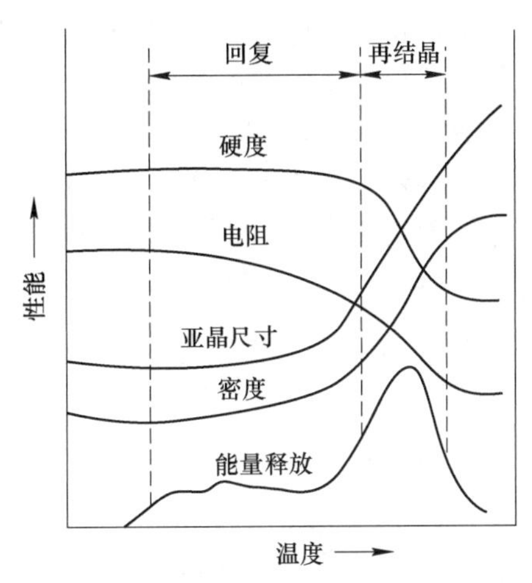

图 2-10　加工硬化金属在加热时性能的变化

再结晶实际上是借助原子扩散，通过形核和晶核长大完成的，这一点类似结晶，因此称为再结晶。但应注意，再结晶只是组织转变，而不是相变，因为再结晶前后，金属的晶体结构、化学成分没有发生变化，并且发生再结晶的温度不像金属的结晶温度一样是恒定的，而是受诸多因素的影响。

前面提到的冷加工过程中的中间退火就是再结晶退火。它是指把冷变形金属加热到再结晶温度以上，保温一定时间，使变形纤维状组织转变为等轴晶粒组织，以消除加工硬化、各向异性和全部残余应力的退火。但应注意，若变形程度很大，变形织构产生的各向异性很强烈，再结晶退火是不能完全消除的。

2.2.4　晶粒长大阶段组织和性能的变化

再结晶完成后，金属的晶粒通常比较细小。若延长保温时间或提高加热温度，晶粒就会长大。晶粒长大使晶界面积减小，界面能量降低，从而使金属能量降低，因此晶粒长大的驱动力是长大前后的界面能量之差，并且高温下晶粒长大是一个自发的过程。同细小晶粒组织相比，粗大晶粒组织不仅强度、硬度低，而且塑性和韧性也差，因此，实际生产中的再结晶退火应控制好加热温度和保温时间（尤其是加热温度），避免晶粒过分长大而降低力学性能。

2.2.5　再结晶温度及其影响因素

理论上再结晶温度定义为：冷变形金属开始再结晶的最低温度。而在实际生产上再结晶温度定义为：经过大变形（变形程度大于 70%）的金属在 1 h 的保温时间内，能够完成再结晶（再结晶体积分数大于 95%）的最低温度。就一定成分的金属或合金来说，再结晶温度不是一个定值，受以下诸多因素的影响。

2.2.5.1　冷变形程度

再结晶的驱动力是变形产生的储存能。若变形程度小，则储存能太小，即使升高温度也不足以驱动再结晶。所以发生再结晶需要一个最小的变形程度，这个最小的变形程度称为临界变形程度。

图2-11中的曲线反映了电解纯铁和99%的纯铝的再结晶温度和变形程度的关系。由曲线可见：(1) 变形程度大于临界变形程度后，再结晶温度随变形程度的增加而降低，这是因为变形程度增加，储存能增大，再结晶驱动力大，进行再结晶所需要的加热温度就低。在临界变形程度下，再结晶温度有最大值。(2) 当变形程度增大到一定程度后，再结晶温度趋于定值，这是因为低于再结晶温度，原子扩散困难，再结晶无法进行。

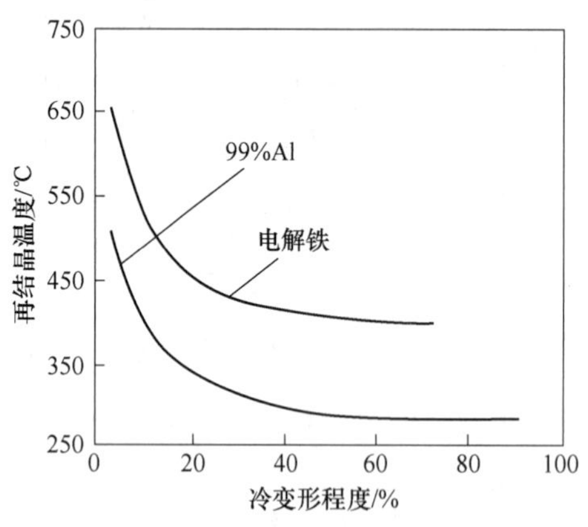

图2-11 变形程度对再结晶温度的影响

2.2.5.2 化学成分的影响

再结晶实质上是通过原子扩散进行的组织转变过程。在纯金属中添加杂质元素或合金元素，通常会降低原子扩散速度，阻碍原子扩散，延缓再结晶。因此，一般来说，纯度低的纯金属的再结晶温度高于纯度高的纯金属；合金的再结晶温度高于相应的纯金属。表2-2为一些金属及合金的再结晶温度。

表2-2 1 h的再结晶温度

金属或合金	再结晶温度/℃	金属或合金	再结晶温度/℃
铜（99.999%）	120	铝（区域提纯）	10
无氧一号铜	210	铝（99.999%）	85
Cu-5Zn	320	铝（99.00%）	240
		铝合金	320

2.2.5.3 退火保温时间

图2-12中的曲线表示不同变形程度下再结晶温度和退火保温时间的关系。图中两条曲线具有相同的规律，即保温时间延长，再结晶温度降低。这是因为保温时间越长，原子扩散越能充分进行，有利于再结晶的形核和长大，所以再结晶温度降低。

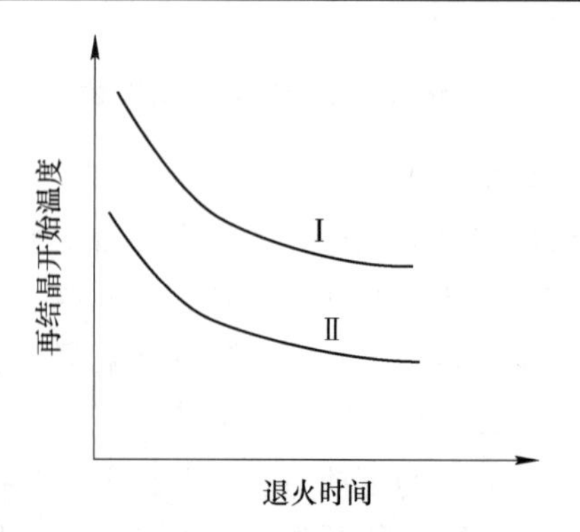

图2-12 再结晶温度与退火时间的关系

Ⅰ—小变形程度；Ⅱ—大变形程度

2.2.5.4 冷变形前的原始晶粒

金属原始晶粒越细小，其强度越高，变形抗力就越大，变形后金属的储存能越大，再结晶温度越低。但应当指出，随变形程度的增大，原始晶粒尺寸对再结晶温度的影响将会减弱。

2.2.6　影响再结晶晶粒大小的因素

对于同种金属而言，晶粒细小的组织具有更高的强度和硬度，更好的塑性和韧性（细晶强化），因此再结晶后晶粒大小直接影响金属材料的力学性能。实际生产中，很难保证设定的退火工艺参数使再结晶刚好完成，往往是再结晶完成后，进行了一定程度的晶粒长大。以下讨论的再结晶晶粒尺寸涉及到再结晶和晶粒长大两个阶段。

2.2.6.1　冷变形程度

变形程度对再结晶后晶粒大小的影响，如图 2-13 所示。从图 2-13 中可见：(1) 变形程度很小时，晶粒尺寸不发生任何变化。这是因为变形程度很小，储存能也很小，不足以引起再结晶，所以晶粒尺寸不发生变化。(2) 当变形程度达到 b 点对应的临界变形程度（一般金属为 2% ~10%。加热温度越高，临界变形程度越小）时，再结晶后的晶粒特别粗大。这是因为变形程度较小，储存能小，再结晶形核率低，晶核数量少，同时晶核生长速度相对于形核率较大而造成的。故生产上应避免在临界变形程度附近进行加工，以免再结晶晶粒粗大，降低力学性能。(3) 当变形程度大于临界变形程度后，随变形程度的增大，再结晶晶粒逐渐细小。这是因为随变形程度的增大，储存能增加，再结晶的形核率和长大速度均增大，但形核率增大的速率远高于晶核长大速度增加的速率，所以再结晶晶粒逐渐细小。(4) 当变形程度增大到一定程度后，晶粒尺寸基本保持不变。(5) 当变形程度很大时，又会出现再结晶晶粒粗大的现象。这是因为变形程度很大时，产生强烈的变形织构，导致在再结晶过程中少数晶粒迅速长大而吞并周围小晶粒，得到晶粒粗大的组织，通常称为二次再结晶。

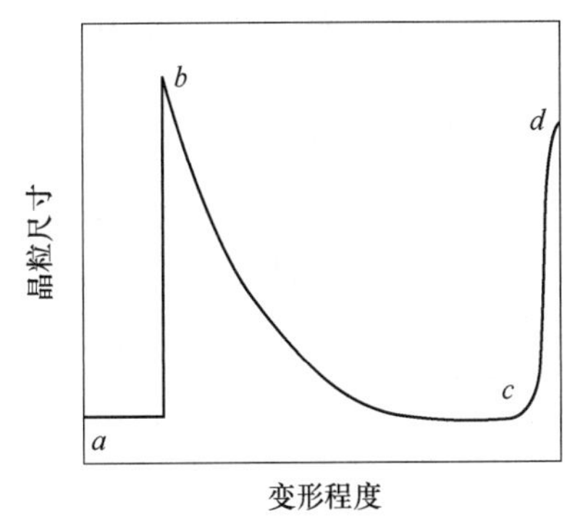

图 2-13　再结晶晶粒大小与变形程度的关系（示意图）

综上所述，为了使金属材料获得细小的晶粒组织、具有优良的力学性能，在制定冷加工工艺时，既要避免在临界变形程度附近进行变形，又要防止变形程度过大。通常两次中间退火之间的冷加工率应控制在 60% ~90% 之间为宜。

2.2.6.2　合金成分

对单相合金来说，合金元素和杂质元素含量增加，则再结晶晶粒细小。这是因为一方面合金元素和杂质元素含量高，固溶强化作用大，使合金强度提高，变形抗力增大，变形后储存能高，再结晶形核率高，晶粒细小；另一方面合金元素和杂质元素，尤其是高熔点元素，减小原子扩散速度，阻碍晶粒长大。

对含有第二相的合金来说，情况较为复杂。若第二相颗粒细小，则它能延缓再结晶，阻碍晶粒长大，再结晶晶粒细小；若第二相颗粒粗大，反而会促进再结晶形核，加速再结晶，使再结晶晶粒粗大。

2.2.6.3　加热温度和保温时间

加热温度提高和保温时间延长，可能使变形金属在完成再结晶后，进入晶粒长大阶段，从而使晶粒进一步粗大。从图 2-14 中可见：(1) 冷变形金属在某一温度下加热时，在孕育期之后，晶粒长大迅速，随后晶粒长大逐渐放缓，最终晶粒尺寸趋于定值；(2) 退火温度越高，晶粒尺寸越大。在温度和时间这两个因素中，温度对晶粒尺寸的影响更为显著，因此，在实际生产上，再结晶退火时尤其要严格控制温度。

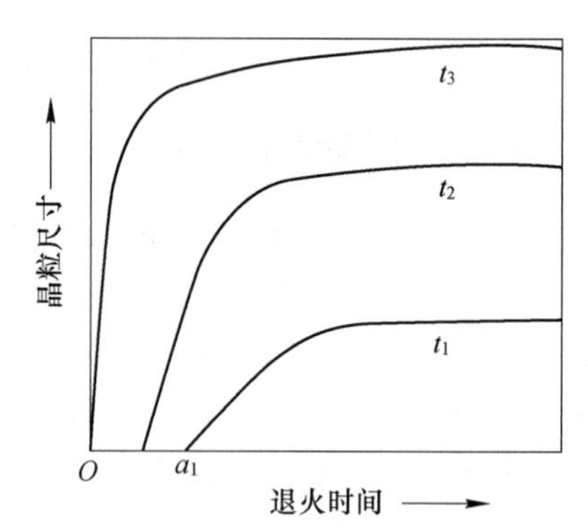

图 2-14　在不同温度下加热，保温时间与晶粒大小的关系
Oa_1—孕育期（t_1 温度时），$t_3>t_2>t_1$

2.2.6.4　原始晶粒大小

冷变形前，原始晶粒细小，再结晶晶粒也细小。原因有两种，一是金属原始晶粒细小，强度高，变形抗力大，变形获得的储存能高，再结晶时形核率高，晶粒细小。二是晶粒细小，晶界面积大，提供了更多的再结晶形核位置，形核率也高，晶粒细小。需要注意的是，变形程度的增大，会使原始晶粒尺寸对再结晶晶粒大小的影响程度减弱。

2.2.6.5　加热速度

加热速度快，再结晶晶粒细小。原因在于，加热速度快，加热到一定温度所需要的时间短，回复进行得不充分，储存能消耗小，再结晶驱动力大，再结晶形核率高，晶粒细小。

2.2.7　再结晶图

对于给定的金属，在影响再结晶晶粒大小的诸因素中，变形程度和退火温度影响最大。为了综合考虑这两个因素对再结晶晶粒大小的影响，通常将三者之间的关系绘制成一个立体图形，称为再结晶图。再结晶用途很大，在冷加工工艺中它是制定金属冷变形程度和退火温度的重要依据。

图 2-15 所示为工业纯铝的再结晶图，可以看出，退火温度一定时，变形程度越小，再结晶晶粒越大；而当变形程度一定时，退火温度越高，再结晶晶粒越大。这样，在临界变形程度附近和高温一隅，形成了一个晶粒非常粗大的区域。而在大变形程度和高温一角也组成了一个晶粒非常粗大的区域，这是因为大变形程度的冷变形产生强烈的变形织构，在高温退火过程中形成异常粗大的晶粒。显然，对一般结构材料来说，除非特殊要求，否则必须避开这两个区域。

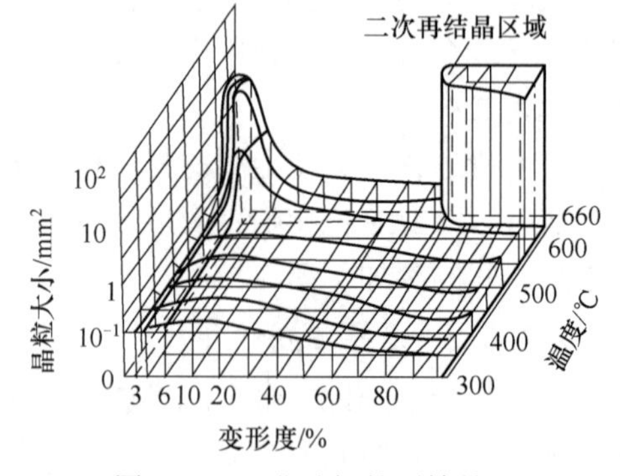

图 2-15　工业纯铝的再结晶图

模块 2.3　热变形对金属组织和性能的影响

2.3.1　热变形概述

热变形是指金属在其再结晶温度以上进行的塑性变形。不同的金属，再结晶温度相差

很大，因此热变形是一个相对的概念。例如，钨的再结晶温度约为 1200 ℃；而铅、锡的再结晶温度甚至在室温以下。所以，在 1000 ℃对钨进行加工叫冷变形或温变形；而在室温加工铅、锡则属于热加工。

在热加工过程中，变形金属温度高，其内部同时进行着加工硬化和回复、再结晶软化两个相反的过程，这决定了热变形具有如下优点：（1）金属变形抗力低，变形容易，能耗低，对设备的要求不像冷变形那样苛刻；（2）金属塑性好，可以采用大变形量进行加工；（3）不容易产生变形织构；（4）生产工序简单，生产周期短，生产效率高。但热变形也有不足之处，主要表现在：（1）金属易氧化和脱碳，产品表面质量差，难于保证产品的尺寸精度；（2）变形过程中温度波动大，难于保证产品组织和性能均匀，产品的强度也不高；（3）变形前，需要长时间加热金属而导致金属烧损大；（4）不宜加工低熔点金属和细而薄的产品。

一般来说，除挤压外，在热变形过程中变形金属的温度是降低的。为了保证产品的质量，热变形需要一个适宜的温度范围。不同的金属具有不同的热变形温度范围，见表 2-3。金属的热变形上限温度可在相应的相图上确定，一般控制在固相线以下 100 ~ 200 ℃范围内。如果超过这一温度，就会造成过热（晶粒粗大）或过烧（晶界氧化和晶界熔化），而降低塑性，使加工性能变差；如果低于此温度，金属变形抗力大，塑性也不好。热变形的下限温度一般控制在再结晶温度以上一定范围内。如果超过再结晶温度过多，热变形后会造成晶粒粗大，有害于力学性能；如果低于再结晶温度，则热变形产生的加工硬化会被保留下来，塑性降低。

表 2-3 常用金属材料的热锻温度范围

金属材料	热锻开始温度/℃	热锻结束温度/℃
碳素结构钢和合金结构钢	1200 ~ 1280	750 ~ 800
碳素工具钢和合金工具钢	1150 ~ 1180	800 ~ 850
高速钢	1090 ~ 1150	930 ~ 950
铬不锈钢（1Cr13）	1120 ~ 1180	870 ~ 925
铬镍不锈钢（1Cr18Ni9Ti）	1175 ~ 1200	870 ~ 925
纯铝	450	350
纯铜	860	820

2.3.2 热加工金属组织和性能的变化

2.3.2.1 改造铸锭组织，消除内部缺陷，提高力学性能

通常铸锭由表层细晶区、中部柱状晶区和心部等轴晶区 3 个组织和性能各异的部分组成，并且由于铸锭的凝固顺序是由下往上、由外向里，心部最后凝固，因此 3 个晶区的化学成分不均匀，存在严重的偏析，并且最后凝固的心部富集低熔点杂质和夹杂物。此外，铸锭中也存在较多的气孔、疏松（显微缩孔）和微裂纹而导致其密度较低。所以，铸锭的塑性差、强度低。

生产上的热加工主要包括热锻、热轧和热挤压。铸锭在热加工过程中，粗大的柱状晶

被破碎，经过再结晶得到细小等轴晶粒；粗大的夹杂物也被打碎，并且分布更加均匀。同时，在高温和三向压应力作用下，原子扩散加剧，成分不均匀得到一定程度的改善，并且气孔、疏松、微裂纹被焊合、压实，金属密度得以提高。所以，铸锭经过热变形后，金属的力学性能，尤其是韧性和塑性，得到明显的提高，见表2-4。

表2-4 不同状态下含碳量0.3%的碳钢的力学性能

状态	σ_b/MPa	$\sigma_{0.2}$/MPa	δ/%	ψ/%	α_k/J·cm^{-2}
锻造状态	530	310	20	45	56
铸造状态	500	280	15	27	28

2.3.2.2 产生宏观的纤维组织和微观的带状组织，力学性能出现方向性

热加工的纤维组织和冷加工的纤维组织不同，它是由非金属夹杂物、区域偏析、第二相等造成的。在热加工中，变形的金属经过再结晶后，得到细小的等轴晶粒；而变形的夹杂物和第二相通常不会发生再结晶，它们和区域偏析一样仍保持被拉长的长条状或链状形态，在宏观组织中形成一条条流线，这种组织称热加工的流线组织或纤维组织，如图2-16所示。

复相合金中的各个相，在热加工过程中沿着变形方向交替地呈带状分布，这种组织称热加工的带状组织。轧制的复相合金常出现带状组织。例如，铸锭中存在夹杂物和枝晶偏析，轧制时它们被拉长呈条状分布，冷却后形成带状组织。再如，低碳钢热轧温度过低时，夹杂物呈纤维状排列，在缓慢冷却过程中，先共析铁素体首先在夹杂物周围排列成行析出，随后珠光体也成行析出，形成带状组织。又如，高碳高合金钢，由于存在较多的共晶碳化物，热加工后碳化物也可能呈带状分布，如图2-17所示。

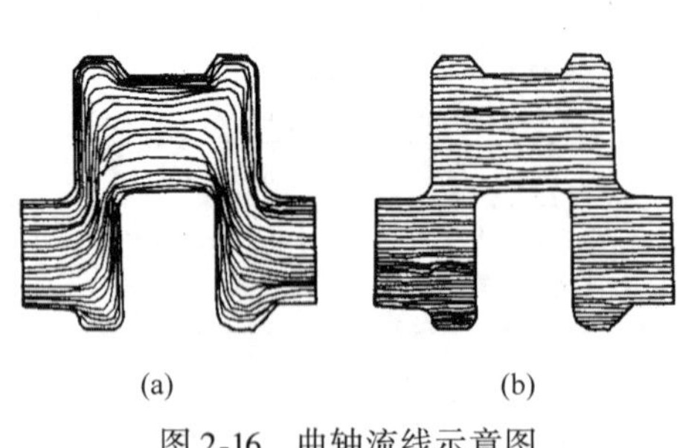

图2-16 曲轴流线示意图
(a) 锻造的；(b) 切削加工的

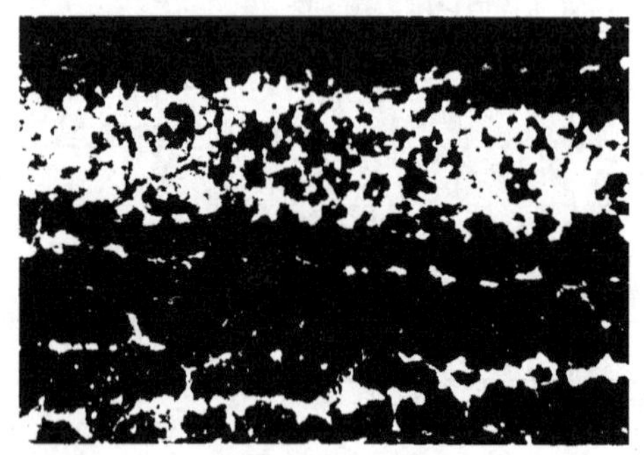
图2-17 高速钢中带状碳化物组织

热加工的纤维组织和带状组织使热加工金属的力学性能出现方向性，见表2-5，沿纤维方向（纵向）的强度和塑性高于横向。对待流线和带状组织应从两方面着眼：一方面尽量设法预防和削弱，这要求从其形成的根源上考虑，例如尽量减少或消除原组织中的偏析、夹杂物，细化原组织，避免单方向加工成型，并针对不同带状组织采用不同消除方法。例如，亚共析钢中的带状组织可用正火的方法消除，而共晶碳化物带状组织可用变向热锻的方法消除。另一方面是加以利用，这就要求从零件的外形和具体的受力情况考虑，

尽量使流线的分布形态与零件的几何外形一致，并在零件内部封闭，同时尽量使零件的受力方向和流线方向一致，图 2-16(a)是对流线的正确利用。

表 2-5　热轧态 45 钢力学性能的方向性

取样方向	σ_b/MPa	$\sigma_{0.2}$/MPa	δ/%	ψ/%	α_k/J · cm^{-2}
纵向	700	460	17.5	62.8	41
横向	658	430	10.0	31.0	24

模块 2.4　温变形对金属组织和性能的影响

2.4.1　温变形概述

温变形是指金属在室温以上、再结晶温度以下的某一温度范围内进行的塑性变形。常见的温变形工艺有温锻、温轧、温拉和温挤压。在温变形过程中，金属在发生加工硬化的同时，也可以发生回复软化。由于温度升高和回复作用，加工硬化程度减轻和残余应力减少，从而使金属的变形抗力降低、塑性提高。温变形既可以在室温下采用大变形速度（靠变形热升温）来实现，也可以通过变形前加热金属获得。

同冷变形相比，温变形时金属所需的外力大大减小，对设备的要求降低，且成型所用工模具的寿命也大大提高。此外，用温变形加工某些金属，可以省去一部分中间退火，提高生产率。与热变形相比，温变形过程中金属氧化、脱碳现象较轻，零件的表面质量和尺寸精度大幅提高。另外，温变形加工的产品，其晶粒大小容易控制，通常可以得到较小的晶粒。

制定金属的温变形工艺，首先要确定合理的变形温度范围。温度太高，氧化和脱碳严重；温度太低，金属变形抗力大大增加。对于钢来说，普遍认为温变形温度控制在 200 ~ 800 ℃较为合理，对于奥氏体不锈钢来说常用 200 ~ 400 ℃，铝及铝合金一般是室温到 250 ℃，铜和铜合金是室温到 350 ℃。其次，合理选择润滑剂也是温变形的一个重点。一般以固体润滑剂为主。例如，在温挤压时，常用石墨加低黏度机油作润滑剂，润滑效果良好。

2.4.2　温变形对金属组织和性能的影响

在温变形过程中，金属内部的晶粒形状发生变化，沿延伸方向被拉长。由于位错运动和位错增殖，也会出现位错缠结，在晶粒内部产生亚结构，形成形变亚晶。当变形程度较大时，会产生纤维组织和变形织构。温变形中上述组织的变化和冷变形类似，可以想象，由这些组织变化所导致的性能改变也与冷变形相似。只是由于温度升高和回复作用，使温变形的组织变化和性能改变的程度较冷变形有不同幅度的减弱。

同冷变形相比，温变形也有自己的变形特点。首先，在某一变形温度下，随着变形程度的增加，金属内部晶粒细化现象越发明显。一旦变形程度超过某一临界值，变形金属就会发生再结晶。变形后，金属可获得细小的等轴晶粒，加工硬化现象消失。生产中可以通过增加变形程度、降低变形温度的方法，来获得细小的再结晶晶粒。其次，在温度和三向压应力的作用下，金属内部原子的扩散速度加快，能部分消除偏析，使成分更为均匀，性能有所改善。

习　题

2-1　冷变形时金属的组织发生了哪些变化，相应的力学性能又发生哪些变化？
2-2　什么是变形织构，为什么冷变形程度大的金属会产生变形织构？
2-3　什么是加工硬化，加工硬化对金属性能的有利影响和不利影响有哪些，如何消除不利影响？
2-4　什么是回复和再结晶，生产上的回复处理和再结晶退火各起什么作用？
2-5　再结晶是相变吗，为什么？
2-6　什么是再结晶温度，冷变形程度和化学成分如何影响金属的再结晶温度？
2-7　什么是临界变形程度，为什么冷加工生产上要避免在临界变形程度附近变形？
2-8　什么是再结晶图，它有何用途？
2-9　试述冷加工和热加工的优缺点。
2-10　铸锭或连铸坯塑性差、强度低的原因是什么？
2-11　热加工后的钢材为什么比铸钢力学性能好？
2-12　温变形同热变形和冷变形相比，有哪些优点？
2-13　冷变形和热变形形成的纤维组织相同吗，分别用什么方法可以消除？

项目3　塑性变形的基本定律

在塑性变形过程中，金属的流动都遵循一定的规律，掌握这些规律，在实际生产过程中为确定工艺设计，指导实际操作，保证产品质量有十分重要的意义。

绪论中已介绍过体积不变定律，本项目主要介绍最小阻力定律、弹塑性共存定律和极限状态理论。

模块3.1　最小阻力定律

3.1.1　最小阻力定律的描述

在压力加工过程中，金属在外力作用下而发生的塑性变形是通过内部金属质点流动实现的。在分析塑性变形过程中金属质点的流动规律时，可以应用最小阻力定律，因为它是力学的普遍原理。最早把最小阻力定律应用于塑性变形的是法国人屈雷斯加，后来苏联学者古布金将最小阻力定律表述为：当变形体的质点有可能向不同方向移动时，则变形体各质点将沿着阻力最小的方向移动。

如果忽略弹性变形量，金属塑性变形过程中应满足体积不变定律，即坯料在某些方向被压缩的同时，在另外一些方向将伸长，而伸长的金属质点要遵循最小阻力定律，沿着阻力最小的方向流动。根据体积不变定律和最小阻力定律，可以定性分析塑性变形中金属质点的流动方向，或者通过调整某个方向的流动阻力，来改变金属在某些方向的流动量，使金属成型更为合理。因此，最小阻力定律在压力加工工艺分析和工具设计中得到了广泛的应用。例如在开式模锻中（见图3-1），增大金属流向飞边的阻力，以保证金属充填满模腔；或者修磨圆角 γ，减小金属流向 A 腔的阻力，使金属充填得更好。再如，在轧制生产中，可以改变轧制工艺参数，增大金属质点的横向流动阻力，减小纵向流动阻力，使更多的金属质点向纵向流动，得到延伸大、宽展小的轧件。

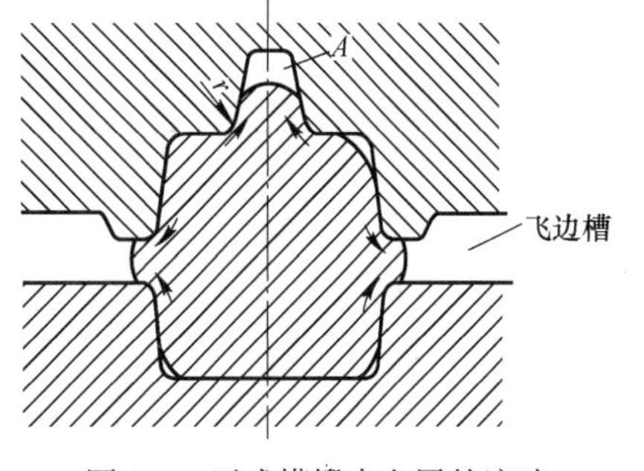

图3-1　开式模锻中金属的流动

3.1.2　镦粗矩形六面体时金属质点的流动

镦粗矩形断面柱体时，高向压下的金属体积向四周流动，使高度减小，断面增大。矩形断面上金属质点的流动模型，如图3-2所示。因为柱体和平锤头的接触表面上总是存在摩擦，摩擦成为金属质点向四周流动的阻力，而摩擦阻力和质点到周边轮廓的距离成正比，因此到周边的距离越短，阻力越小，金属质点必然沿这个方向流动。这个方向恰好是金属质点向周边所作的最短法线方向。所以可用矩形 4 个内角的角平分线将矩形分为 2 个三角形和 2 个梯形，形成 4 个流动区域。角平分线上的质点到矩形长边和短边的距离相等，向长边和短边流动的可能性相等。应用最小阻力定律可以判定，梯形内的质点向长边流动，而三角形内的质点向短边流动。由于梯形面积大于三角形面积，向长边流动的金属量多，而向短边流动的金属量少。因此镦粗后，矩形断面将变成多边形。可以想象，随镦粗不断继续进行，断面的周边将变为椭圆，进而椭圆将变成圆。此后，继续镦粗，各个质点将沿圆的半径方向流动。相同面积的任何形状，圆形周边最小，因而最小阻力定律在镦粗中也称最小周边法则。

在拔长工序中应用上述变形模式，可提高拔长的生产效率。拔长实质上就是沿坯料长度方向上的逐次镦粗，在镦粗过程中需将坯料不停地绕轴心线翻转 90°，使坯料断面积逐渐减小、长度逐渐增加。图 3-3 所示为拔长时坯料放置于砧面上的示意图。当要求较高的拔长效率时，坯料的送进长度要小，此时轴向延伸区为两个梯形，有较大的面积，延伸较大，如图 3-3(a)所示；当要求修正坯料尺寸时，不要求长度方向上有较大的延伸时，坯料的送进长度要大，如图 3-3(b)所示，这时轴向延伸较小，便于修正所要求的尺寸。

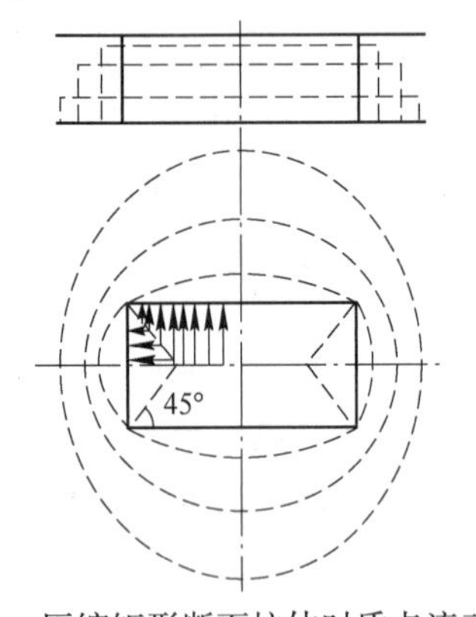

图 3-2　压缩矩形断面柱体时质点流动规律

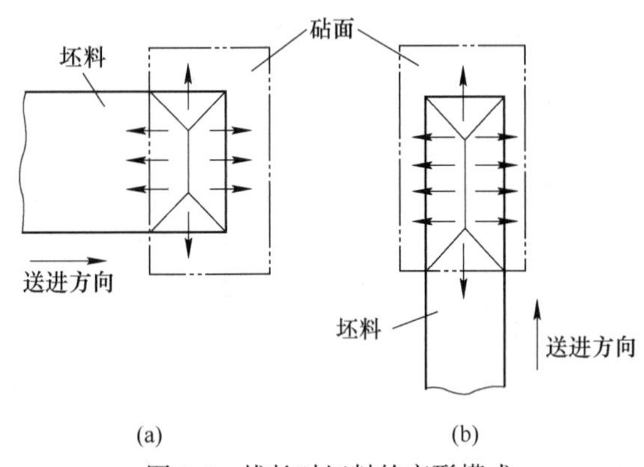

图 3-3　拔长时坯料的变形模式

3.1.3　轧制矩形断面轧件时金属质点的流动

轧制矩形断面轧件时，轧件厚度方向被压下的金属质点要向纵向和横向两个方向流动。沿纵向流动的金属质点使轧件长度增大，形成了延伸；而沿横向流动的金属质点使轧件宽度增大，形成了宽展。轧制之所以又称压延，是因为延伸（$\Delta l=l-L$）总是大于宽展（$\Delta b=b-B$）。出现此现象的原因主要有以下几方面：

（1）轧制变形区几何因素。一般情况下，有宽展轧制的变形区的水平投影为梯形，其变形区长度 l 小于轧件的平均宽度 $\frac{B+b}{2}$（见图 3-4）。用梯形 4 个内角的角平分线可将变形区分为 2 个梯形和 2 个三角形。根据最小阻力定律可知，梯形内的金属质点向纵向流动，而三角形内的金属质点向横向流动。由于梯形的面积大于三角形面积，即纵向流动的金属质点多于横向，

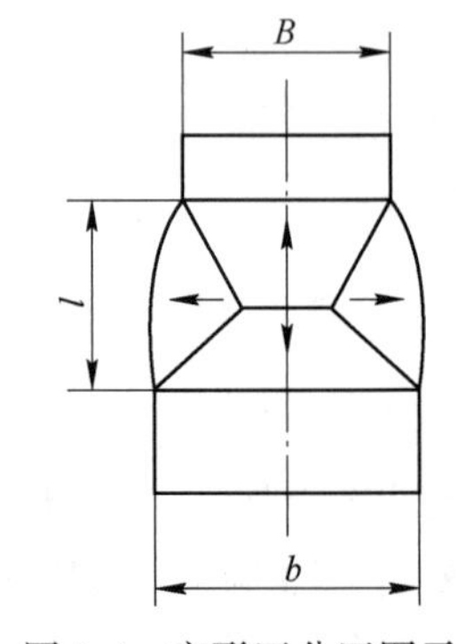

图 3-4　变形区分区图示

使延伸大于宽展。

(2) 轧件外端的作用。所谓外端（或外区）是指变形区外的金属。在轧制过程中，外端能使轧件边部本该向横向流动的部分金属质点转而向纵向流动，使轧件纵向延伸趋于均匀。根据体积不变定律，在压下量相同的情况下，向纵向流动的金属质点增加，必然导致向横向流动的金属质点减少，而使宽展减小。在轧制生产中经常可以观察到板带材的头部和尾部较宽而呈扇形，这是因为稳定轧制时的轧件存在两个外端：前端和后端，而咬入或甩出阶段时的轧件只有后端或前端。

(3) 轧辊形状的影响。轧辊为圆柱体，在纵向上轧辊和轧件为曲线接触，在横向上是直线接触（见图 3-5）。根据镦粗中的最小周边法则（即最小阻力定律）可知：曲线对金属质点流动的阻力小于直线，因此金属质点容易向纵向流动。此外，纵向上轧辊和轧件的曲线接触，使轧辊作用在轧件上的径向压力可以分解为垂直分量和水平分量。这一水平分量将减小纵向流动阻力，也使金属质点易向纵向流动，导致延伸增加。

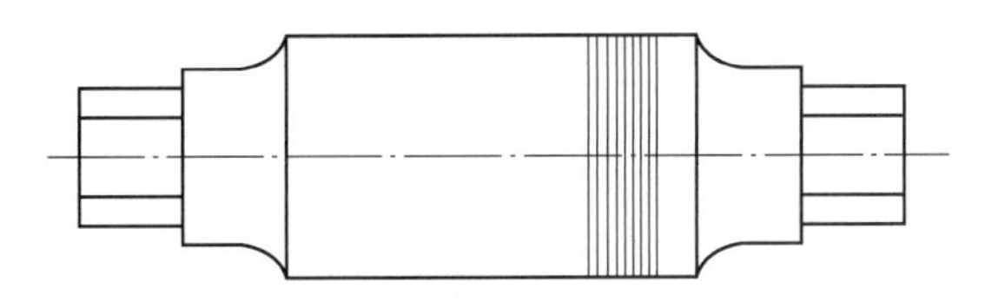

图 3-5　轧辊表面状态对纵横变形的影响

(4) 轧辊表面环形槽的作用。虽然轧辊表面看起来很光滑，但轧辊的制备加工和修磨会在辊面留下或深或浅的环形槽（见图 3-5）。这种表面状态也会使金属质点横向流动困难，而纵向流动容易。但轧辊在使用一段时间磨损后，环形槽的作用会减弱。

模块 3.2　弹塑性共存定律

3.2.1　金属的应力-应变曲线

材料单向拉伸实验获得的应力-应变曲线很重要。根据该曲线，不仅能得到材料的多个强度指标和塑性指标，而且可以定性地分析材料在外力作用下的变形过程。

图 3-6 是金属试样的单向拉伸应力-应变曲线。由图可见，Ob 段近似为直线，可以认为在该直线上应变和应力大致呈线性关系，符合胡克定律。若在直线 Ob 上任何一点卸载，应力和应变仍沿直线 Ob 返回到原点，变形完全消失。这说明，试样在外力作用下最初发生的变形是弹性变形。将 b 点对应的应力称为弹性极限（σ_e），它是试样只发生弹性变形的最大应力。继续加载，当应力超过弹性极限，大于 c 点的应力后，试样发生明显的塑性变形，此后应力和应变不再是直线的线性关系，而是曲线的非线性关系。把 c 点的应力称为屈服强度（σ_s），它是试样发生明显塑性变形的应力。有些金属在拉伸实验中很难测出 σ_s，可以用条件屈服强度 $\sigma_{0.2}$ 来代替。由于弹性极限 σ_e 和屈服极限 σ_s 相差很小，通常可将两者视为弹性变形的终结、塑性变形的开始。当加载至 B 点时，试样的应变为 D。若在 B 点卸载，应力和应变将不再沿原来的曲线返回，而是沿着与 Ob 直线近似平行的直线 BE 变化。当应力为 0 时，一部分应变恢复，这是弹性变形，用 ε 表示，另一部分应变保

留下来，这是塑性变形，用 δ 表示。

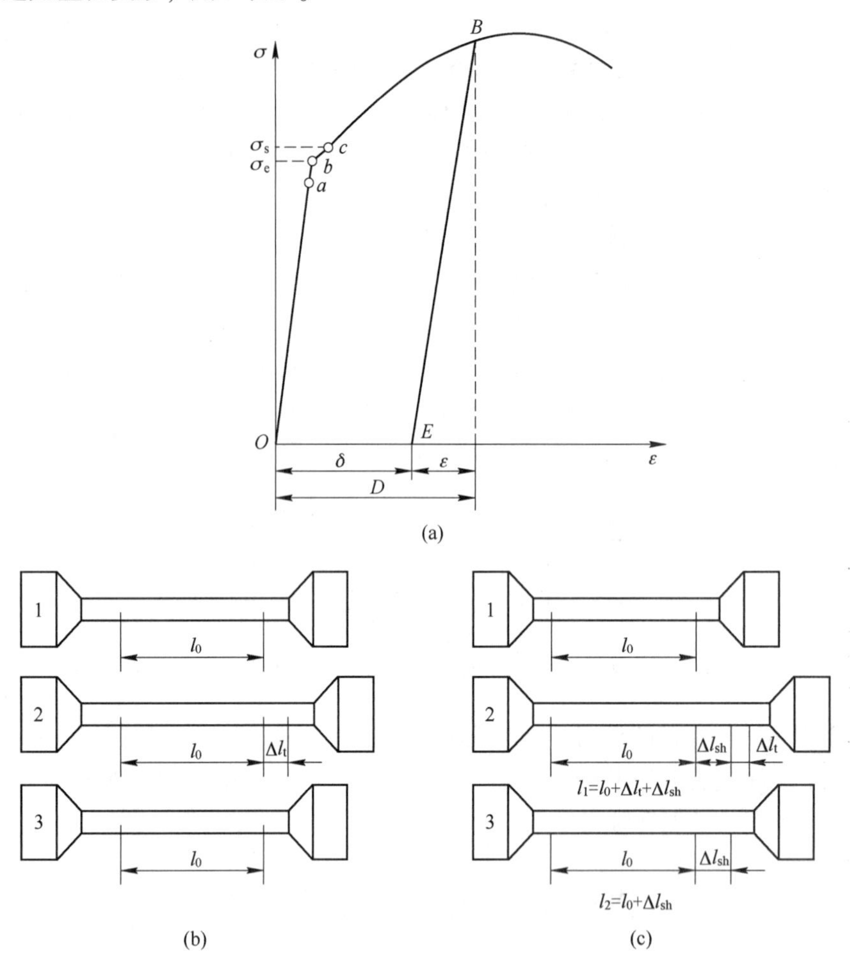

图 3-6　金属试样拉伸时应力-应变曲线

（a）应力应变曲线；（b）试样弹性伸长图示；（c）试样塑性伸长图示

1—原始试样；2—拉伸中试样；3—卸载后试样

金属的应力-应变曲线不仅说明塑性变形是在弹性变形的基础上发生的，而且也说明金属在塑性变形过程中的变形包括弹性变形和塑性变形，即 $D=\varepsilon+\delta$，这就是所谓的“弹塑性共存定律”。在压力加工中，在去除外力、塑性变形结束后，由于弹性变形消失，会使工件尺寸向未变形前的尺寸略微恢复一点点，这一点在加工尺寸要求精确的产品时应引起注意。

3.2.2　轧机的弹跳

轧制是在两个旋转的轧辊之间的辊缝中进行的。轧制过程中，轧件因要改变形状和尺寸，必须发生塑性变形，而轧辊只允许发生弹性变形，并且要求弹性变形越小越好。实际生产中，用平面轧辊轧制矩形断面轧件之前，需将辊缝预先调整至一定的高度 h_0，然后再进行轧制。轧制后轧件的厚度不等于 h_0，而是大于 h_0，这种现象在冷轧中尤为明显。产生这一现象有两方面的原因。

3.2.2.1 轧机弹跳

在轧制过程中，轧件和轧辊是两个相互作用的物体，因此轧件在受到来自轧辊的作用力而产生塑性变形的同时，也会给轧辊一个大小相同、方向相反的作用力。这个作用力不仅使轧辊，也使轧机上其他的所有零部件产生一定的弹性变形。轧机上所有零部件的弹性变形累积后又都反映在轧辊的辊缝上，使两轧辊轴心之间的距离由空载时的 C_0C_0 增大至轧制时的 CC，轧辊辊缝由空载时的 h_0 增大到轧制时的 $h_0+\Delta h_0$（见图 3-7）。这种在轧制过程中由于轧件对轧辊的作用力而使轧机各零部件发生弹性变形，最终导致辊缝增大的现象称为轧机弹跳。在轧机弹跳现象产生的同时，由于轧辊中部受到的作用力大于轧辊两边，轧辊还会发生弹性弯曲变形，使辊缝沿轧辊长度方向上大小不均匀，引起轧件沿宽度方向上厚度不均匀，即产生横向厚度差。

3.2.2.2 轧件的弹性变形

根据弹塑性共存定律，轧件在辊缝中进行塑性变形时，也发生了弹性变形，但轧件的弹性变形在轧件出辊缝后恢复，使轧件厚度增加了 Δh_M，如图 3-7 所示。

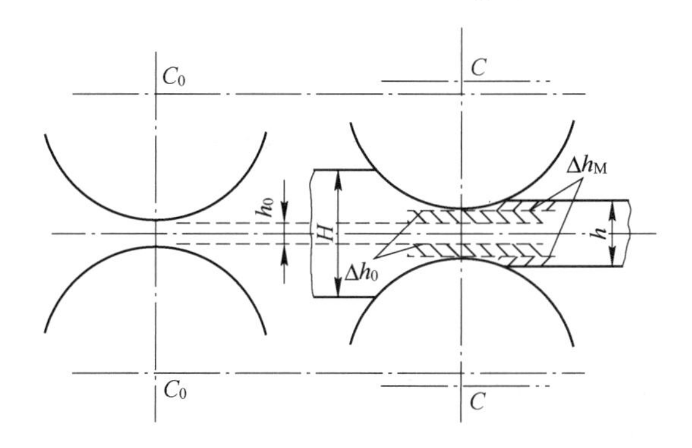

图 3-7 轧辊及轧件的弹性变形

根据以上分析，若不计轧辊弹性弯曲的影响，则轧制后轧件的厚度 h 可表示为：

$$h = h_0 + \Delta h_0 + \Delta h_M \tag{3-1}$$

式中 h_0——轧制前预先调整的辊缝高度；

Δh_0——轧机的弹跳；

Δh_M——轧制时轧件的弹性变形。

3.2.3 减小轧机弹跳的措施

根据弹塑性共存定律，在压力加工过程中金属一定发生弹性变形，而在加工后弹性变形要恢复，由此导致的加工后金属的尺寸比加工过程中金属的尺寸略大是正常的，这种尺寸上的差异无法避免，不能消除。例如，丝材经过某一道次的拉拔模拉拔后，若不施加拉力是不能再顺利地穿过该模子的。然而，由压力加工设备上各个零部件产生的弹性变形所引起的对产品尺寸的影响却是要求尽量减小的。现以轧制为例进行说明。

在轧制生产中，尤其是在冷轧板带材生产中，由于板带材的变形抗力很大，轧辊受到的作用力是相当大的，导致轧机的弹性变形不容忽略。为了获得厚度尺寸精确的产品，必须采取相应的措施来减小轧机弹性变形的不利影响。

根据弹性变形的胡克定律：$\varepsilon=\dfrac{\sigma}{E}$和应力定义式：$\sigma=\dfrac{F}{A}$，可得：

$$\varepsilon=\frac{F}{AE} \tag{3-2}$$

用式（3-2）来分析轧机的弹性变形时，ε 为轧机的弹性变形；F 为轧辊受到的轧制力；A 为轧机（主要是机架和辊系）的受力面积；E 为机架和辊系材质的弹性模量；AE 为轧机（主要是机架和辊系）的刚度。由式（3-2）可知，减小轧机弹性变形的途径有两个：一是减小轧辊所受的轧制力；二是提高轧机的刚度。

从冷轧机结构方面考虑，采用小轧辊可减小轧制力。但为了轧制更宽、更薄的钢带，小轧辊因受力面积小，没有足够的刚度去承受更大的轧制力。因此，相继出现了四辊、六辊、十二辊、二十辊等多辊冷轧机（见图3-8）。这些轧机的辊系由工作辊和支撑辊组成，工作辊只有两个，直径最小，可减小轧制力；其余辊子直径较大，可提高辊系的刚度，减小轧辊的弹性变形。

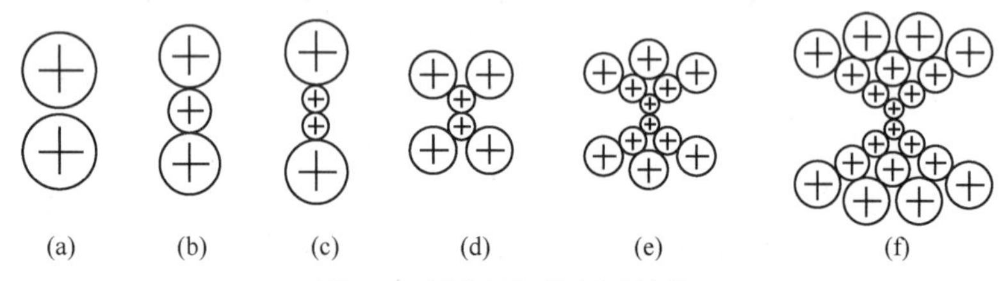

图3-8　部分轧机的辊系结构

（a）二辊式；（b）三辊式；（c）四辊式；（d）六辊式；（e）十二辊式；（f）二十辊式

提高轧机的刚度主要包括加大机架和辊系的刚度。辊系刚度的提高除通过增加支撑辊直径外，还要采用高弹性模量的材料来制备轧辊和支撑辊。多辊轧机的机架通常用弹性模量较高的铸钢整体浇注而成，其断面为面积很大的矩形，保证了机架有很大的刚度，有利于减小轧制时轧机的弹性变形。因此，为提高轧机的刚度，板带材冷轧机变得越来越粗大而笨重。

总之，通过减小轧制力和提高轧机的刚度，可减小轧机的弹性变形（即轧机辊跳），轧制出宽度更宽、厚度更薄的板带材。

模块3.3　极限状态理论

3.3.1　概述

3.3.1.1　极限状态的种类

金属压力加工中，金属的变形有两种极限状态，一是金属变形由弹性变形转变为塑性变形，称为屈服；二是金属由于变形量过大而出现裂纹，称为破坏。屈服是弹性变形的终结、塑性变形的开始，而破坏是塑性变形的终结。

3.3.1.2　金属的屈服极限 σ_s 和金属的屈服

金属的屈服极限 σ_s 是在室温施加静载荷进行单向拉伸或压缩条件下测得的金属屈服需要的应力。此条件下金属的应力状态是线应力状态。

前面已介绍，不同的压力加工方法，有不同的应力状态，因此压力加工中金属的屈服是指在任意应力状态下金属由弹性变形转变为塑性变形。因为应力状态影响金属的变形抗力，不同的压力加工方法，金属屈服所需要的外力大小不同，所以不能用单向拉伸或压缩的线应力状态下测得的屈服极限作为任意应力状态下金属屈服的判据。

3.3.1.3　极限状态理论

既然金属的屈服强度不能作为金属压力加工中金属屈服的判据，那么在金属压力加工中，需要满足什么条件，金属才会发生屈服呢？极限状态理论很好地解决了这一问题。该理论是建立在假设基础上，用来描述不同应力状态下变形体内某一点由弹性变形转变为塑性变形所必须遵守的条件，又称屈服条件或屈服准则。它认为对于一定的金属，在相同变形条件（如变形温度、变形速度、预先加工硬化程度一定）下，金属的屈服取决于应力状态，而金属内任何一点的应力状态又可以用 3 个主应力表示，则屈服条件应是 3 个主应力的函数，可表示为：

$$f(\sigma_1,\sigma_2,\sigma_3)=C \tag{3-3}$$

式中　C——与材料力学性能有关的常数。

屈服准则前后出现了 4 种，经实践检验并被普遍接受的是屈雷斯加屈服准则和密塞斯屈服准则。

3.3.2　屈雷斯加屈服准则

法国工程师屈雷斯加（Tresca）在 1864 年提出了一个屈服准则，该准则表述为：当材料（质点）中的最大剪应力 τ_{max} 达到某一定值 C 时，材料就屈服。该准则也称为最大剪应力准则，其表达式为：

$$\tau_{max}=C \tag{3-4}$$

若已知 $\sigma_1>\sigma_2>\sigma_3$，则准则又可为：

$$\tau_{max}=\frac{\sigma_1-\sigma_3}{2}=C \tag{3-5}$$

式中，定值 C 取决于材料在变形条件下的性质，而与应力状态无关，可用静载荷下的单向拉伸试验来确定。在拉伸试验中试样屈服时，应力状态为单向拉应力状态，$\sigma_1=\sigma_s$，$\sigma_2=\sigma_3=0$，将它们代入式（3-5），得：

$$C=\frac{\sigma_s}{2}$$

则屈雷斯加屈服准则为：

$$2\tau_{max}=\sigma_1-\sigma_3=\sigma_s \tag{3-6}$$

很显然，若事先知道 3 个主应力的顺序，使用屈雷斯加准则很方便。但更多的情况是主应力需要计算，其大小顺序事先并不知道，此时屈雷斯加屈服准则的普遍表达式为：

$$\sigma_1-\sigma_3=\pm\sigma_s;\ \sigma_2-\sigma_3=\pm\sigma_s;\ \sigma_1-\sigma_2=\pm\sigma_s \tag{3-7}$$

从数学的观点看，这 3 个式子不可能同时成立，因为 3 个式子相加后，左边为 0，右边不可能为 0。所以应用屈雷斯加屈服准则时，只要 3 个式子中有一个式子成立，就可判定材料屈服发生了塑性变形。

3.3.3 密塞斯屈服准则

德国力学家密塞斯（Mises）注意到屈雷斯加屈服准则未考虑中间主应力 σ_2 的影响，且在主应力大小次序不确定的情况下难于正确使用，于是建议将式（3-7）中的3个式子统一写成平方和的形式，并在1913年提出了如下屈服准则：

$$(\sigma_1 - \sigma_2)^2 + (\sigma_2 - \sigma_3)^2 + (\sigma_3 - \sigma_1)^2 = 6B^2 \tag{3-8}$$

式中，B 取决于材料在变形条件下的性质，而与应力状态无关，因此 B 可用单向拉伸试验来确定。当拉伸试验中试样屈服时，$\sigma_2 = \sigma_3 = 0$、$\sigma_1 = \sigma_s$，将此条件代入式（3-8），得 $B = \frac{\sigma_s}{\sqrt{3}}$。于是密塞斯屈服准则的表达式为：

$$(\sigma_1 - \sigma_2)^2 + (\sigma_2 - \sigma_3)^2 + (\sigma_3 - \sigma_1)^2 = 2\sigma_s^2 \tag{3-9}$$

该屈服准则考虑了中间主应力 σ_2 的影响，无需事先知道3个主应力的大小顺序，使用方便。密塞斯当时未考虑此屈服准则的物理意义，认为它是近似的，而屈雷斯加屈服准则是精确的。但实验结果却表明，对于韧性金属材料，密塞斯屈服准则更正确，更接近实际。汉盖在1924年从能量的角度阐明了密塞斯屈服准则的物理意义，这就是：无论在何种应力状态下，当变形体单位体积弹性变形能达到某一定值时，材料就屈服。所以，密塞斯屈服准则又称弹性形状变化能准则。

3.3.4 两个屈服准则的比较

屈雷斯加和密塞斯屈服准则最主要的差别是中间主应力 σ_2 是否影响屈服。在屈雷斯加屈服准则中未考虑中间主应力 σ_2 的影响，即使中间主应力 σ_2 在 σ_1 和 σ_3 之间任意变化，也不影响材料的屈服；但在密塞斯屈服准则中，中间主应力 σ_2 是有影响的。实验结果表明，密塞斯屈服准则比屈雷斯加屈服准则更接近实验结果，即中间主应力对材料的屈服有影响。为了评价其影响，在已知 $\sigma_1 > \sigma_2 > \sigma_3$ 的条件下，取三种特殊情况进行说明。

（1）当 $\sigma_2 = \sigma_1$（即轴对称应力状态）时，密塞斯屈服准则可表示为：

$$\sigma_1 - \sigma_3 = \sigma_s$$

（2）当 $\sigma_2 = \frac{\sigma_1 + \sigma_3}{2}$（即平面应变状态）时，密塞斯屈服准则可表示为：

$$\sigma_1 - \sigma_3 = \frac{2}{\sqrt{3}}\sigma_3 = 1.155\sigma_3$$

（3）当 $\sigma_2 = \sigma_3$（即轴对称应力状态）时，密塞斯屈服准则可表示为：

$$\sigma_1 - \sigma_3 = \sigma_s$$

根据上述三种情况可知，两个屈服准则在轴对称应力状态时完全相同；在平面应变状态时差别最大，达15.5%。综合以上三种特殊情况，可得密塞斯屈服条件的一般形式为：

$$\sigma_1 - \sigma_3 = m\sigma_s \tag{3-10}$$

式中，$m = 1 \sim 1.155$。m 的大小视中间主应力 σ_2 大小而定。通过对两种屈服准则的比较可知，屈雷斯加屈服准则实际上是密塞斯屈服准则的特例。

【例题3-1】 镦粗45号圆钢，坯料断面直径为50 mm，屈服强度 $\sigma_s = 313$ MPa，接触

面上摩擦力产生的压应力 $\sigma_2=-98$ MPa，若接触面上轴向应力分布均匀，求开始塑性变形时所需要的压缩力。

解：镦粗圆钢为轴对称的三向压应力状态，$\sigma_1=\sigma_2=-98$ MPa，$m=1$。根据密塞斯屈服准则 $\sigma_1-\sigma_3=m\sigma_s$ 可得：

$$\sigma_1-\sigma_3=\sigma_s$$

所以，压缩应力为：

$$\sigma_3=\sigma_1-\sigma_s=-98\ \text{MPa}-313\ \text{MPa}=-411\ \text{MPa}$$

所需压缩力为：

$$P=\frac{\pi D^2}{4}\sigma_3=\frac{\pi\times 50^2\times 10^{-6}}{4}\times 411\times 10^6=806.6\ \text{kN}$$

【例题 3-2】 若有一物体的应力状态为-108 MPa，-49 MPa，-49 MPa，$\sigma_s=59$ MPa，分析该物体是否开始塑性变形。

解：根据已知条件，可以判断物体为轴对称的三向压应力状态，$m=1$，按 $\sigma_1>\sigma_2>\sigma_3$ 代数值规定，$\sigma_1=\sigma_2=-49$ MPa，$\sigma_3=-108$ MPa。根据密塞斯屈服准则 $\sigma_1-\sigma_3=m\sigma_s$ 可得：$\sigma_1-\sigma_3=\sigma_s$。

计算 $\sigma_1-\sigma_3=-49-(-108)=59\ \text{MPa}=\sigma_s$。计算结果满足密塞斯屈服准则，能发生塑性变形。

【例题 3-3】 拉拔某一棒材，棒材的应力状态为-49 MPa，-49 MPa，147 MPa，$\sigma_s=196$ MPa，分析该物体是否开始塑性变形。

解：根据已知条件，可以判断棒材为轴对称的二压一拉应力状态，$m=1$，按 $\sigma_1>\sigma_2>\sigma_3$ 代数值规定，$\sigma_1=147$ MPa，$\sigma_2=\sigma_3=-49$ MPa。根据密塞斯屈服准则 $\sigma_1-\sigma_3=m\sigma_s$ 可得：$\sigma_1-\sigma_3=\sigma_s$。

计算 $\sigma_1-\sigma_3=147-(-49)=196\ \text{MPa}=\sigma_s$，计算结果满足密塞斯屈服准则，能发生塑性变形。

习　题

3-1 什么是最小阻力定律，最小阻力定律对分析塑性变形时金属的流动有何意义？

3-2 镦粗任何断面的柱体，为什么最终断面总是变成圆形？

3-3 纵轧时，高度方向上压下的金属产生了延伸和宽展，简要说明为什么延伸总是大于宽展？

3-4 什么是弹塑性共存定律？

3-5 冷轧后的板带材厚度为什么总是大于预先设计的辊缝厚度？

3-6 什么是轧机的弹跳，如何减小轧机的弹跳？

3-7 用于冷轧板带材的多辊轧机为什么采用大支撑辊、小工作辊的辊系结构？

3-8 如何理解压力加工中金属的屈服，在压力加工中金属的屈服是否能用屈服极限来判定，为什么？

3-9 用屈雷斯加屈服准则判定为什么拉丝 $\sigma_1<\sigma_s$ 时，还能发生塑性变形？

3-10 镦粗 45 号圆钢，坯料断面直径为 50×10^{-3} m，$\sigma_s=313$ MPa，$\sigma_2=-98$ MPa。若接触面上主应力均匀分布，求塑性变形所需要的压缩力。

3-11 用屈雷斯加屈服准则分析单向拉伸和拉拔相同的丝材，谁需要的拉力大？

项目 4　金属塑性变形时变形和应力的不均匀

模块 4.1　金属压力加工中的变形和应力

4.1.1　均匀变形和不均匀变形

在塑性变形理论中，变形前变形体内相互平行的直线和平面，变形后仍然是相互平行的直线和平面，这种变形称为均匀变形。不符合均匀变形定义的变形，就是不均匀变形。

要实现均匀变形必须满足以下条件：（1）变形体的物理性质必须均匀，且各向同性；（2）变形体和工具之间的接触面上无摩擦，变形物体在单向应力状态下变形；（3）变形过程中，整个变形体在任何瞬间承受的变形量均相等。

金属塑性变形时，由于其本身的性质（化学成分、组织等）不均匀，各处受力情况也不尽相同，变形体中各处的变形有先有后，有的部位变形大，有的部位变形小。可见，要实现均匀变形是不可能的，所以，金属压力加工中的塑性变形都是不均匀的。

4.1.2　附加应力

由于物体内各部分的不均匀变形要受到物体整体性的限制，因而在各部分之间会产生相互平衡的内力，由此而产生的应力称为附加应力。

现以用凸形轧辊轧制无宽展板材为例，来说明附加应力是如何产生的。如图 4-1 所示，若矩形轧件 a、b 部分是独立的，则 b 部分因压下量大而有大的延伸 l_2，a 部分因压下量小而有小的延伸 l_1（如图 4-1 虚直线所示）。但实际上 a、b 部分是一个整体，延伸不同的 a、b 部分会产生相互作用，即延伸小的 a 部分对延伸大的 b 部分施加压力（-）使其延伸减小，而延伸大的 b 部分对延伸小的 a 部分施加拉力（+）使其延伸增大。这种相互作用的结果使 a、b 部分的延伸趋于相等（如图 4-1 虚曲线所示，实直线表示平均延伸 l_0）。相互作用的拉力和压力在数值上相等，是一对相互平衡的内力。这对内力是由不均匀变形引起的，和外力无直接关系，是附加的，因此称为附加拉力和附加压力，而与之相应的应

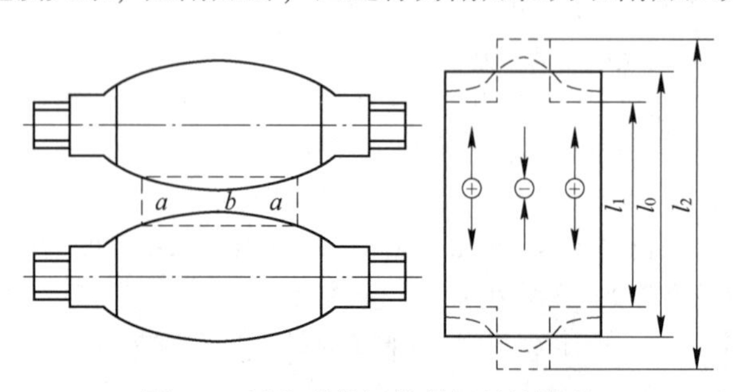

图 4-1　用凸形轧辊轧制板材的情况

力称为附加拉应力和附加压应力。

由以上分析可知，附加应力是变形体为保持自身的完整性，约束不均匀变形产生的，也就是说，附加应力是由不均匀变形引起的，又是限制不均匀变形的，但约束或限制作用并不能使不均匀变形变为均匀变形。其次，附加应力成对出现。当变形体内某处受附加拉应力时，另一处必定受附加压应力。再次，物体不均匀变形时，变形大的部分受附加压应力，而变形小的部分受附加拉应力。最后，相互平衡的是附加拉力和附加压力，而不是附加拉应力和附加压应力。

附加应力按不均匀变形发生的范围，通常分为三类：(1) 第一类附加应力存在于变形体较大尺寸范围之间，是由于各部分变形不均匀引起的。如图 4-1 所示，用凸形辊轧制板材时，在板材内引起第一类附加应力。(2) 第二类附加应力存在于各晶粒之间，是由于各晶粒变形不均匀造成的。如图 4-2 所示，A、B 是多晶体金属中两个相邻的位向不同的晶粒。在外力作用下，若 A 晶粒是软位向，则 B 晶粒一定是硬位向。在这种情况下，A 晶粒先变形而 B 晶粒后变形。这种不均匀变形使 A 晶粒受附加压应力而 B 晶粒受附加拉应力。这属于第二类附加应力。(3) 第三类附加应力存在于晶粒内部，是由于晶粒内部各部分变形不均匀引起的。例如，多晶体某个晶粒中的位错沿滑移面运动，产生剪切变形时，会导致滑移面附近产生的晶格畸变大，而远离滑移面产生的晶格畸变小，引起晶粒内部各部分变形不均匀，产生附加应力。

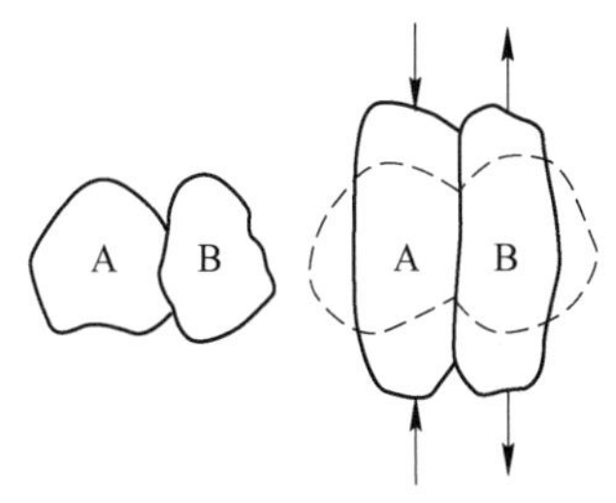

图 4-2 晶粒不均匀变形产生的附加应力

4.1.3 基本应力和工作应力

由外力引起的应力称为基本应力。在基本应力作用下，物体一旦发生不均匀变形，就产生附加应力。在塑性变形过程中，对变形起实际作用的应力是基本应力和附加应力的合力，通常把这种合力称为工作应力或等效应力，即工作应力等于基本应力加上附加应力。

4.1.4 残余应力

如前所述，附加应力的产生与外力无直接的关系，因此去除外力塑性变形结束之后，附加应力将会存在于变形体中，此时称为残余应力。

同附加应力相对应，残余应力也分为三类：(1) 第一类残余应力存在于变形体较大尺寸范围内的各部分之间，也称宏观残余应力；(2) 第二类残余应力存在于各晶粒之间，也称微观残余应力；(3) 第三类残余应力存在于晶粒内部，也称点阵畸变。在残余应力中，宏观残余应力约占 1%，微观残余应力约占 10%，点阵畸变约占 90%，它们都以弹性应变能的形式存在于变形金属中。

残余应力一般是有害的，它不仅增大金属的变形抗力，降低金属的塑性和韧性，而且容易导致工件发生歪扭变形和开裂，此外，残余应力还会降低金属的耐蚀性。如冷加工的黄铜在潮湿的空气中，易发生应力腐蚀而产生裂纹。

消除工件中的残余应力一般用退火法和机械法。(1) 退火法。在回复温度下进行的去应力退火，即回复处理，可消除大部分宏观残余应力，而不会影响工件的加工硬化状态；

在接近再结晶温度进行退火，可完全消除微观残余应力；在再结晶温度以上进行充分退火可彻底消除点阵畸变。(2) 机械法。对于不方便或不允许退火的制品，可用机械法来消除残余应力。这种方法是使制品表面产生少量变形，在一定程度上释放和松弛残余应力，或者使制品产生新的附加应力，抵消或减少已有的残余应力。例如，用木槌敲打工件表面或喷丸处理；管棒材采用多辊矫直；板材采用小变形量的轧制和拉伸。

虽然残余应力一般是有害的，但是当工件经表面淬火、喷丸、渗碳和渗氮处理后，表层存在压应力时，反而会提高其硬度和疲劳强度，有利于延长工件的使用寿命。

模块 4.2　变形和应力不均匀分布的原因

金属在塑性变形过程中，变形和应力的分布总是不均匀的。产生这种情况的主要原因可以归纳为以下几个方面。

4.2.1　外摩擦的影响

4.2.1.1　镦粗

镦粗低而粗的金属圆柱体时，在主动力 P 的作用下，圆柱体受到压缩而使其高度减小，断面积增加。若在圆柱体与锤头接触面上无摩擦（并假设圆柱体内部性能均匀），则发生均匀变形，变形后的金属仍为圆柱体。但由于接触面上不可避免地存在摩擦，使接触面附近金属变形流动困难，导致圆柱体（图 4-3 中虚线）变为单鼓形（见图 4-3）。单鼓形是不均匀变形的结果。

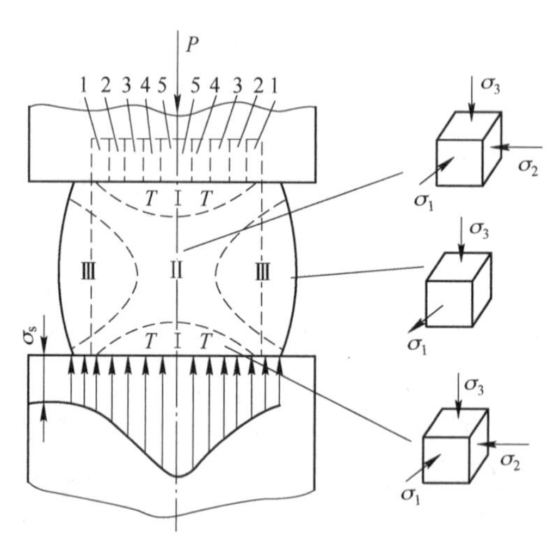

图 4-3　镦粗时摩擦力对应力和变形分布不均匀的影响

镦粗圆柱体金属时，金属内部大部分几何点是三向压应力状态，其中压应力 σ_1，σ_2 由阻碍金属质点向外流动的摩擦力提供，轴向压应力 σ_3 由主动力 P 提供。

轴向压应力 σ_3 分布不均匀，周边低而心部高，如图 4-3 所示。根据最小阻力定律，金属质点向外流动的摩擦阻力和该质点到周边的最短法线距离成正比，因此接触面周边上的金属受到的摩擦阻力为 0，可以认为该处金属变形时的轴向压应力 $\sigma_3=\sigma_s$；而接触面上中间层金属离断面周边距离较远，欲向四周流动会受到较大的摩擦阻力，此外，还受来自外层的阻力（因为外层像箍子一样限制中间层的变形），因此，在接触面上从圆柱体周边到心部三向压应力状态越来越强烈，接触面上心部金属变形最为困难。为了使周边到心部获得相同尺寸的压缩，显然沿轴向上压应力 σ_3 从周边到心部是逐渐增加的，应力分布当然是不均匀的。

从压应力 σ_1，σ_2 来看，摩擦阻力的作用在接触面心部最大，距离接触面心部越远，摩擦阻力的作用越弱，故距离接触面心部越远的金属越容易向外流动。

镦粗低而粗的圆柱体时，应力分布不均匀会造成变形不均匀。根据变形难易程度大致分为3个区域（见图4-3）。(1）难变形区Ⅰ。该区位于接触面中心附近，呈圆锥体。该区金属受到的摩擦阻力最大，金属难于变形流动，故称难变形区。(2）易变形区Ⅱ。该区大致处于柱体中心位置，和主动力 P 轴线呈大约45°交角，是最有利产生滑移变形的部分，且该区金属离接触面稍远，所受摩擦阻力较小，故该区金属变形最易、变形程度也最大，称为易变形区。(3）自由变形区Ⅲ。该区远离接触面，受接触摩擦影响最小，又处于柱体边缘，变形较为自由，故称自由变形区。自由变形区变形程度介于Ⅰ区和Ⅱ区之间。

由于上述3个区域变形不均匀，受物体整体性的制约，在各区域中会产生附加应力，使各区的应力状态发生变化，并使应力分布更不均匀。Ⅰ区变形小，受到Ⅱ区附加拉应力作用，但附加拉应力远小于摩擦产生的压应力，所以难变形区的应力状态是强烈的三向压应力状态；Ⅱ区变形最大，受Ⅰ区和Ⅲ区的附加压应力作用，它与摩擦产生的压应力叠加，增大了三向压应力的强烈程度；Ⅲ区的变形比Ⅱ区小，受Ⅱ区附加拉应力作用，又因为该区远离接触面，摩擦产生的压应力最小，可忽略不计，所以Ⅲ区应是一向拉一向压的应力状态。需要指出的是，拉应力是环向拉应力（见图4-4），镦粗时物体侧面出现的裂纹正是因为环向拉应力的作用所致。

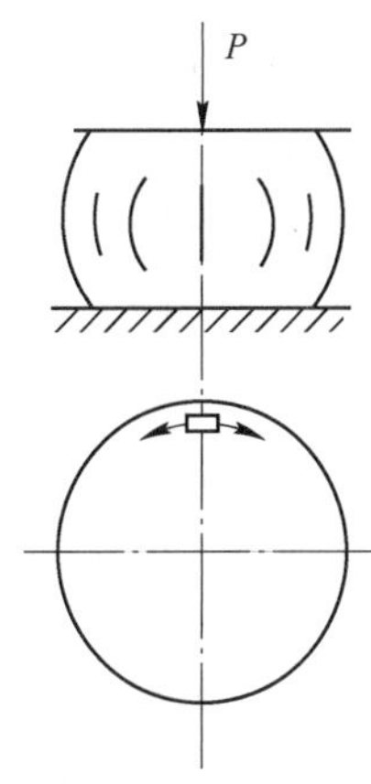

图4-4　环向附加拉应力引起的纵裂纹

4.2.1.2　挤压

挤压棒材时，棒材表面经常会出现周期性横向裂纹（见图4-5)。这些裂纹的特点是外形相同、距离相等，呈周期性分布，故因此而得名。这种裂纹的出现与金属流出挤压模模孔时的流动特点有关。金属挤压流出模孔时，由于受挤压筒和挤压模模孔摩擦阻力的作用，表层金属流动慢，而内层金属流动快。由于棒材是一个整体，受整体性制约，要求棒材出模孔时内外层金属流出速度一致。这样，内层金属受附加压应力而流速被迫减小，外层金属受附加拉应力而流速将被迫加快。随着挤压的进行，表层附加拉应力不断增加。若附加拉应力和基本应力之和超过金属的断裂强度，则在表层出现裂纹。一旦裂纹出现，其周围一定范围内的附加拉应力就松弛消失了。若继续挤压，则表层又会出现附加拉应力，又会出现裂纹。

由上述分析可知，减小变形金属与挤压筒、挤压模模孔之间的摩擦，降低挤压速度，可减小内外层金属流动的不均匀性，防止或减轻这种裂纹的出现。

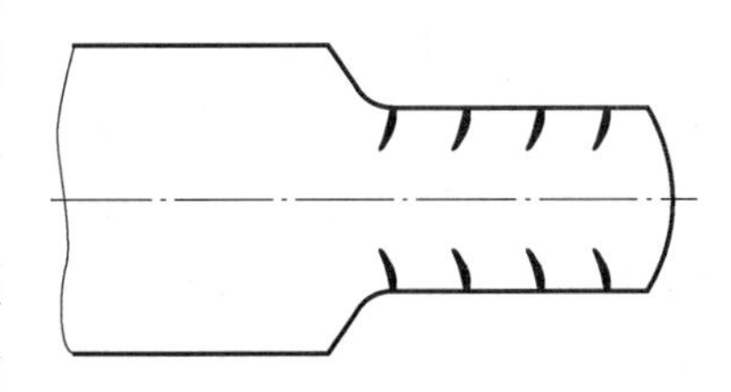
图4-5　挤压时的周期性横向裂纹

4.2.2　变形区几何因素、变形程度和变形速度的影响

4.2.2.1　镦粗

镦粗圆柱体金属时，由于接触面上不可避免地存在或大或小的摩擦，使得金属的变形是不均匀的。已经知道，当镦粗的圆柱体低而粗时，圆柱体变为单鼓形。若镦粗高而细的圆柱体时，圆柱体会变成什么样的形状呢？这是在这里需要讨论的问题。在此之前，先介绍变形区几何因素这一概念。

对于镦粗，变形区几何因素为：H/d（H、d 分别为圆柱体的原始高度和原始断面直径）。实验表明，镦粗圆柱体时，若接触面摩擦不变，当圆柱体的原始高度和原始截面直径之比（H/d）较小（即圆柱体低而粗）时，发生单鼓变形（见图 4-3）；当圆柱体的原始高度和原始截面直径之比较大时（即圆柱体高而细）时，发生双鼓变形（见图 4-6）。不论是单鼓变形，还是双鼓变形，都是不均匀变形。应当指出：双鼓变形时，沿高度方向中间部分塑性变形很小，会受到附加拉应力作用。

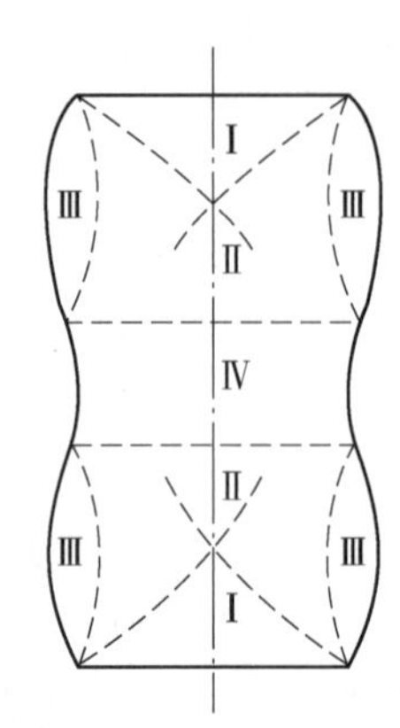

图 4-6　镦粗厚件时不同区域的变形分布情况

镦粗圆柱体时，是发生单鼓变形还是发生双鼓变形，不仅与接触面上的摩擦和变形区几何因素有关，还受变形程度和变形速度的影响。若接触面上的摩擦和变形区几何因素不变，当变形程度大、变形速度小时，倾向于发生单鼓变形；当变形程度小、变形速度大时，倾向于发生双鼓变形。这是因为物体受外力作用发生塑性变形时，力能向物体内部扩展深入是一个逐步传递和减小的过程。在此过程中，随着力能逐渐减小，变形也逐渐减小，并且塑性变形比弹性变形的传播要慢得多（因为塑性变形主要是通过位错运动来实现的，而位错运动需要一定的时间）。所以，随着变形的深入，塑性变形会越来越困难，最终只有弹性变形而无塑性变形。由此可见，镦粗圆柱体金属时，是发生双鼓变形，还是发生单鼓变形，不仅取决于接触面上的摩擦和变形区几何因素，而且还受外力（它决定变形程度）大小和加载时间（它决定变形速度）长短的影响。

综上所述，镦粗圆柱体金属时，若接触面上摩擦大、圆柱体低而粗、变形程度大、变形速度小发生单鼓变形，变形集中在高度方向上的中部；若接触面上摩擦小、圆柱体高而细、变形程度小、变形速度大发生双鼓变形，变形集中在靠近接触面的表层附近。

4.2.2.2　轧制

轧制矩形断面轧件时，变形区几何因素为：$l/\bar{h}$[l 为变形区长度；$\bar{h}$ 为变形区轧件的平均厚度，$\bar{h}=(H+h)/2$]。轧制同镦粗一样，也是一个压缩过程，因此，在轧制矩形断面轧件时也会发生单鼓形和双鼓形。

如前所述，在镦粗高而细的工件时，若压下量小、变形速度大，则很容易发生双鼓变形。铸锭初轧时也会发生类似的情况（图 4-7 中的虚线）。轧件发生双鼓变形，意味着沿厚度方向上不同位置的延伸不同。接触面附近的表层金属（图 4-7 中①区）因为受摩擦阻力的影响大而延伸小；离接触面一定距离的金属（图 4-7 中②区）受摩擦阻力的影响减小而延伸增大；由于铸锭厚度大，若再加上压下量小、变形速度较快，塑性变形难以深入到

心部（图 4-7 中③区），因此心部的延伸也小。这种沿厚度方向上产生的不均匀延伸，必然导致附加应力的出现。结果表层金属（①区）和心部金属（③区）因延伸小而受附加拉应力（+）作用，而两者之间的金属（②区）因延伸大而受附加压应力（-）的作用（见图 4-7）。一般来说，铸锭凝固过程中心部最后凝固，常常富集低熔点的杂质元素和脆性相，本身塑性就低。若初轧时心部附加拉应力过大，往往造成心部横裂（见图 4-8）。

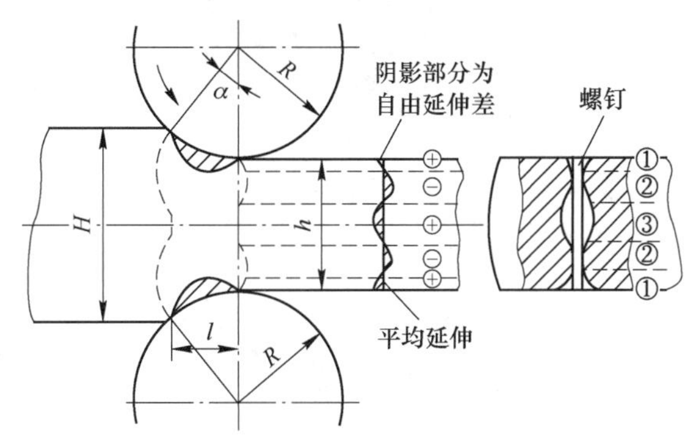

图 4-7　轧制厚件时的不均匀变形和附加应力
①，③—纵向附加拉应力；②—纵向附加压应力

变形区几何因素、压下量和轧制速度会影响上述 3 个区域的大小，从而影响附加拉应力和附加压应力的分布。例如，若降低轧制速度，增大压下量，则变形向轧件内部深入，不均匀变形减轻，附加应力减小。再如，若变形区长度 l 不变，随轧制道次的增多，轧件厚度变薄，$l/\bar{h}$ 增大，变形逐渐向轧件内部深入，②区增大而③区减小。当 $l/\bar{h}$ 增大到一定程度，轧件变薄，再进行轧制时，轧件的变形由双鼓形变为单鼓形，轧件中部由附加拉应力变为附加压应力（见图 4-9）。

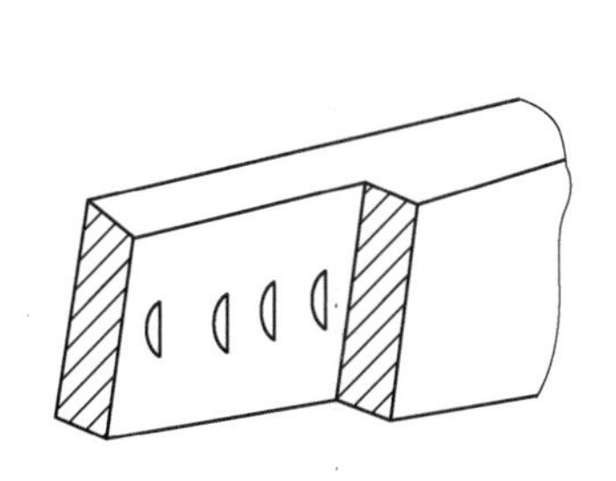

图 4-8　轧制厚件时的内部横裂

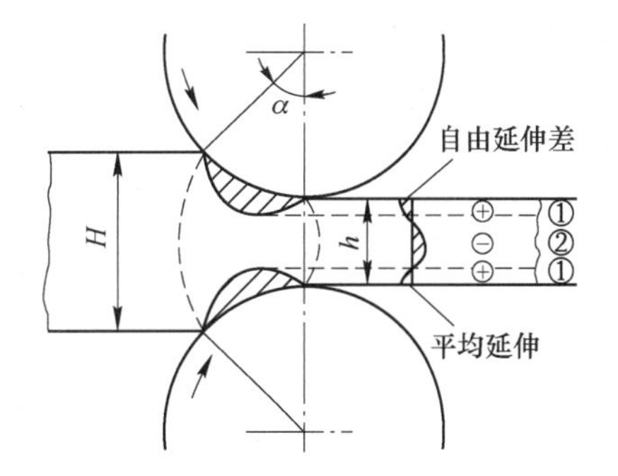

图 4-9　轧制薄件时的不均匀变形和附加应力
①—纵向附加拉应力；②—纵向附加压应力

综上所述，可以得到如下结论：为了避免轧制厚件时产生的内部横裂，除提高铸锭质量外，采用的轧制工艺应是大压下量，小轧制速度。同理可以分析，在轧制薄板时，表面由于受过大的附加拉应力，往往会出现表面裂纹。为了避免表面裂纹的出现，除了采用润滑减小接触面上的摩擦外，应采用的轧制工艺是小压下量和大轧制速度。

4.2.2.3　拉拔

拉拔棒材时，会出现内部横裂（见图 4-10）。产生的原因和轧制厚件时内部横裂产生的原因相同。当拉拔的棒材粗并且变形区长度短时，即 d_0/l 比值大时（d_0 为拉拔前棒材直径；l 为变形区长度），拉模孔壁对棒材的压缩变形不能深入到心部（发生类似于镦粗时的双鼓变形）。心部变形小，受附加拉应力作用。又根据拉拔理论，心部的基本拉应力最大，它与附加拉应力叠加起来，产生的工作拉应力更大，很容易引起内部横裂。

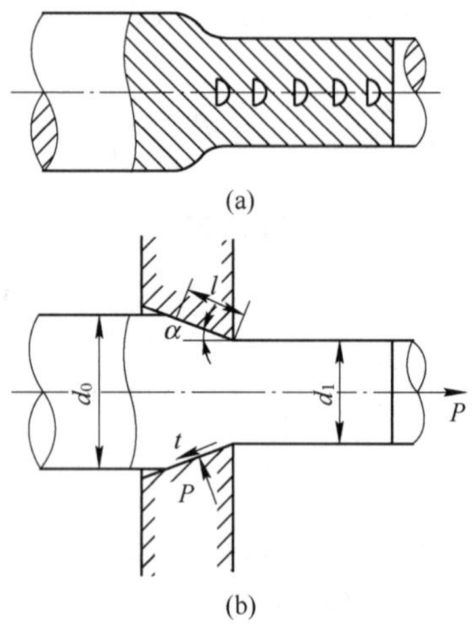

图 4-10　拉拔棒材的内部横裂
（a）拉拔时的内裂；（b）拉拔过程

4.2.3　加工工具（轧辊）形状的影响

4.2.3.1　平面轧辊形状的影响

平面轧辊用于轧制板带箔材。实际生产中，平面轧辊不是严格的圆柱形，而是做成稍有凹度或凸度的辊形（见图 4-11）。凹辊用于热轧，凸辊用于冷轧。若凹度或凸度控制不当，则会出现各种板形缺陷。

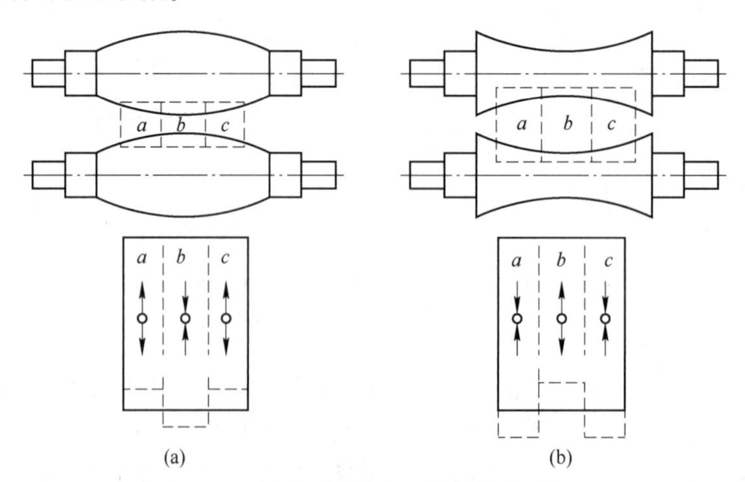

图 4-11　不同凸度的轧辊对轧制变形的影响
（a）凸辊轧制；（b）凹辊轧制

图 4-11(a)所示为凸形轧辊轧制板材时的情况。若轧辊凸度过大，则板材中部压下量

大于边部，相应的中部“自由”延伸就大于边部（虚线）。但板材是一个整体，各部分不能“自由”延伸，要相互制约。于是，“自由”延伸大的中部受附加压应力而使延伸减小，而“自由”延伸小的边部受附加拉应力而延伸增大，结果使沿宽度方向上各部分的延伸趋于一致。附加应力的产生使应力分布不均匀。如果中部附加压应力过大，则板材产生中部皱纹（也称中部浪形）；如果边部附加拉应力过大，则板材产生边部拉裂。

需要指出的是，板材不均匀延伸受整体性的制约而使各部分延伸趋于一致，并不能完全消除不均匀延伸，只能减小这种不均匀性。所以，有时可以看到，用凸形辊轧制板材时，轧制后的板材尾部会出现“舌形”。

图 4-11(b)所示为凹形轧辊轧制板材时的情况。同理可以分析，若轧辊凹度过大，压下量大、“自由”延伸大的边部受附加压应力，而压下量小、“自由”延伸小的中部受附加拉应力。如果边部附加压应力过大，则板材产生边部皱纹（即边部浪形），且在轧件的尾部可以看到鱼尾形；如果中部附加拉应力过大，则板材产生中部拉裂。

4.2.3.2　孔型轧辊中变形不同时性的影响

变形不同时进行也会造成变形和应力分布不均匀。孔型中轧制往往就存在这种情况。例如，在图 4-12(a)中，菱形轧件进方形孔轧制时，轧件断面垂直方向的对角线两点先被压缩，然后其他部分依次被压缩；在图 4-12(b)中，轧件在槽钢孔型中轧制时，轧件腿部先压下，腰部后压下。由于轧件变形的不同时性，使轧件在变形过程中的任何瞬间变形是不均匀的，先变形部分会受到附加压应力作用；后变形部分会受到附加拉应力作用，从而造成应力分布不均匀。在孔型设计的时候应充分考虑这种变形不同时性产生的附加应力，例如，在槽钢孔型设计时，可将后变形的腰部的压下量设计稍大一点，使该处产生附加压应力，以抵消变形不同时性产生的附加拉应力。否则，很容易使腰部产生过大的附加拉应力而被拉裂（见图 4-13）。

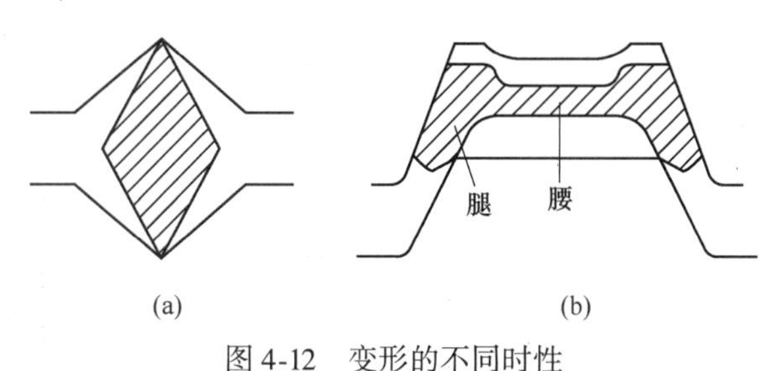

图 4-12　变形的不同时性
（a）菱形件在立方孔中；（b）轧件在槽钢孔型中

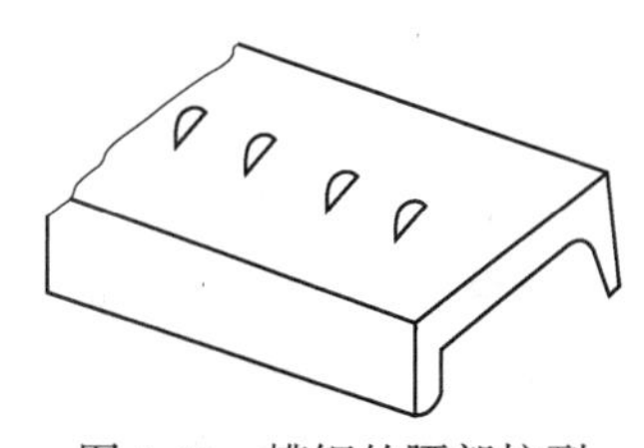

图 4-13　槽钢的腰部拉裂

4.2.3.3　平面轧辊轴线不平行的影响

若轧辊安装不当，使两轧辊轴线不平行，则会造成辊缝高度不一致。轧制带钢时，辊缝高度小的一侧，压下量大，延伸大；而辊缝高度大的一侧，压下量小，延伸小。在这种情形下，如果轧制窄带钢，轧件将向延伸小的一侧弯曲，产生旁弯现象；如果轧制宽带钢，在延伸大的一边由于受附加压应力作用，产生浪弯现象，而在延伸小的一边由于受附加拉应力作用，可能出现裂纹。

4.2.4　变形金属形状的影响

把三块尺寸相同的铅板折叠成宽边、窄边和斜边，得到 3 个试样（见图 4-14），然后在平辊上以相同压下量轧制。结果每个试样沿宽度方向上压下量不均匀，中部压下量小、延伸小，受附加拉应力，而边部压下量大、延伸大，受附加压应力。由于不均匀变形产生了附加应力，因而轧件中应力的分布也是不均匀的。由于附加拉力和附加压力是一对平衡内力，因此可以看到：在宽边图 4-14(a)中，由于边部面积小，受附加压应力较大而产生边部浪形；在窄边图 4-14(b)中，由于中部面积小，受附加拉应力较大而中部被拉裂；在斜边图 4-14(c)中，由于中部截面积由小变大，边部截面积由大变小，中部截面积小的地方被拉裂（因为附加拉应力很大），边部截面积小的地方出现边部浪形（因为附加压应力很大）。

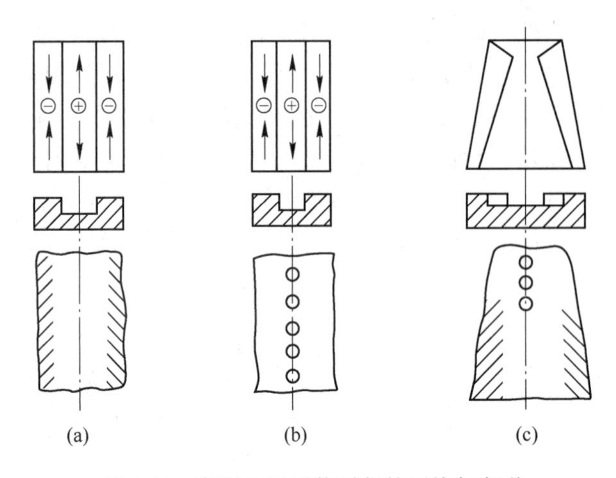

图 4-14　变形金属形状引起的不均匀变形

(a) 边部浪形；(b) 中部拉裂；(c) 上部中部拉裂，下部边部浪形

4.2.5　变形金属温度不均匀的影响

变形金属温度不均匀而产生的变形和应力不均匀可通过下面 4 个实例加以说明。

(1) 铸锭初轧时的心部裂纹。钢锭热轧前，若加热时间不足，很容易导致心部温度过低。此时，钢锭因内外存在温差，已经产生热应力。热应力的分布是，钢锭外部温度高，膨胀变形大，但因膨胀受内部金属的抑制而受压应力作用；而钢锭心部温度低，膨胀变形小，受到拉应力作用。在开始轧制的初轧阶段，由于钢锭厚度大，若压下量小、变形速度快，则塑性变形难以深入到心部，再加上心部温度低，变形抗力大。因此，造成钢锭表层变形大，而心部变形小。因变形不均匀而产生的附加应力是，心部产生附加拉应力，而表层产生附加压应力。由上述分析可知，心部受到的热应力和变形不均匀产生的附加应力都是拉应力，这两种拉应力叠加在一起，一旦超过金属的断裂强度，就会在心部产生裂纹。

（2）热轧板生产中的纵向厚差。在热轧板生产中，加热均匀的一块板材在出加热炉后，由于周围环境的冷却作用而温度降低。先轧的板材头部温度降得少，温度较高，变形抗力小，轧制后厚度小；而后轧的尾部温度降得多，温度较低，变形抗力大，轧制后厚度大。这种在同一块热轧板上，由于轧制时头尾温度不一致而产生的厚度差，称为纵向厚差。热轧板的纵向厚差在生产中难以避免，而且板材长度越长，头尾温差越大，纵向厚差现象越明显，并且热轧的纵向厚差具有重现性，即前一道次轧制消除了纵向厚差，后一道次又会重新出现，因此热轧时只有在精轧阶段控制纵向厚差才有意义。纵向厚差在成卷热轧的带钢生产中也相当常见。如何减轻这种厚差，请大家思考。

（3）热轧板生产中的缠辊事故。在连续热轧生产中，由于轧件在各机架之间的运输是通过辊道来进行的，往往会造成钢坯上部接触空气，冷却作用弱而温度高，下部接触辊道，冷却作用强而温度低。在这种情况下，上部金属变形抗力小，变形容易，产生的延伸大，而下部金属变形抗力大，变形困难，产生的延伸小。上部金属延伸大而下部金属延伸小，造成钢坯出轧辊后向下弯曲，很容易引发缠辊事故（见图 4-15）。如何避免，请大家思考。

（4）轧制时产生的角裂。在轧制方坯时产生的角裂如图 4-16 所示。其原因是方坯的角部散热快，温度低，变形抗力大，导致轧制时角部的延伸变形比其他部分小，使角部产生纵向的附加拉应力，此外，角部温度降低而产生的收缩变形因受其他高温部分的阻碍，也会在该处产生纵向的附加热拉应力。两种附加拉应力过大，就造成了角裂。在轧制塑性较低的钢种时，为了防止角裂，应选用合适的孔型系统，例如，用箱型、椭圆-方孔型系统来代替菱-菱或菱-方孔型系统，以增加角部压下量，会得到较好的效果。

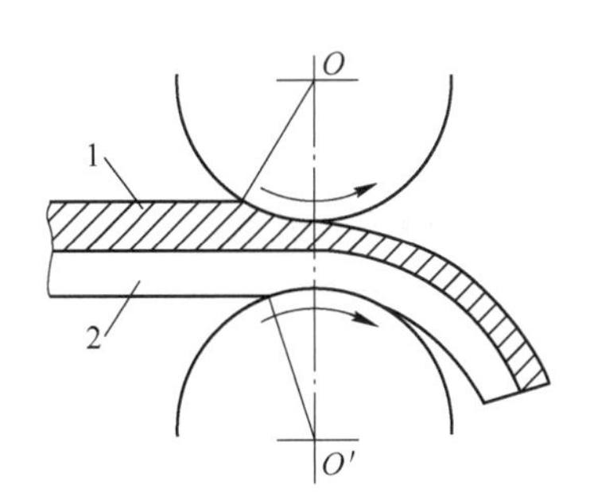

图 4-15　轧件的向下弯曲现象
1—上部高温金属；2—下部低温金属

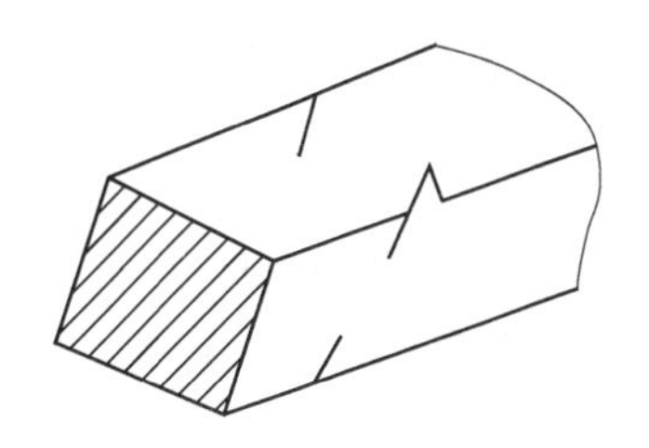
图 4-16　轧制方坯产生的角裂

4.2.6　变形金属性质不均匀的影响

当金属内部的成分、杂质、组织、方向性、加工硬化及各种不同的相不均匀分布时，都会使金属产生应力和变形的不均匀分布。原因在于，上述各种因素使金属各个部分的变形抗力不同。变形抗力低的部分易变形，而变形抗力高的部分难变形。这使得在外力作用下，金属产生变形和应力的不均匀分布是根本避免不了的。

(1) 同单相合金相比，两相或多相合金的变形和应力分布不均匀更严重。这是因为多相合金中的各个相的变形抗力存在着不同程度的差异。变形抗力小的相易变形，变形抗力大的相难变形。变形不均匀必然导致附加应力产生，从而应力不均匀是难以避免的。

(2) 在单相合金中，也无法避免变形和应力的分布不均匀。原因在于金属各个部分的晶粒大小、晶粒位向、晶粒形状存在差异，这种差异会造成各个晶粒的变形有先有后，变形不可能同时进行。

(3) 夹杂物处产生的应力集中，加剧了变形和应力的不均匀分布。如图 4-17 所示，由于金属内部存在夹杂物所引起的应力集中，可能超过平均应力的若干倍，所以易使夹杂物周围的金属先变形而产生变形不均匀，容易引起金属过早破坏。

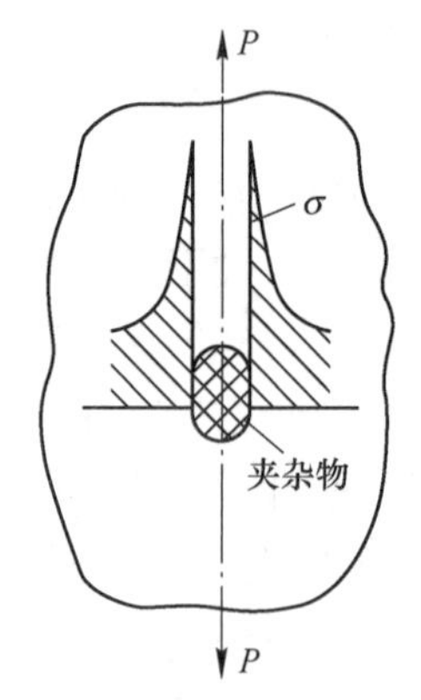

图 4-17　杂质对应力分布的影响

4.2.7　变形金属外端的影响

外端就是在变形区外的金属。例如，镦粗时，整个工件在变形区内，此时无外端；稳定阶段的轧制和锻造中的拔长均有两个外端：前端和后端。

在压力加工过程中，为了保持金属的完整性和连续性，金属各部分之间通过内力的作用，对金属的变形和流动会产生一定的影响。这类影响就包括变形区外的金属（即外端）对变形区内的金属流动的影响。

外端对变形区金属的影响主要是阻碍变形区金属流动，进而产生或加剧附加应力或附加应变。下面以自由锻造中的拔长为例，来说明外端对变形区金属流动的影响。

当镦粗断面为方形的柱体时，无外端，锻锤与金属接触面为方形，根据最小阻力定律，沿横向和纵向流动的金属量相等，即延伸等于宽展，并且沿宽度方向上中部纵向流动的金属量多于两边部，使中部延伸应大于两边部。如图 4-18(a)所示的坯料拔长实质上是坯料的局部镦粗，但它又区别于镦粗，因为拔长存在外端而镦粗无外端。拔长时，当送进长度 l 与坯料宽度 a 之比（即进料比）$l/a=1$，锻锤与金属接触面同样为方形，但此时延伸 ε_1 大于宽展 ε_a[见图 4-18(b)]，这说明：外端使边部原来向横向流动的部分金属质点转而向纵向流动，导致边部延伸增加，并使边部延伸与中部延伸差值减小，即外端具有纵向拉齐的作用。产生这一现象的原因是在变形区与外端的交界面上产生了切应力 τ[见图 4-18(a)]，

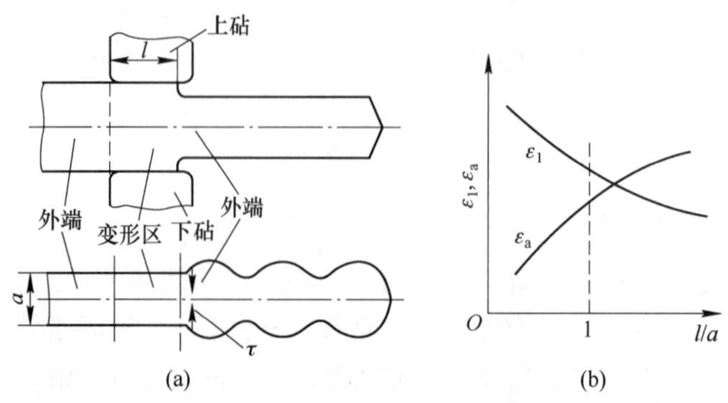

图 4-18　拔长时外端的影响

它阻碍了变形区金属的横向流动。还应指出，距离交界面越远的变形金属受切应力的影响越弱，在图 4-18 中可以看到变形区中部有最大的宽展。

4.2.8　变形金属内部残余应力的影响

残余应力是塑性变形后附加应力残留在工件中形成的。同附加应力一样，它也包括残余拉应力和残余压应力，两者是相互平衡的一对内力。残余应力对应力分布的影响，如图 4-19 所示，若变形体内左半部分有+100 MPa 的残余拉应力，则右半部分就有-100 MPa 的残余压应力。假设变形体的屈服点为 450 MPa，当外力作用在此变形体上产生的基本应力为-500 MPa 的压应力时，左半部分因工作应力为-400 MPa 的压应力，未达到屈服点而未变形；右半部分因工作应力为-600 MPa，达到屈服点而已变形。因此，变形体内产生了应力和变形的不均匀分布。

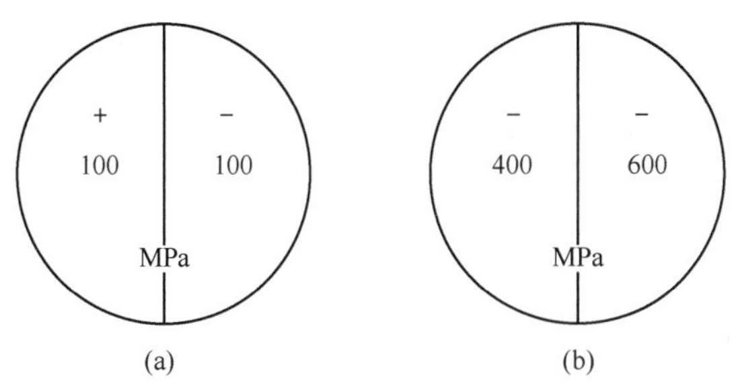

图 4-19　残余应力对应力分布的影响

（a）变形前；（b）变形后

以上分别讨论了各种因素对变形和应力不均匀分布的影响。有的因素首先造成变形不均匀分布，由此产生附加应力，最终导致应力分布不均匀，如轧辊形状和变形区几何形状的影响。有的因素首先造成应力分布不均匀，由此产生变形不均匀分布，最终加剧了应力分布不均匀，例如残余应力的影响。所以，变形不均匀和应力不均匀是互为因果关系，很难说谁是因，谁是果。另外，实际生产中常常是多个因素同时发生作用，因此，必须综合全面考虑分析，才能得到正确的结论。

模块 4.3　变形和应力分布不均匀的危害及其减小措施

4.3.1　变形和应力分布不均匀的危害

金属变形不均匀将会在其内部产生附加应力，进而产生或加剧应力分布不均匀，这将会造成如下危害：

（1）提高金属的变形抗力。应力状态对金属的变形抗力有影响。应力分布不均匀造成金属各部分应力状态不同而使各部分变形抗力不同。变形抗力小的部分先达到屈服条件而先变形，变形抗力大的部分不变形。如果要使金属整体产生变形，必须施加更大的外力，因而提高了金属的变形抗力。另外，应力的不均匀分布可能加强金属内部的同号应力状态，或使异号应力状态转变为同号应力状态，也提高了金属的变形抗力。例如，在单向拉伸实验中，当试样出现颈缩时，由单向拉应力状态变为三向拉应力状态而使变形抗力增加。

（2）降低金属的塑性。由于应力分布不均匀，难免在金属某处出现拉应力而降低塑性，或局部拉应力超过金属的强度极限而造成金属破坏。例如，旋转锻压圆坯时，若表层变形大而心部变形小，则心部产生附加拉应力。此拉应力是引起中心疏松和撕裂的主要原因。再如，在挤压生产中制品表面经常出现的周期性横向裂纹，就是由于第一类附加应力形成的残余应力导致的。

（3）降低产品质量。如前所述，由于变形和应力的不均匀分布，使变形金属产生附加应力。去除外力后，附加应力会保留在金属内部形成残余应力。残余应力的存在使金属易变形、易开裂、力学性能和耐腐蚀性能降低。即使通过退火能消除残余应力，但是由于金属各部分变形程度不同，退火后各部分的晶粒尺寸也不同，金属的力学性能的均匀性不好。

（4）缩短工具（如轧辊）寿命。不均匀变形会造成工具不均匀磨损，降低工具寿命。这是因为，金属变形大的部分，加工硬化效应大，变形抗力也大、硬度高，工具和此部分接触的地方磨损快。所以工具的不均匀磨损难以避免。

4.3.2　减小变形和应力分布不均匀的措施

由于不均匀变形会带来一系列的危害，因此为了减轻这些危害，必须寻求减轻不均匀变形的措施。这些措施可以从影响不均匀变形的因素中考虑。下面以轧制为例来说明。

（1）选择合理的加热制度。就热轧来说，很重要的是选择正确的坯料加热制度，以保证在合理的热轧温度范围内轧制时，轧件始终是单相组织，并且使轧件内外温度尽可能均匀。唯有如此，才有可能减轻不均匀变形，得到组织细小和力学性能优良的热轧产品。

（2）选择合理的变形速度和压下制度。轧制厚件时，为了避免双鼓不均匀变形，必须使塑性变形尽可能扩展深入至轧件心部，此时应降低轧制速度，采用较大的压下量；反之，轧制薄件时，为了避免单鼓不均匀变形，必须减小轧件心部的变形程度，此时应加快轧制速度，采用较小的压下量。

（3）合理设计轧辊的形状。轧制板带材时，为减小不均匀变形，要求沿轧件宽度方向上均匀压下。热轧板材时，轧辊辊身中部温度较高，热膨胀大，使室温下平直的轧辊变为凸形。为减小轧辊中部热膨胀的影响，应将热轧辊设计为稍有凹度的平辊；而冷轧板带材时，因轧件变形抗力大，轧制力很大，轧辊发生明显的弹性弯曲，使轧辊变为凹形，因此应将冷轧辊设计为稍有凸度的平辊，以抵消轧辊的弹性弯曲。

（4）努力提高轧制坯料的质量。高质量的坯料是获得高质量轧制产品的前提条件。为此，应严格控制冶炼、浇注的工艺参数，并采取均匀化退火等措施，方能为轧制提供成分、组织较为均匀的铸锭，为减小不均匀变形创造有利的条件。

（5）尽量减小外摩擦的有害影响。减小外摩擦应该从三方面着眼。首先，除特殊要求外，对轧辊必须做到勤察、勤换、勤修磨，以保持辊面光洁。其次，热轧前采用破鳞轧制、用高压水等方法除去炉生氧化皮，冷轧前对金属进行表面处理，去除表面缺陷，保持金属表面光洁。再次，更为重要的是选择合适的润滑剂和润滑方法。综合采用上述措施不仅能减小金属的变形抗力，节约能耗，而且减小了不均匀变形，提高了产品的表面和内部质量。

习　题

4-1　为什么说压力加工中金属的变形都是不均匀的，不均匀变形会产生什么后果？

4-2　什么是附加应力，它分为几类，试分析在凸形轧辊间轧制矩形板坯时产生的附加应力？

4-3　简要说明压力加工中附加应力的性质。

4-4　什么是基本应力和工作应力，在变形中起实际作用的是哪个应力？

4-5　什么是残余应力，它有几类，会产生什么后果，举例说明如何消除工件中的残余应力？

4-6　镦粗圆柱体金属时，为什么在接触面上的轴向应力是分布不均匀的？

4-7　镦粗金属饼材时，为什么饼材侧面会出现裂纹？

4-8　试分析镦粗圆柱体金属时，圆柱体变为单鼓形，还是变为双鼓形，受哪些因素影响，如何影响？

4-9　轧制变形区几何因素是什么，它对轧件厚度方向上的延伸和附加应力的分布有何影响？

4-10　轧制厚件和薄件时，为减小厚度方向上的不均匀变形，应采取哪些措施？

4-11　轧制塑性较低的钢锭，当加热时间不足时，试分析中心产生裂纹的原因。

4-12　分析用凹形轧辊轧制板材时，板材可能产生的缺陷。

4-13　有时轧制槽钢时，为什么会产生腰部被拉裂的现象？

4-14　解释热轧板带材时，纵向上同板差产生的原因。

4-15　在热轧生产中，什么情况下会造成轧件缠辊事故？

4-16　什么是外端（或外区），它对拔长和轧制时的纵向延伸有何作用？

4-17　变形和应力不均匀分布有何危害，轧制生产中如何减轻？

项目 5　金属的塑性和变形抗力

目录

金属的压力加工，也称塑性加工，是以金属具有塑性为前提的。没有塑性的金属是不可能进行压力加工的。在压力加工过程中，必须对金属施加外力，这说明金属本身就具有变形抗力。从压力加工的角度考虑，希望金属具有更高的塑性、更低的变形抗力，以实现用小能耗完成大变形的目的。因此研究金属的塑性、变形抗力及其影响因素具有十分重要的意义。本项目主要介绍塑性和变形抗力的基本概念，讨论各种因素对它们的影响，并提出提高塑性和降低变形抗力的基本方法。

模块 5.1　塑性和变形抗力的基本概念

塑性的定义

5.1.1　塑性的基本概念

5.1.1.1　塑性的定义

塑性是指在外力作用下金属产生塑性变形而不破坏其完整性（不出现裂纹和断裂）的能力。

不同的金属具有不同的塑性，即使是同种金属，其塑性也不是固定不变的，因为同种金属在不同的压力加工变形条件下会表现出不同的塑性。实验证明，压力加工的变形条件有时比金属本身的性质对塑性的影响更大。例如，铅本身是塑性很好的金属，但在三向相等的拉应力状态下却像脆性材料一样发生断裂，而不会发生塑性变形。再例如，大理石本身是脆性材料，但在强烈的三向压应力状态下，却能发生明显的塑性变形而不破坏。因此，塑性是金属在一定的压力加工变形条件下所表现出来的一种状态属性。影响金属塑性的因素很多，但基本上可分为两类：(1) 金属本身的性质，如化学成分、组织、结构等；(2) 变形时的外部条件，如变形温度、变形速度、应力状态等。

5.1.1.2　塑性指标

金属塑性的高低或大小是用塑性指标来衡量的。所谓塑性指标是指金属在塑性变形过程中发生破坏前的最大变形程度。最大变形程度越大，金属的塑性越高。

塑性指标用实验方法获得。不同的实验方法，金属的变形条件不同，得到的塑性指标也不同。常用的塑性指标有以下几种。

A　拉伸实验的伸长率和断面收缩率

拉伸实验的伸长率和断面收缩率

拉伸试验一般在多功能材料试验机上进行。试验机通过夹头，以一定的缓慢的速度施加拉力于规定尺寸和形状的试样上，直至把试样拉断。拉伸试验可以得到以下两个塑性指标。

(1) 伸长率：

$$\delta = \frac{l - L}{L} \times 100\% \tag{5-1}$$

（2）断面收缩率：

$$\psi = \frac{F_0 - F}{F_0} \times 100\% \tag{5-2}$$

式中　L——试样拉伸前的原始标距长度；

l——试样拉伸断裂后的标距长度；

F_0——试样拉伸前原始横断面积；

F——试样拉伸断裂处的横断面积。

一般塑性较高的金属，拉伸变形到一定的程度会出现颈缩现象，发生不均匀变形，因此，伸长率和断面收缩率是均匀变形和不均匀变形两个阶段塑性的总和。在颈缩前的均匀变形阶段，试样为单向拉应力状态，而在颈缩后的不均匀变形阶段，试样为三向拉应力状态。对同种塑性金属而言，伸长率与试样原始标距长度有关，表现为试样原始标距长度越长，伸长率越低。而断面收缩率则与试样原始标距长度无关。所以，断面收缩率比伸长率更能准确地反映材料的塑性。

B　一次弯曲冲击实验的冲击韧性

一次弯曲冲击实验是将一个带有缺口（U 形缺口或 V 形缺口）的试样放在摆锤式冲击试验机的支架上，把摆锤提升到一定高度，使之具有一定的能量。然后落下摆锤，冲断试样。冲断试样所消耗的冲击功 A_k 与试样缺口处横断面积 A 的比值，称为冲击韧性值 α_k（J/cm^2）。

一次弯曲冲击实验的冲击韧性

$$\alpha_k = \frac{A_k}{A} \tag{5-3}$$

冲击韧性值表示的是在冲击力作用下试样破坏时单位面积所消耗的功。严格来说，冲击韧性值并不完全是一种塑性指标，而是强度和塑性的综合指标。它之所以能衡量材料的塑性，是因为在同一变形力作用下，金属破坏时消耗的功越多，金属产生的变形程度就越大，塑性也就越高。

C　扭转实验的扭断转数

扭转实验一般采用圆柱形试棒在扭转机上进行。实验时将圆柱形试棒的一端固定，另一端施加剪切力，进行扭转，直至将试棒扭断。以试样被扭断时的转数 n 作为塑性指标。在这种测定方法中，试样受纯剪力，切应力在试样断面中心为 0，在表面有最大值。纯剪力可以分解为数值相等的拉应力和压应力，因此扭转实验确定的塑性指标，可以反映在数值相等的拉应力和压应力同时作用时材料的塑性。此外，扭转实验的优势还在于，试样从实验开始到被扭断为止，塑性变形在试样的整个长度上均匀进行，不像拉伸试验时会出现颈缩和镦粗试验时会出现鼓形（颈缩和鼓形是两种不均匀变形），从而排除不均匀变形对塑性的影响。

扭转实验的扭断转数

D　镦粗时试样侧面出现第一条裂纹的相对压下量

镦粗实验的试样是圆柱体，其高度等于 1.5 倍直径。镦粗时，试样往往变为单鼓形，其相对压下量可表示为：

$$\varepsilon = \frac{H - h}{H} \times 100\% \tag{5-4}$$

式中　H——压缩前试样的原始高度；

h——压缩后试样出现第一条裂纹的高度。

镦粗的应力状态为三向压应力状态，和多数压力加工方法的应力状态相同，因此镦粗实验比较接近塑性加工的实际变形情况，是经常采用的一种测定塑性方法。镦粗实验中，第一条裂纹往往出现在圆柱体的侧表面，此时的相对压下量可作为塑性指标。

通常根据镦粗实验的塑性指标，可将金属材料进行分类：$\varepsilon \geqslant 80\%$，为高塑性材料；$\varepsilon = 60\% \sim 80\%$，为中高塑性；$\varepsilon = 40\% \sim 60\%$，为中塑性材料；$\varepsilon = 20\% \sim 40\%$，为低塑性材料；$\varepsilon \leqslant 20\%$，为脆性材料，难于塑性加工。

应当指出：比较不同金属的塑性高低时，必须用相同变形条件下的同种实验的塑性指标，原因是金属的塑性受实验方法的影响。

5.1.1.3　塑性图

塑性图

在相同实验条件下，测定出金属的塑性指标随温度升高而变化的曲线图，称为塑性图。

由于测定塑性的实验方法不同，塑性图有多种，如拉伸塑性图、扭转塑性图、镦粗塑性图等。一个完整的塑性图应该给出压缩时的相对压下量、拉伸时的抗拉强度、伸长率、断面收缩率，扭转时的扭断转数以及冲击韧性等力学性能与温度的关系。在塑性图上综合考虑各种塑性指标和抗拉强度，可以确定金属塑性较好、变形抗力较低的温度范围。在该温度范围内进行压力加工，可确保金属有大变形量而不致发生破坏，并且塑性变形所需的外力也小。因此塑性图是制定热加工工艺的基础。

现以 W18Cr4V 高速钢为例来说明塑性图的应用。由 W18Cr4V 的塑性图（见图 5-1 和图 5-2）可知，该钢种在 900～1200 ℃范围内具有最好的塑性，根据此温度范围并考虑钢坯出加热炉后的温度降，可将钢坯加热的上限温度设定为 1230 ℃。超过此温度，钢坯在热加工过程中可能产生轴向断裂和裂纹。热加工终了温度不能低于 900 ℃，因为低于此温度钢的强度显著增大，变形困难。应当指出，为了确定正确的热加工温度范围，仅有塑性图是不够的，因为金属的压力加工的目的，不仅仅是顺利成型，还要满足金属组织和性能的要求。为此，在确定热加工温度范围时，除塑性图外，还要考虑合金相图和再结晶图以及采取必要的金相组织检查。

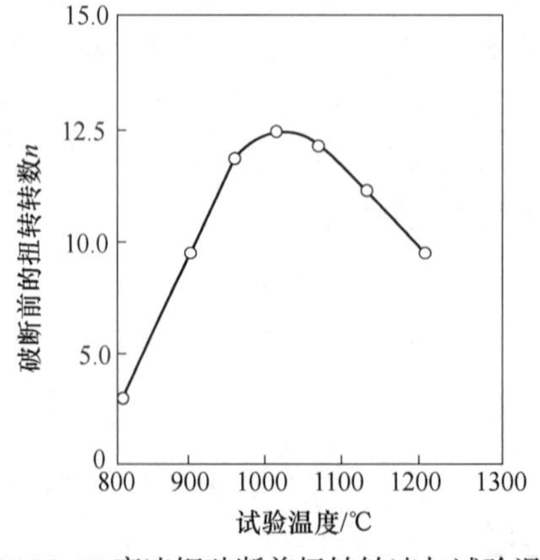

图 5-1　W18Cr4V 高速钢破断前扭转转速与试验温度的关系

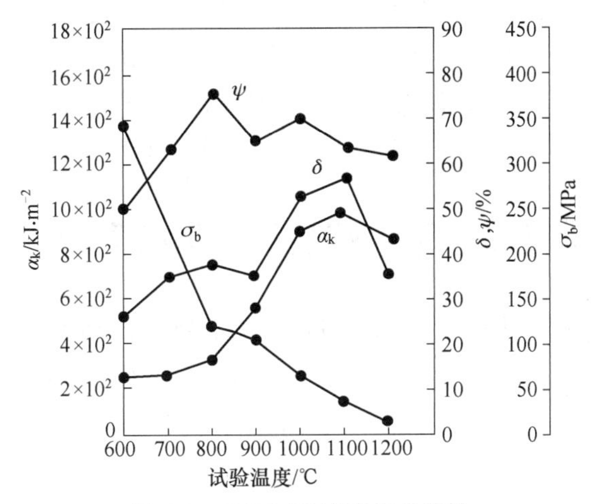

图 5-2　W18Cr4V 高速钢的塑性

5.1.2　变形抗力的基本概念

5.1.2.1　变形力和变形抗力

塑性加工时，使金属发生塑性变形的外力，称为变形力；而金属具有的保持原有形状而抵抗塑性变形的能力，称为变形抗力。变形抗力和变形力数值相等，方向相反，一般用接触面上平均单位面积的外力表示其大小，单位为 Pa（N/m^2）。

变形抗力同塑性一样，不仅取决于金属本身的性质（化学成分、组织、结构），而且受变形条件（应力状态和变形状态、变形温度、变形速度因素）等的影响。

5.1.2.2　变形抗力指标

常用来衡量金属变形抗力大小的指标有 3 个：（1）单向拉伸或压缩的屈服强度 σ_s 或 $\sigma_{0.2}$；（2）金属的真实变形抗力；（3）硬度。

屈服强度 σ_s 或 $\sigma_{0.2}$ 反映了室温静载荷条件下单向拉伸或压缩时变形金属的变形抗力。若变形条件相同，用它可以衡量不同金属的变形抗力的大小。对于同一金属而言，由于变形抗力受应力状态的影响，而不同的压力加工方法具有不同的应力状态，因此用不同的方法加工同一金属，虽然金属的屈服强度不变，但金属的变形抗力是不同的。例如，用挤压和拉拔生产同一规格的铜棒，挤压的变形抗力远大于拉拔。

金属的真实变形抗力 σ_φ 是指在一定的变形温度、变形速度和变形程度下单向拉伸或压缩时金属的变形抗力。它排除了应力状态对变形抗力的影响。

测量金属硬度时，是用一个硬度很高的压头压入金属表面，形成一个压痕。用压痕的单位面积上的外力和压痕深浅来衡量金属硬度的高低。实际上，硬度代表的是金属表面抵抗塑性变形的能力。实际生产中，若金属的成分、组织均匀，则硬度的高低可以反映变形抗力的大小。硬度高的金属变形抗力大；硬度低的金属变形抗力小。

5.1.3　塑性和变形抗力的区别

变形抗力和塑性是两个不同的概念。塑性反映的是材料的塑性变形能力的大小，表示能产生多大程度的塑性变形而不破坏。而变形抗力反映的是材料变形的难易程度，表示材料发生塑性变形需要多大的外力。例如，铅塑性很好，而变形抗力很小；而冷态下的奥氏体不锈钢塑性很好，但变形抗力很大。一般来说，金属在高温下变形抗力较小，但不一定同时具有很好的塑性。因为若过热或过烧，则变形时就会产生裂纹，表现为塑性很差。还要指出的是，通常所说的柔软性是指材料的硬度，即变形抗力，而不是塑性。

模块 5.2　影响塑性和变形抗力的因素

金属的塑性和变形抗力不仅受金属本身性质的影响，而且受变形条件（如变形程度、变形温度、变形速度、应力状态等）的影响。许多场合，变形条件甚至比金属本性对塑性和变形抗力的影响更大。本模块就这些影响因素作定性的讨论。

5.2.1　金属本身性质对塑性和变形抗力的影响

5.2.1.1　化学成分的影响

一般来说，在纯金属中添加其他元素，会形成固溶度或大或小的单相固溶体合金。如果添加的元素超过纯金属的固溶能力，则合金中会出现第二相，组织发生了改变，形成两相或多相合金。就塑性而言，纯金属最好，单相合金次之，多相合金最差；对于变形抗力，则是多相合金最高，单相合金次之，纯金属最低。这里仅讨论单相合金，关于两相或多相合金在组织的影响中讨论。

在纯金属中添加合金元素，首先形成单向固溶体合金而产生固溶强化。所谓“固溶强化”是指固溶体合金随溶质浓度的增大，强度、硬度提高，而塑性和韧性降低的现象。固溶强化实际上是溶质原子产生的晶格畸变阻碍了位错的运动，使合金的变形抗力提高。同时金属一般为多晶体，而多晶体中由于相邻晶粒取向不同，会导致各晶粒变形的不同时性，又因为晶格畸变阻碍位错运动，使塑性变形由已变形晶粒向未变形晶粒的扩展需要更大的应力，这加剧了晶粒之间变形的不均匀性，故塑性降低。图 5-3 和图 5-4 分别为不同合金元素溶于铁素体中对强度和塑性的影响。溶质原子的性质、含量，尤其是尺寸大小对

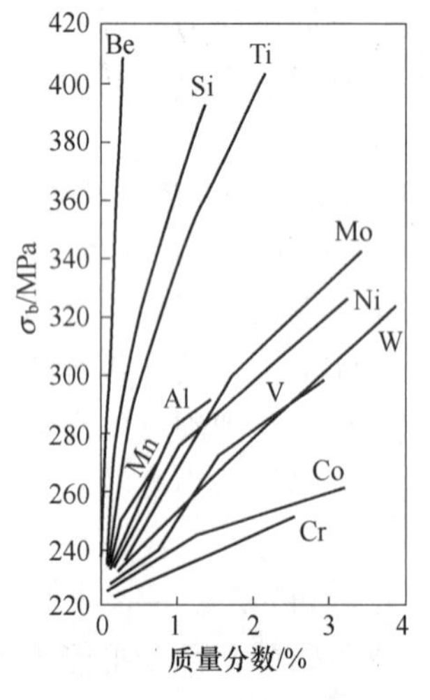

图 5-3　合金元素对铁素体强度极限的影响

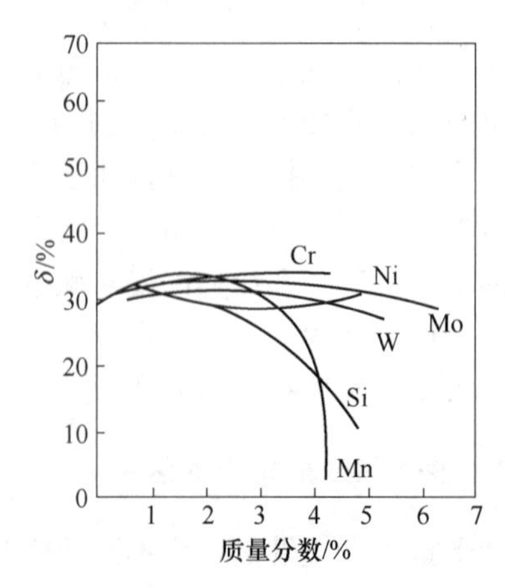

图 5-4　合金元素对铁素体伸长率的影响

固溶强化效应影响极大。小溶质原子多占据晶格的间隙位置形成间隙固溶体，而大溶质原子多占据晶格的阵点位置形成置换固溶体。由于间隙固溶体中产生的晶格畸变远大于置换固溶体，因此间隙原子即使在含量很低的情况下也会产生很强的固溶强化效应，使合金的强度和硬度急剧增加，塑性和韧性明显降低，例如钢中磷产生的冷脆现象、氢产生的氢脆现象就是如此。

5.2.1.2　组织的影响

多相合金中各个相的性能不同，强度和变形抗力也不同。变形抗力小的相易变形，而变形抗力大的相难变形，加剧了合金的变形不均匀，故塑性降低。同时难变形的相对易变形相具有机械分割作用，阻碍了易变形相的进一步变形，故提高了合金的变形抗力。这就是所谓的“第二相强化”。例如，碳钢是由铁素体和渗碳体两相组成，两相的力学性能差别甚大，其中铁素体是软韧相，而渗碳体是硬脆相，它们在钢的塑性变形过程中所扮演的角色就是第二相强化的一个很好的实例。第二相的性质、形状、大小、数量、分布对第二相强化的效应起着重要的作用。当第二相硬而脆、呈细小颗粒状均匀分布在基体相中时，能最大限度地阻碍位错运动，提高金属的变形抗力，同时，这样的第二相对基体相的连续变形影响极小，故对塑性的降低程度最小。例如，共析钢通过适当的热处理可以分别得到粒状珠光体和片状珠光体，虽然粒状珠光体的强度不如片状珠光体高，但它却具有适中的强度和较好的塑性及组织稳定性，是切削加工和淬火加热必需的组织。

一定成分的金属，若晶粒大小不同，其塑性和变形抗力也会差别很大。在常温和低温下，金属及合金的晶粒越细小，强度和硬度越高，塑性和韧性越好，这种现象称为细晶强化。由于细晶强化提高金属材料的强韧性，故在金属材料的研发和生产中备受重视。

晶粒细小的金属有高的变形抗力可用霍尔 · 佩奇（Hall Petch）公式来说明。公式为：

$$\sigma_s = \sigma_0 + Kd^{-\frac{1}{2}} \tag{5-5}$$

式中　σ_s——多晶体金属的屈服强度；

σ_0——单晶体金属的屈服强度；

K——与晶界有关的常数；

d——晶粒的平均直径。

由公式（5-5）可知：晶粒越细小，多晶体的屈服强度越高。实际上，在室温或低温下，晶界强度高于晶内强度，晶界是位错运动的障碍。晶粒越细小，晶界面积越大，对位错运动的阻碍作用越强，金属的强度越高，变形抗力越大。

细晶粒组织有利于提高金属的塑性。这是因为，在一定体积内，细晶粒金属的晶粒数目比粗晶粒金属多，塑性变形时取向有利于滑移的晶粒也多，变形能够较均匀地分散到各个晶粒中进行。另外，晶粒细小可使晶内变形和晶界附近变形（晶间变形）的差异减小。总之，晶粒细小的金属可减小变形的不均匀性，从而提高塑性。图 5-5 所示为几种钢的平均晶粒直径和断面收缩率的关系曲线。

金属的铸造组织由于具有粗大的柱状晶粒和偏析、疏松、气泡、夹杂物等缺陷，故金属的强度低、塑性差。为了提高金属的塑性和强度，尽可能进行热加工。在热加工时，应创造良好的变形条件，使变形尽可能均匀进行，打碎粗大柱状晶粒，然后通过再结晶得到

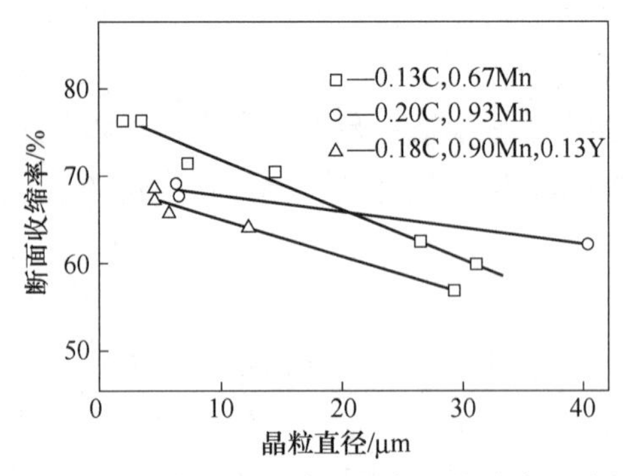

图 5-5　几种钢的平均晶粒直径和断面收缩率的关系曲线

晶粒细小的组织，并使夹杂物均匀分布；同时，在高温高压作用下通过原子扩散消除显微偏析，焊合压实气泡和疏松，提高金属密度，尽可能消除各种缺陷造成的危害，提高金属的强度和塑性。对于高合金钢铸锭，开始变形时变形量不能太大，待铸造组织逐渐转变为锻造组织后，再加大变形量。像高速钢铸锭，即使高温时塑性也差，直接轧制容易开裂，故先热锻到一定尺寸，改善塑性后再进行轧制。

5.2.1.3　结构的影响

金属典型的晶体结构有三种：面心立方结构、体心立方结构和密排六方结构。其中，面心立方结构的金属塑性最好，体心立方结构的金属次之，密排六方结构的金属最差。从晶体结构的角度来说，金属塑性的好坏首先取决于滑移系的数量。滑移系的数量多，有利于滑移的空间取向就多，位错滑移容易进行，金属的塑性就好。表 5-1 为三种典型的金属晶体结构的滑移系。面心立方晶格和体心立方晶格均有 12 个滑移系，而密排六方晶格只有 3 个滑移系，故具有密排六方晶格的金属塑性最差，如锌、镁的加工性能差，难成型。其次，滑移面上滑移方向的数量也对金属的塑性起重要的作用。滑移方向数量多的晶格，协调不同方向的外力的能力强，位错易滑移，塑性好。面心立方晶格的滑移面上有 3 个滑移方向，而体心立方晶格的滑移面上只有 2 个滑移方向，故面心立方晶格的金属的塑性比体心立方晶格金属的好。例如，奥氏体不锈钢（面心立方结构）的塑性就要好于铁素体不锈钢（体心立方结构）。

表 5-1　金属三种典型晶格的滑移系

晶格	体心立方晶格	面心立方晶格	密排六方晶格
滑移面	{110}×6	{111}×4	{0001}×1
滑移方向	⟨111⟩×2	⟨110⟩×3	⟨1120⟩×3
滑移系	6×2＝12	4×3＝12	1×3＝3

结构是影响金属强度的要素之一。固态金属的结构，即原子在空间的排列方式发生变化时，会使变形抗力发生变化。具有同素异构转变的金属（如 Fe）就是一个很好的例证。

图 5-6(a)所示为 α-Fe 和 γ-Fe 在 910 ℃发生相互转变时变形抗力的变化情况。由于面

心立方晶格的 γ-Fe 比体心立方结构的 α-Fe 的原子排列更紧密，使得温度升高形成 γ-Fe 时纯铁的变形抗力不再连续下降，而出现跃升。图 5-6(b)所示为不同含碳量的碳钢在发生固态相变时变形抗力的变化曲线。从这些曲线可以看出，在固态相变温度范围内，随温度的升高，奥氏体的形成使变形抗力都有一个跃升。

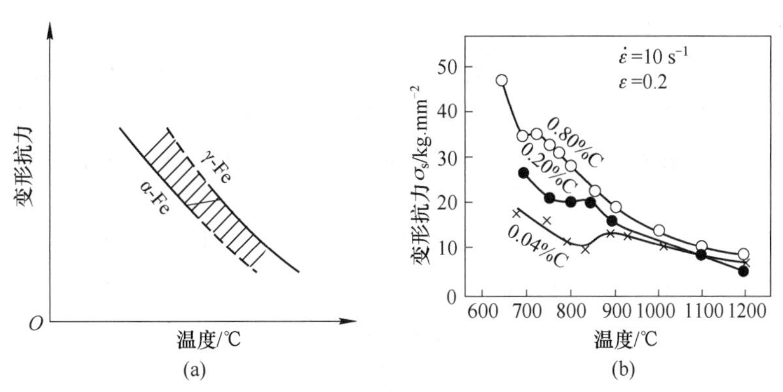

图 5-6 纯铁和碳钢在固态相变时变形抗力的变化

5.2.2 变形温度对塑性和变形抗力的影响

变形温度对金属和合金的塑性和变形抗力影响的总趋势是：随温度升高，塑性提高而变形抗力降低。这是因为温度升高，原子热运动的能量增加，减小原子间的结合力，使变形抗力降低；而塑性随温度升高而增加的原因是，新的滑移系和扩散型的塑性变形机制(如晶界滑动、蠕变) 参与变形。此外，温度提高，回复和再结晶软化也可以抵消加工硬化，使塑性提高而变形抗力降低。

但在升温过程中，在某些温度区间，有些金属和合金会发生物理-化学变化或相变，引起塑性降低而变形抗力提高。由于金属种类繁多，很难用统一的模式来说明各种金属在不同温度下的塑性和变形抗力的变化情况。下面以碳钢为例进行说明。

图 5-7 中曲线表明了碳钢的伸长率 δ 和抗拉强度 σ_b 随温度升高而变化的情况。从室温开始，随温度升高，伸长率增加而强度稍减小。在 150 ~ 350 ℃ 温度区间出现 δ 明显下降而 σ_b 明显上升的现象。这时碳钢的加工性能变坏，易于脆断，断口呈蓝色，故此温度范围称为蓝脆区。一般认为钢的蓝脆是由于在晶界和滑移面上析出氮化物和氧化物而产生沉淀强化所致。继续升高温度，δ 又增加，σ_b 又降低，直至在 800 ~ 950 ℃ 温度范围，又出现 δ 降低而 σ_b 增加的现象。此温度区间称为热脆区。对此现象的原因说法不一，有的学者认为这与相变有关，当钢由体心立方晶格的珠光体转变为面心立方晶格的奥氏体，由于奥氏体密度大于铁素体，会引起钢的体积收缩，产生组织应力；另有学者认为是由于分布于晶界的 FeS 和 FeO 形成低熔点共晶所致。温度超过热脆区，δ 继续上升，σ_b 继续下

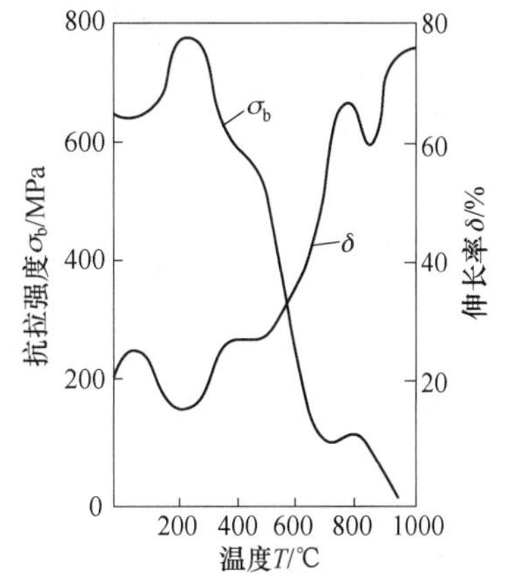

图 5-7 温度对碳钢塑性和强度的影响

降。一般当温度超过1250 ℃后，钢产生过热（晶粒粗大），甚至过烧（晶界局部氧化或熔化）现象，δ 和 σ_b 均急剧降低。

5.2.3　变形速度对塑性和变形抗力的影响

5.2.3.1　温度效应

众所周知，塑性变形过程中会产生变形热。变形热一部分逸散到周围环境中，另一部分使变形金属温度升高。这种由于塑性变形过程中产生的热量而使变形金属温度升高的现象称为温度效应。决定温度效应的首要因素是变形速度。变形速度加快，单位时间变形程度大，产生的变形热多，变形热的散失就相对减小，因而温度效应就越大。其次，金属与工具接触面越小，热量散失就越少，温度效应就越大。此外，温度效应还与变形温度有关。热加工时，金属变形抗力低，金属变形所需要的外力小，变形热少，温度效应也小；而在冷加工时，金属变形抗力大，温度效应大。

5.2.3.2　变形速度的影响

A　变形速度对变形抗力的影响

由图5-8可见，在不同的加工温度范围，变形速度对变形抗力的影响程度不同。热加工时，变形抗力随变形速度的增加而显著增加；冷加工时，变形抗力随变形速度的增加而增加不大。

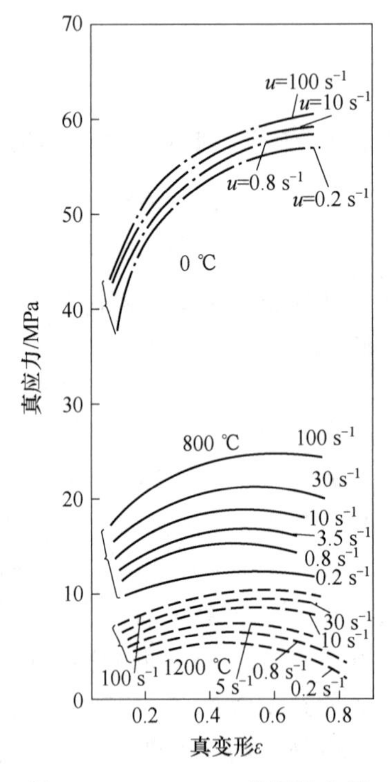

图5-8　W_C = 0.15%碳钢退火材压缩时的真应力-应变曲线

在热加工过程中，同时进行着加工硬化和回复、再结晶软化两个相反的过程。变形速度增加，加工硬化速度加快，而回复、再结晶软化来不及充分进行，使变形金属变形抗力增大；从温度效应方面考虑，由于变形金属温度高，变形抗力小，金属变形产生的热量少，虽然变形速度增加会使变形热增加，但金属温度高，散热快，因此温度效应小，由温度改变引起的变形抗力变化不大。所以热加工时，变形速度增加使变形抗力增大。

在冷加工过程中，同样发生加工硬化，而一般不发生再结晶软化。但若变形金属变形抗力大，金属变形产生的热量较多，并且随变形速度增加，金属变形产生的热量进一步增多，而散热相对较慢，温度效应明显。金属温度升高又使变形抗力降低。如果温度效应非常明显而使金属温度升高迅速，则变形金属会发生回复软化，使变形抗力进一步降低，这在生产上称为温变形。所以冷加工时，变形抗力随变形速度的增加而增加不大，甚至基本不变。

B　变形速度对塑性的影响

随变形速度的提高，塑性变化的一般趋势如图5-9所示。当变形速度不大时，塑性随变形速度的增加而降低。这是由于变形速度增加引起加工硬化速度增大，其导致的塑性降低大于温度效应引起的塑性增加。当变形速度较大时，由于温度效应明显，使塑性基本上不再随变形速度的增加而降低。当变形速度很大时，则由于温度效应进一步增强，使塑性的上升超过了加工硬化造成的塑性降低，使塑性回升。应当指出，对于冷变形和热变形，该曲线各阶段的进程和变化程度不尽相同。冷变形时，随着变形速度的增加，塑性略有下降，随后由于温度效应加强，塑性可能会上升；热变形时，随着变形速度的增加，通常塑性有较明显的下降，以后随温度效应的增强，塑性稍有提高。但当温度效应很大时，会使变形温度由高温塑性区进入高温脆性区，则金属和合金的塑性又急剧下降。

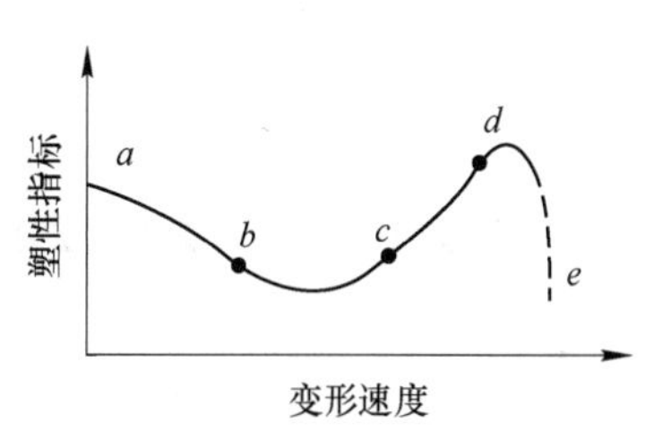

图 5-9 变形速度对塑性的影响

5.2.4 变形程度对塑性和变形抗力的影响

变形程度对变形抗力和塑性有重要的影响。金属的变形会产生加工硬化，使变形抗力提高，塑性降低。这是由于变形产生的晶体缺陷，如空位、位错等，阻碍了位错的运动，使变形抗力提高，同时由于变形的不均匀和大量晶体缺陷产生、累积，降低了金属的塑性。故冷变形时，随变形程度的增大，加工硬化效应增强，变形抗力显著提高，塑性明显降低。

冷加工时金属的变形抗力随变形程度增大而增大的速度，称为加工硬化速率。它反映了金属在单位变形程度下变形抗力提高的快慢程度。不同的金属有不同的加工硬化速率。通常纯金属和高塑性金属的加工硬化速率小于合金和低塑性金属，例如铝、铅、铜是高塑性金属，中碳钢、低合金钢是中塑性金属，而高合金钢、不锈钢和耐热合金是低塑性金属。加工硬化速率在冷加工生产中应用极大，加工硬化速率小的金属可以采用大加工率、退火次数少的加工工艺，而加工硬化速率大的金属必须采用小加工率、退火次数多的加工工艺。

实验表明，不仅冷加工会产生加工硬化，热加工同样会产生加工硬化，只是热加工的加工硬化程度还会受到再结晶软化的影响。在图 5-10 中可以看出热加工时变形抗力和变形程度的关系：当变形程度在 30% 以下时，变形抗力随变形程度增加而增加显著，加工硬化速率较大，这是因为变形程度较小，再结晶软化速度较慢造成的；当变形程度较大时，变形抗力随变形程度增加而增加缓慢，加工硬化速率减小，这是由于变形程度增加，再结

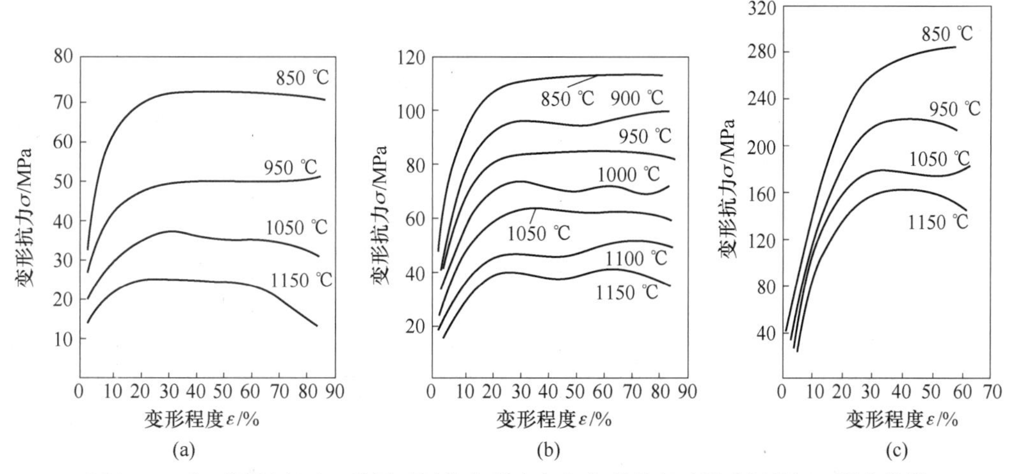

图 5-10 在不同温度下，采用不同的变形速度和变形程度时低碳钢的加工硬化曲线

(a) $\dot{\varepsilon}=3\times10^{-4}s^{-1}$；(b) $\dot{\varepsilon}=3\times10^{-2}s^{-1}$；(c) $\dot{\varepsilon}=3\times10^{2}s^{-1}$

晶软化速度加快；若变形程度进一步增加，由于再结晶软化效应大于加工硬化效应，变形抗力反而有下降的趋势。

5.2.5　应力状态对塑性和变形抗力的影响

5.2.5.1　对塑性的影响

应力状态对金属的塑性有重要的影响。理论和实践都已证明：在压力加工的主应力图示中，若压应力个数越多，平均压应力数值越大，则金属的塑性越高；反之，拉应力个数越多，平均拉应力数值越大，则金属的塑性越低。这是因为：(1）拉应力促进晶间变形，加速对晶界的破坏，而压应力则能阻碍或减少晶间变形。随三向等压作用的增强，晶间变形更加困难。(2）三向等压作用有利于塑性变形过程中形成的各种缺陷和损伤的愈合，而拉应力正相反。(3）三向等压作用能抑制金属中已有的各种缺陷的发展，部分或全部消除其危害。(4）三向等压作用可抵消不均匀变形所引起的附加拉应力，有利于防止裂纹的产生和发展。

德国学者卡尔曼在20世纪初曾经对大理石和砂石做过一次著名的试验。他用圆柱形大理石和砂石置于如图5-11所示的装置中进行压缩。试验证明，在没有侧向压力作用时，大理石和砂石不会发生塑性变形，显示完全的脆性；而在向试验腔室注入甘油对试样施加侧向压力后，再施加轴向压力，大理石和砂石则发生了塑性变形，表现出一定的塑性，并且侧向压力越大，变形所需的轴向压力也越大，塑性也越高。对金属的试验也表现出同样的情况，例如，若将拉伸试验放在高压室中进行，则试样拉伸时要受到周围高压介质产生的压应力的作用，这时测得的塑性指标就比在大气中测得的要高。

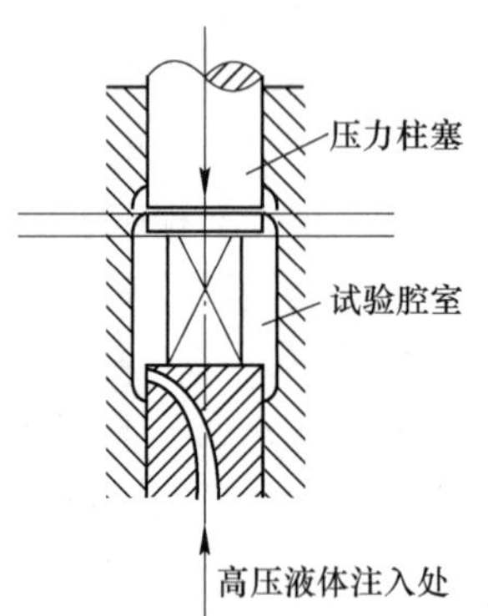

图5-11　卡尔曼的试验装置

由此可见，平均压应力越大，则金属塑性越高。因此在压力加工中，人们往往通过改变应力状态，增加平均压应力来提高金属塑性。

5.2.5.2　对变形抗力的影响

应力状态不仅对塑性，而且对变形抗力有很大的影响。在卡尔曼试验中也发现：大理石和砂石压缩时，施加的侧向压力越大，所需要的轴向压力也越大。古布金用铜试样在同样的模具条件下做拉拔和挤压的对比试验，如图5-12所示，发现挤压时铜的变形抗力远远大于拉拔。这显然是两者的应力状态不同所致。挤压是三向压应力状态，而拉拔是两向压一向拉应力状态。下面用屈服准则解释应力状态对变形抗力的影响。

根据密塞斯屈服准则，材料发生塑性变形必须满足：$\sigma_1-\sigma_3=m\sigma_s$。又因挤压和拉拔均是轴对称应力状态，$\sigma_2=\sigma_3$，$m=1$，所以密塞斯屈服准则为：

$$\sigma_1-\sigma_3=\sigma_s \tag{5-6}$$

由式（5-6）可知，在三向压应力状态下，公式左边为两压应力σ_1，σ_3之差，不易满足屈服准则，材料变形抗力较大；在两向压一向拉应力状态下，公式左边为两应力σ_1，σ_3绝对值之和，易满足屈服准则，材料变形抗力较小。这是因为塑性变形的主要方式是滑移，滑移发生的条件是滑移面上的切应力达到临界切应力。在同号应力状态下，各主应力在滑

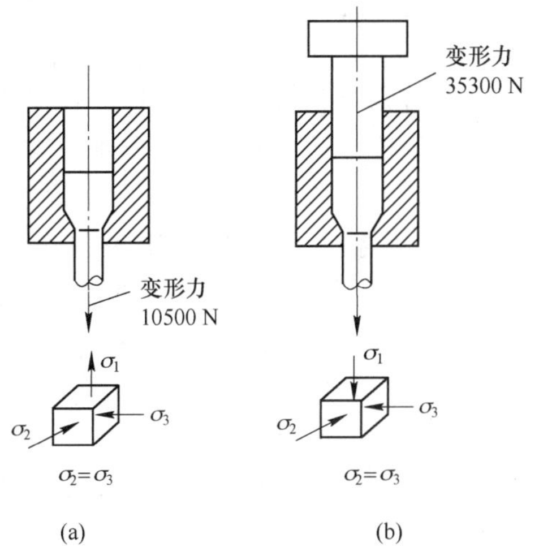

图 5-12　应力状态对变形抗力的影响
(a) 拉拔；(b) 挤压

移面上的切应力分量总要抵消一部分；而在异号应力状态下却是相互叠加的，如图 5-13 所示。因此，对同种材料来说，异号应力状态下的变形抗力要小于同号应力状态。

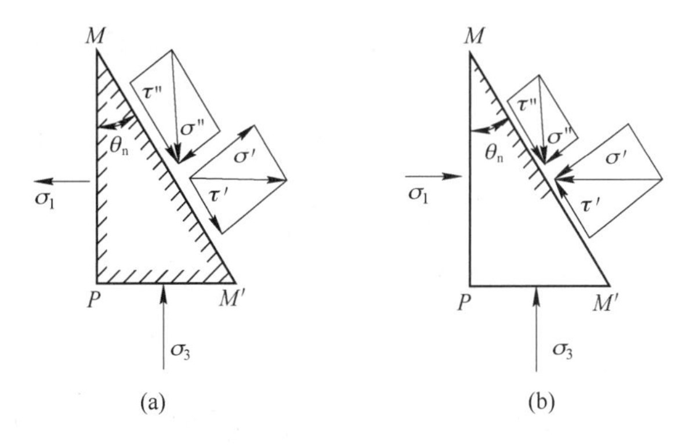

图 5-13　异号应力状态 (a) 和同号应力状态 (b) 在滑移面上的切应力

在压力加工中，为减小变形抗力，应采用异号应力状态的变形方式，但这对提高金属塑性是不利的。反之，为提高金属塑性，则应采用三向压应力状态的变形方式，且要求平均压应力越大越好，但这会使变形抗力增加。金属的塑性是压力加工的前提条件，对于本身塑性差的金属，一般应采用三向压应力状态，以提高金属塑性，防止压力加工过程中工件开裂。

5.2.6　其他因素的影响

除上述几个主要因素外，还有一些因素也影响金属的塑性和变形抗力。其中金属的尺寸和变形次数就是两个代表性的因素。

生产实践证明，在某一临界尺寸内，金属尺寸越大，塑性和变形抗力越低；当金属体积超过此临界值，塑性和变形抗力将不再变化。这是因为在实际的金属中晶体缺陷难于避免，且分布不均。金属尺寸越大，晶体缺陷分布越不均匀，对塑性和变形抗力的危害也越大。当金属尺寸大到一定程度时，晶体缺陷分布的不均匀程度反而降低了。我们在实验中研究金属的塑性和变形抗力时，一般采用的是小尺寸试样，而实际生产中金属的尺寸要大得多。因此，实际生产中应根据金属的尺寸对实验所得的真实变形抗力和塑性做必要的修正。

当热变形时，在总变形量一定的条件下，多次变形可提高金属塑性。因为多次变形，每次的变形量小，金属内部的应力小，产生的缺陷数量也少；同时，在各道次变形的间隙期内，金属的塑性也会因回复或再结晶软化，得到一定程度的改善。顺便指出，冷变形时，金属的塑性取决于总的冷加工变形程度，而与变形次数关系不大。

模块5.3　提高塑性和降低变形抗力的主要途径

5.3.1　选择合理的变形温度和变形速度

就热加工来说，应根据相图、塑性图和再结晶图来综合确定合理的热加工温度范围，保证在压力加工过程中金属有高塑性、低变形抗力，并得到组织和性能均匀的产品。同时也要合理选择变形速度，避免金属局部区域与工具接触时间过长而使金属实际温度过分偏低，或因温度效应显著而使金属温度过分偏高。对变形速度敏感的材料，如镁合金，最好在变形速度较小的压力机上加工。若不得不在锻锤上模锻时，刚开始时必须以轻击进行，随着镁合金充满模腔，三向压应力状态的强烈程度逐渐增强，再逐渐增加变形程度。

5.3.2　针对金属本身的塑性，选择正确的压力加工方法

挤压时金属的塑性一般比开式模锻好，而开式模锻又比自由锻好。在自由锻工艺中，型砧拔长和带套圈的镦粗分别比平砧拔长和不带套圈的镦粗更能发挥金属的塑性。总之，平均压应力越大的变形方式，对提高塑性越有利。若金属本身塑性就很好，从减小变形抗力、降低能耗的角度考虑，当工件的生产存在着几种切实可行的方案时，应选择异号应力状态或平均压应力较小的变形方式，如拉拔或轧制。

5.3.3　控制坯料成分，提高坯料质量

金属的压力加工是以塑性为前提条件的。因此在冶炼过程中，应尽可能将有害于塑性的杂质元素和夹杂物降至最低。同时，在浇注过程中，应控制好浇注温度和浇注速度，得到组织和成分较均匀的铸锭。此外，在压力加工之前，对铸锭进行高温扩散退火，可起到减小铸造应力、消除显微偏析而均匀成分的作用，从而提高塑性，减小变形抗力。

5.3.4　减小压力加工中的不均匀变形

不均匀变形既降低金属塑性，又增大金属的变形抗力。因此，所有减小不均匀变形的方法都能提高塑性，降低变形抗力。例如，拔长低塑性材料时，应注意选择合适的送进比。若送进比过小，则变形集中在上、下部，中间部分锻不透，变形小，结果在中部沿轴向产生附加拉应力，导致内部横向裂纹的形成（见图5-14）。在镦粗时，常采用加装塑性

垫（见图5-15）、“铆锻”（见图5-16）和“叠锻”（用于锻薄饼形锻件，见图5-17）等方法，来减小不均匀变形，防止表面裂纹的产生。又如，冷轧时加润滑剂或采用小轧辊轧制、拉拔前对金属采用磷化处理和皂化处理、挤压时采用反向挤压等方法，都可以减小外摩擦，从而减小不均匀变形。

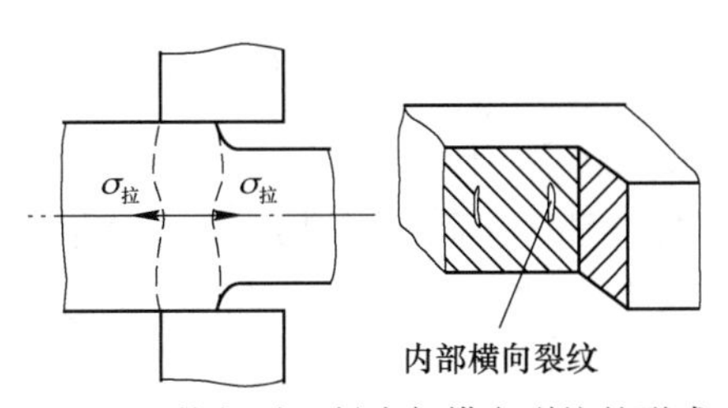

图5-14　拔长时坯料内部横向裂纹的形成

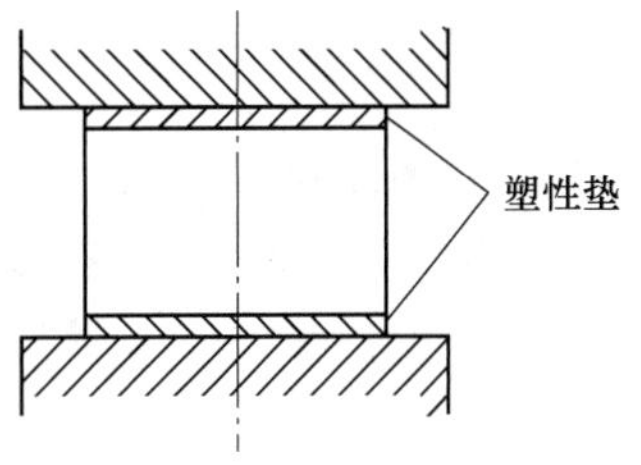

图5-15　带塑性垫的镦粗

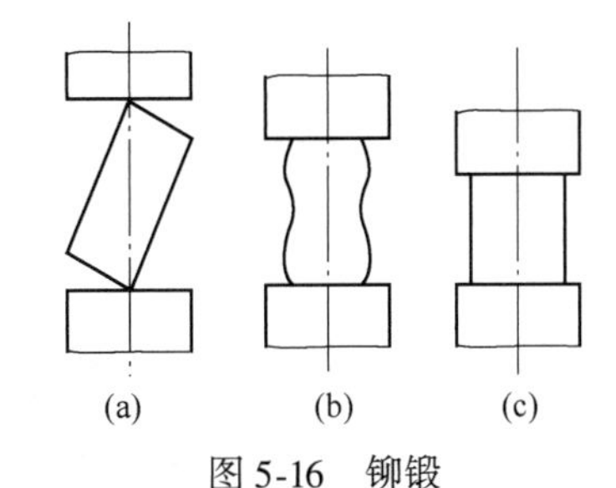

图5-16　铆锻

（a）斜放；（b）轻击；（c）旋转打棱

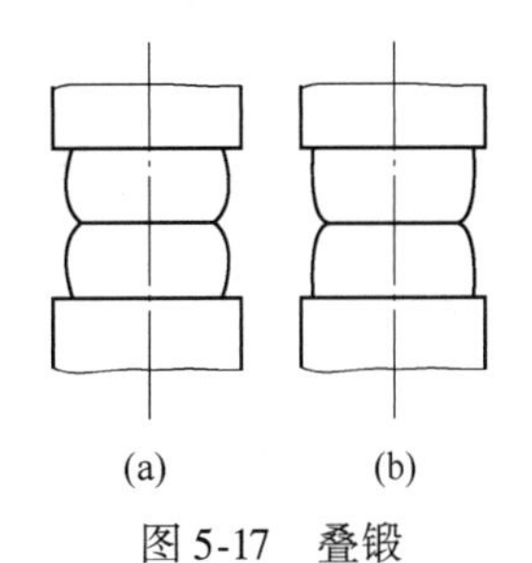

图5-17　叠锻

（a）上下镦粗形成鼓形；（b）翻转继续镦粗

习　　题

5-1　什么是金属的塑性，常用的塑性指标有哪几种？

5-2　什么是金属的变形抗力和真实变形抗力，两者有何区别？

5-3　金属的塑性和变形抗力只与金属的本身性质有关，对吗？

5-4　容易变形的金属，其塑性好。这样理解，对吗？

5-5　硬度反映了金属材料的变形抗力的大小，对吗，为什么？

5-6　什么是塑性图，它在热轧生产中有何用途？

5-7　变形温度对塑性和变形抗力影响的总规律是什么，随温度升高，金属的塑性一直提高而变形抗力一直减小，对吗？

5-8　在热轧钢材操作规程中，为什么规定不轧黑头钢、低温钢？

5-9　什么是温度效应，影响温度效应的因素有哪些？

5-10　简要说明变形速度对冷加工和热加工金属变形抗力的影响？

5-11　什么是冷加工硬化速率，它对制定冷加工工艺有何作用？

5-12　简要说明应力状态对塑性的影响。

5-13　轧制、拉拔和挤压均为三向压应力状态，为什么挤压的塑性最好？

5-14　用密塞斯屈服准则定性分析金属在同号应力状态下的变形抗力大于异号应力状态。

5-15　如何提高金属的塑性？

项目6　金属压力加工中的外摩擦和润滑

摩擦学是研究物体相对运动时，在接触面上相互作用的科学。金属压力加工中的摩擦有外摩擦和内摩擦。内摩擦是指变形金属内部各个部分之间运动速度不同而存在相对运动产生的摩擦；外摩擦是指变形金属与压力加工设备上的工具之间存在相对运动或相对运动趋势，而在两者接触面上产生的摩擦。外摩擦同金属压力加工过程的力能消耗、金属变形、工具磨损、产品质量和生产效率密切相关。本项目主要讨论压力加工过程中外摩擦的特点、分类、影响以及影响外摩擦的因素和减小外摩擦的措施。

模块6.1　压力加工中外摩擦的特点和分类

6.1.1　外摩擦的特点

金属压力加工中的外摩擦不同于一般机械传动中的摩擦，它具有如下特点：

（1）高压作用下的摩擦。压力加工时接触面上的平均单位压力很大，通常达500 MPa，冷轧高强度合金钢时甚至可高达3000 MPa，而重负荷轴承上的单位压力通常不超过50 MPa。接触面上的单位压力越大，越容易将润滑剂挤走，不利于润滑，使摩擦系数急剧增大。

（2）接触面积变化的摩擦。由于接触面上单位压力很大，故真实接触表面很大。同时，在塑性变形过程中会不断增加新的接触面，包括由原来接触表面形成的新表面和从原来接触表面下挤出的新表面。

（3）摩擦系数不均匀的摩擦。在塑性变形过程中，接触面上各处金属质点流动的情况不同，有的地方快，有的地方慢，有的地方还粘着不动，因而接触面上的摩擦系数是不均匀的。

（4）高温作用下的摩擦。热加工时，金属温度可达800～1200 ℃。高温不仅会改变金属表面氧化皮的厚薄、结构和性能，还会改变润滑剂的状态和性能，从而对摩擦系数，最终对外摩擦产生影响。

（5）性质相差很大的摩擦。在压力加工中，金属发生塑性变形，而工具只能发生弹性变形，两者强度、硬度相差很大。这种在力学性能上的巨大差别导致金属和工具在接触面上产生很大的滑动。

6.1.2　外摩擦的分类

金属压力加工中，根据金属与工具接触面上是否有润滑剂或润滑剂的厚度不同，可以把外摩擦分为三类。

6.1.2.1　干摩擦

理想的干摩擦是指变形金属和工具直接接触，接触面之间不存在润滑剂和其他物质的摩擦。但在生产中这种干摩擦实际上不存在，因为在金属压力加工过程中，接触面总会形成氧化膜或吸附有气体、灰尘等物质。通常所说的干摩擦是指变形金属和工具接触面上无润滑剂的摩擦［见图 6-1(a)］。

在干摩擦条件下，当金属和工具发生相对运动时，由于强大的外力作用，它们表面上的微观凸牙和凹坑将相互嵌入、咬合、切断，产生发热现象，使接触面温度升高。这不仅增大工具磨损，而且有害于金属表面质量，甚至发生金属黏附工具的现象，这在加工低熔点的轻金属时很常见。

6.1.2.2　液体润滑摩擦

当变形金属和工具接触面上的液体润滑剂较厚（一般在 1.5 ~ 2.0 μm），会将两者完全隔开，它们表面上的微观凸牙和凹坑不直接接触，这种摩擦称为液体摩擦或液体润滑摩擦［见图 6-1(b)］。

在液体润滑摩擦中，由于金属和工具不直接接触，这就使金属和工具之间的摩擦变为润滑剂内部的摩擦。这种摩擦的阻力只与润滑剂的性质和其内部不同部分的相对运动速度有关，而与工具和金属表面状态和性质关系不大，因此外摩擦大大降低。

6.1.2.3　边界摩擦

当金属和工具的接触面上只存在很薄的润滑剂（厚度小于 0.1 μm）时的摩擦，称为边界摩擦［见图 6-1(c)］。在这种摩擦条件下，金属表面的有些凸牙会被压平，润滑剂也会被挤走，使之变得更薄并且不均匀，此时工件和工具会出现局部粘连。金属压力加工中的摩擦多为边界摩擦。

以上三种摩擦中，干摩擦的摩擦系数最大，液体润滑摩擦最小，边界摩擦介于两者之间。在实际生产中，这三种摩擦不能截然分开，还经常会出现以下两种混合摩擦：(1) 半干摩擦，边界摩擦和干摩擦的混合状态。当接触面之间存在少量润滑剂和其他介质时，就会出现这种摩擦。(2) 半液体摩擦，边界摩擦和流体摩擦的混合状态。此时变形金属和工具之间有一层润滑剂，但又没有完全把两表面分开。当金属和工具之间有相对运动时，会发生“凸峰”和“凹坑”之间的相互咬合。

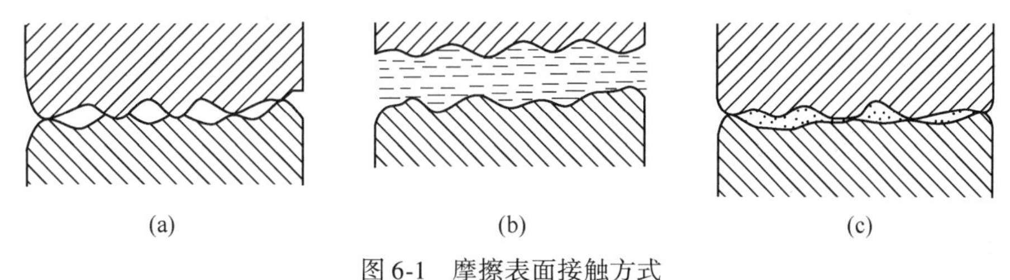

图 6-1　摩擦表面接触方式
(a) 干摩擦；(b) 液体摩擦；(c) 边界摩擦

模块 6.2　压力加工中外摩擦的影响

在金属压力加工过程中，外摩擦既有有害的影响，又有有益的作用。

6.2.1　外摩擦的有害影响

6.2.1.1　提高金属的变形抗力

若工具和金属接触面上无摩擦，则工具对金属的作用力将全部消耗在金属的变形上，这是最为理想的情况。但实际上接触面上存在外摩擦，它会使工具对金属的作用力或多或少消耗在外摩擦上。因此，在金属变形相同的情况下，有外摩擦时工具对工件的作用力要更大，并且外摩擦造成变形不均匀，产生附加应力，也会消耗部分作用力。所以，外摩擦提高了金属的变形抗力。

6.2.1.2　降低工具（如轧辊）使用寿命

外摩擦降低工具寿命的原因在于：一是外摩擦提高金属变形抗力，要使金属发生塑性变形，工具必须施加更大的作用力，这必然增大金属对工具的作用力（作用力和反作用力），从而增大工具中的应力；二是外摩擦使工具磨损的同时，产生摩擦热，提高工具表面温度，降低工具表面的强度和硬度，进一步增大了工具的磨损。

6.2.1.3　降低加工产品的质量

外摩擦增大工具磨损，使工具表面粗糙，降低产品表面质量。同时，外摩擦使工件内的变形不均匀分布，导致组织也不均匀，从而产生力学性能的不均匀，降低产品内部质量。

6.2.2　外摩擦的有益作用

实际生产中，外摩擦并不总是有害的，有时可以加以利用，变害为利。

轧制是依靠旋转的轧辊和轧件之间产生的摩擦力，将轧件拖入辊缝进行压缩变形的。没有摩擦力，轧件不能被咬入辊缝，轧制不可能建立。有时，为了保证轧制顺利进行，还人为地增大摩擦力。比如，对初轧机的轧辊进行人工刻痕和堆焊，以增大摩擦系数，从而增大摩擦力。此外，在冲压时增大冲头与板料之间的摩擦可加大变形量，减少因缩颈造成的废品；在连续挤压机上则完全靠挤压轮和坯料之间产生的摩擦力作为挤压力，使金属变形；在滑动式多模拉线机上也是靠拉拔卷筒和线材之间产生的摩擦力作为拉拔力的。

总之，在金属压力加工中，外摩擦既有有害影响，又有有益作用，但有害影响是主要的。这也就是为什么在压力加工中必须考虑工艺润滑，以减小外摩擦的原因。

模块6.3　影响接触面摩擦系数的因素

金属和工具接触面上的摩擦系数直接影响着外摩擦的大小，因此很有必要了解影响摩擦系数的因素。生产实际证明，影响变形金属和工具之间接触面的摩擦系数的因素很多，也很复杂。目前用于测定金属压力加工过程中摩擦系数的方法有夹钳轧制法、圆环镦粗法、分段拉模法、挤压法等。本模块就主要影响因素做简单的定性说明。

6.3.1　工具表面状态和性能的影响

表面光洁的工具，表面凹凸不平的程度轻，机械咬合效应弱，因而摩擦系数小。工具使用一段时间后，表面变得粗糙，摩擦系数增大。因此，压力加工设备上的工具应定期更换修磨。

工具表面粗糙程度在各个方向不同时，则各个方向的摩擦系数不同，例如，轧辊的车磨修理是在轧辊旋转条件下进行的，轧辊表面总存在着环向刀痕（见图3-5），它使纵向的摩擦系数小于横向的摩擦系数。实践也证明，沿加工方向的摩擦系数比垂直加工方向的摩擦系数约小 20%。

工具的强度、硬度越大，耐磨性越好，摩擦系数越小，例如，铸铁轧辊就比钢轧辊摩擦系数小。

6.3.2　金属种类和化学成分的影响

金属的种类和化学成分对摩擦系数影响很大。由于金属表面的硬度、强度、吸附性、扩散能力、导热性、氧化膜的性质及金属之间的相互结合力等都与化学成分有关，因此不同种类的金属，摩擦系数不同。黏附性较大的金属（如铅、铝、锌）通常有较大的摩擦系数。金属材料的强度、硬度越高，摩擦系数就越小，因而凡是能提高材料硬度、强度的合金元素都能使摩擦系数减小。对于黑色金属，增加含碳量，金属强度、硬度增加，摩擦系数有所降低。

6.3.3　变形温度的影响

因为温度变化时，工具和金属的强度、硬度以及表面氧化皮的结构和性能都会发生变化，尤其是氧化皮的结构和性能变化，所以温度对摩擦系数的影响很复杂。不过一般认为，低温时摩擦系数随温度的升高而增加，达到最大值以后又随温度升高而减小。这是因为温度较低时，氧化膜黏附在金属表面上，质地又较硬，所以摩擦系数小。随着温度升高，氧化膜增厚，并且变得疏松，因而摩擦系数增大。当温度继续升高，氧化皮会变软或脱离金属表面，在金属与工具之间形成一层隔离层，起润滑作用，所以摩擦系数减小。

图 6-2 所示为轧制含碳量为 0.5% ~0.8% 的碳钢时温度对摩擦系数的影响。显然，摩擦系数随温度的变化是符合上述分析的。许多资料提到，在正常热轧条件下，高碳钢的摩擦系数比低碳钢的大，而合金钢的摩擦系数又比碳素钢的大。生产实践也证明了这点。对碳素钢来说，可能是随钢中含碳量增加，高温下钢的脱碳倾向增大，使钢表面变得粗糙，使摩擦系数增加，而对于合金钢来说，可能是合金元素提高了氧化膜的稳定性，使合金钢氧化膜变软的温度高于碳素钢氧化膜。

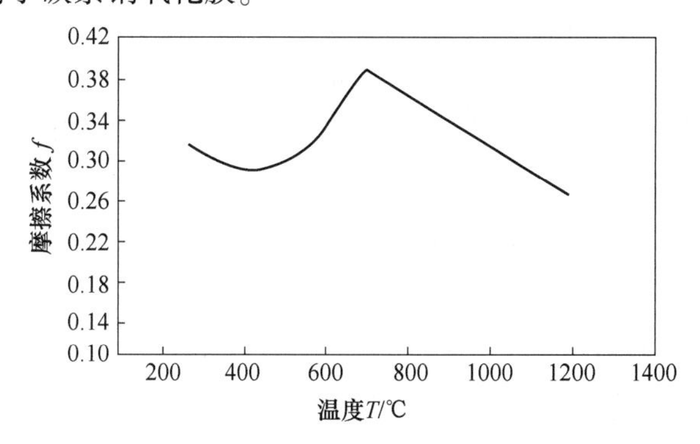

图 6-2　轧制碳钢时摩擦系数与轧制温度的关系

6.3.4　变形速度的影响

许多实验结果表明：摩擦系数随变形速度的增加而有所降低，这是因为变形速度增加，工具和金属接触面上的凹坑、凸牙来不及嵌入、咬合，使摩擦系数减小，另一方面变形速度增加，可使带入变形区的润滑油量增多，油膜的厚度增加并稳定地保持在接触面上。例如，锻锤上镦粗的变形速度大于压力机上的变形速度，前者的摩擦系数比后者小20%～25%；在使用液体润滑剂冷轧时，摩擦系数随轧制速度的增加也有所降低（见图6-3）。轧制生产中采用的“低速咬入、高速轧制”的方法就是对这一规律的合理利用。但应注意，在高速轧制时，摩擦系数会略有增大，这可能是温度效应明显，油的黏度降低，在高压作用下容易被挤走的缘故。

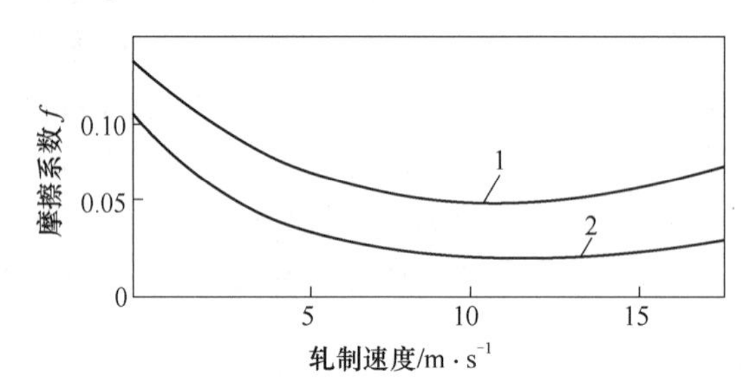

图 6-3　摩擦系数与轧制速度的关系曲线

1，2—分别用矿物油乳化液和棕榈油乳化液润滑

6.3.5　压下率的影响

热轧实验表明，随压下率增加摩擦系数增大，可能是因为加强了接触表面上凸牙和凹坑彼此咬合程度，使实际接触面增大所致。

润滑冷轧时，若轧件表面光滑，随压下率增加摩擦系数增大，这主要是润滑油被挤走，油膜厚度减小所致；若轧件表面粗糙，随压下率增加摩擦系数减小，这可能是存留在凹坑中的润滑油量增多，在大压下率下被挤出而改善了润滑。

6.3.6　润滑剂种类的影响

使用润滑剂可显著减小摩擦系数，但不同的润滑剂减小摩擦系数的效果不相同。表6-1和表6-2为不同加工条件下各种润滑剂对摩擦系数的影响。

表 6-1　用钢板塑压铜铝

润滑剂	摩擦系数 f		润滑剂	摩擦系数 f	
	铝	铜		铝	铜
不用润滑剂	0.40	0.36	C 号机油	0.07	0.12
工业用煤油	0.30	0.26	9 号重油	0.04	0.11
水	0.14	0.19	钠皂沫	0.03	
变压器油	0.14	0.15	油酸	0.04	0.06
纯凡士林油	0.09	0.15			

表 6-2 各种润滑剂的摩擦系数

润滑剂种类	摩擦系数 f	润滑剂种类	摩擦系数 f
干燥轧辊	0.194 ~ 0.231	棕榈油	0.058 ~ 0.060
变压器油	0.101 ~ 0.107	蓖麻油	0.040 ~ 0.045
20 号机械油	0.082 ~ 0.094	2 号聚合棉籽油	0.046 ~ 0.048
11 号饱和气缸油	0.067 ~ 0.069	3 号聚合棉籽油	0.039 ~ 0.040
24 号饱和汽缸油	0.052 ~ 0.056	4 号聚合棉籽油	0.034 ~ 0.036
52 号过热汽缸油	0.047 ~ 0.050	5 号聚合棉籽油	0.033 ~ 0.035
棉籽油	0.066 ~ 0.069	5% 矿物油的乳化液	0.065 ~ 0.081
氢化葵籽油	0.058 ~ 0.062		

6.3.7 单位压力的影响

接触面上单位压力较小时，摩擦系数为常数，与正压力无关，此时摩擦力符合库仑定律。当单位压力增加到一定数值后，要么润滑剂被挤走，要么金属表面氧化膜被破坏，使摩擦系数增大。当摩擦系数增大至一定程度后又趋于稳定。

模块 6.4 金属压力加工中的工艺润滑

润滑是减轻外摩擦在压力加工中有害影响的有效措施。由于压力加工中外摩擦的特点，决定了其润滑不同于机械传动中的润滑。机械传动中的润滑是指运动部件之间的润滑，而压力加工中的润滑是指变形金属和工具之间的润滑，它是生产工艺要素的一部分，故称工艺润滑。

6.4.1 工艺润滑的目的

6.4.1.1 降低金属的变形抗力和能量消耗

有效的润滑可以减少或消除金属和工具的直接接触，使接触表面间的滑动在润滑层中进行，从而减小外摩擦和由外摩擦引起的附加变形抗力，金属变形的力能消耗也随之降低。例如，轧制的工艺润滑既可减小外摩擦，改善变形条件，又可增加道次压下量，提高轧制速度；板材冷轧工艺润滑能显著降低轧制压力，减小轧辊压扁和轧辊磨损，轧出更薄的产品。

6.4.1.2 提高产品质量

影响产品质量的因素有：(1) 当金属与工具直接接触时会产生磨损，导致产品表面出现划伤、异物压入和尺寸超差等缺陷；(2) 外摩擦对金属表层和内部质点流动的阻碍作用的显著差异，会导致各部分的变形明显不同；(3) 金属内部质点转移到接触面上，增大接触面积，使接触压力增大，会导致金属在接触面上产生滑动；(4) 金属黏附工具的现象明显，在轧钢生产中不锈钢的黏附趋势就很明显，许多有色金属及其合金也容易黏附轧辊。

有效的工艺润滑，可以起到“防黏降磨”的作用，提高产品的表面和内在质量。

6.4.1.3 减轻工具磨损，延长工具寿命

工艺润滑在减小金属变形抗力的同时，也减小工具受到的作用力，进而降低工件内部的应力，并且工艺润滑能带走压力加工中产生的热量，对工具能起到冷却降温的作用，保证工具具有足够的强度和硬度，减少工具的磨损。

6.4.2 对工艺润滑剂的要求

对工艺润滑剂的要求包括：

（1）在金属和工具表面有较强的黏附能力，保证形成强度较大、较完整的润滑膜，减小金属和工具表面的摩擦系数和摩擦力。

（2）要求有适当的黏度，既要保证有一定的润滑层厚度和较小的流动阻力，又要便于喷涂到金属和工具上，并保证清理方便。

（3）要求成分和性质稳定，保证润滑效果，避免腐蚀金属和工具。

（4）要求有适当的闪点和燃点，避免在压力加工过程中过快地挥发和烧掉，减少或失去润滑效果，并保证安全生产。

（5）要求有较好的冷却效果，以便对工具起到冷却调控作用。

（6）要求润滑剂及其生成物无毒、无害，不污染环境。杂质或残留物要符合标准，保证产品表面不出现斑迹。

（7）要求资源丰富，价格低廉。

6.4.3 工艺润滑剂的种类

金属压力加工方法较多，且根据变形金属的温度，有冷加工、温加工和热加工之分，因此压力加工中使用的工艺润滑剂种类较多。工艺润滑剂按其形态可分为：液体润滑剂、固体润滑剂、液固润滑剂和熔体润滑剂。其中液体润滑剂应用最为广泛。

6.4.3.1 液体润滑剂

液体润滑剂通常可分为纯油型和水油型两类。

A 纯油型（矿物油、动植物油和合成油脂）

矿物油是从石油中提炼出来的，化学性质稳定，不与金属发生反应，其种类多，价格低，应用广。常用作润滑剂的矿物油有：变压器油、12号机油、20号机油、气缸油、轧机油等。但由于矿物油的分子无极性，难于在金属表面形成牢固的润滑层，抗压性能较差，故矿物油润滑性能较动植物油差，一般不单独使用，而更多的是以矿物油为基础油，再加一定数量的添加剂混合使用。

动植物油和矿物油在组成上最大的区别，就是动植物油中含有天然脂肪酸。脂肪酸是一种表面活性物质，其分子有极性，可增强抗压性能，提高润滑能力，因此动植物油的润滑性能比矿物油更好，但其化学稳定性不如矿物油，易变质，且来源有限，价格也高。动植物油常常添加到矿物油中混合使用。

合成油脂包括合成脂肪酸和合成脂肪酸酯。目前各国都在大力研究这类油以代替天然动植物油。合成脂肪酸有很好的润滑作用，但有腐蚀性，不宜作为工艺润滑剂，故更多使

用合成脂肪酸酯。

纯油型润滑剂除以纯油方式使用外，还可加入少量的抗压剂、防腐剂、洗涤剂、抗氧化剂等添加剂来使用。压力加工时，应根据不同的加工条件来选择不同黏度的润滑油。通常，坯料厚、变形大、变形速度低的加工工艺，应选择黏度较大的润滑油；反之，选择黏度较小的润滑油。

B　水油型（乳化液）

动植物油和含添加剂的矿物油有优良的润滑性能，但热容小，冷却性能差；相反水热容大，冷却性能好，但润滑性能不如油类。在变形热大、温度效应明显的压力加工过程中，尤其是在高速轧制和高速拉拔时，为了保证良好的润滑效果和及时冷却工具，往往采用水油型润滑剂。

一般来说，水和油是不能均匀混合的两种液体，但通过乳化剂的乳化作用，可将一种液体以非常细小的液滴形式分散到另一种液体中，形成水油组成的足够稳定的系统，即乳化液。

常见的乳化液有两类：水包油型和油包水型，金属压力加工中多使用水包油型。乳化液通常由水、基础油、乳化剂和添加剂组成，其中水起冷却和载油作用，基础油多为矿物油，起润滑作用，乳化剂（如皂类）起乳化作用，添加剂可改善润滑性能。

热轧钢板生产中不使用润滑剂，但使用冷却水来降低轧辊温度。冷却水可以起到一定的润滑作用，这是因为一方面冷却水降低轧辊温度，使轧辊表面硬度降低缓慢，减小磨损，另一方面冷却水清洁轧辊表面，提高了产品质量。

通常，生产较厚的冷轧板带材的低速轧机，对工艺润滑要求低，可采用添加少量动植物油和添加剂的矿物油；生产很薄冷轧带材的高速轧机，对工艺润滑要求较高，常用棕榈油或其他代用品（如乳化液）；生产较薄冷轧带材的低速轧机，对工艺润滑的要求介于前两者之间，可采用矿物油和动植物油混合的润滑剂。

铝、铜及其合金板带材的热轧和冷轧常使用组分大体相同的乳化液作为工艺润滑剂，其组分大致为80%～85%的机油或变压器油、10%～15%的油酸和5%左右的三乙醇胺配成乳膏，再与90%～97%的水搅拌成乳化液使用。

6.4.3.2　固体润滑剂

在金属压力加工中经常采用的固体润滑剂有石墨、二硫化钼、皂类等。

石墨和二硫化钼属于六方晶系结构（见图6-4），同层的原子间距比层与层之间的原子间距要小得多，所以同层原子的结合力比层与层的结合力要大。当晶格受到切应力作用时，就容易产生层间滑移。所以用它们作润滑剂时，金属与工具接触面上的摩擦实质上是润滑剂层与层之间的内摩擦，并且这种内摩擦力比金属与工具直接接触的摩擦力要小得多，从而起到润滑作用。固体润滑剂在使用过程中仍为固态，不像液体润滑剂一样在高压作用下容易被挤走，因此它们具有优良的耐压性能。石墨和二硫化钼室温和低温化学稳定性好，高于500 ℃氧化分解迅速。

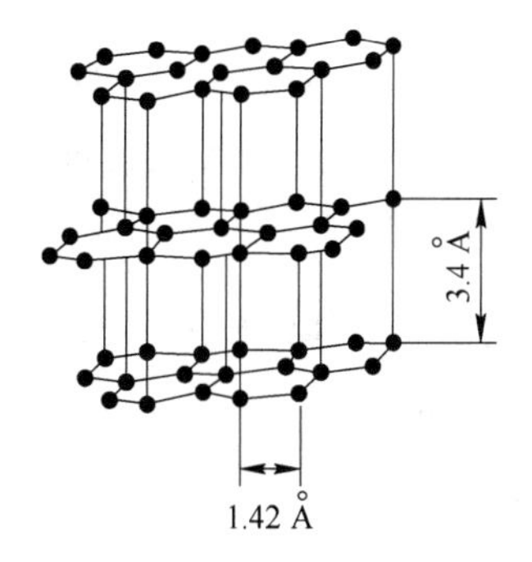

图6-4　石墨的晶体结构
（1 Å=0.1 nm）

石墨和二硫化钼被广泛用于高强度和中低温条件下的加工过程，如挤压、锻造和轧管时芯棒的润滑。固体润滑剂使用时，可以单独使用，也可以和水或润滑油混合制成悬浮液或糊膏状使用。

6.4.3.3　液固润滑剂

液体润滑剂中加入适当的固体物粉末（如石墨、云母、滑石等），可以增进润滑效果。这种液体中加入固体粉末的润滑剂称为液固润滑剂。

油类加入上述固体粉末，能在接触面上形成一层结实的润滑膜或化合物以防止被挤走，同时，这些固体粉末又可吸收润滑油，在单位压力很大时分泌出润滑油，提高润滑效果。

在热拉钨丝或钼丝时，使用石墨水中加防止石墨沉淀的悬浮剂的混合液体作润滑剂。将它涂覆在丝材表面，待丝材加热进入模孔前，因水分蒸发而在丝材表面留下一层均匀的石墨，它可以承受很高的压力。热挤压时，用含煤油、石墨的矿物油来润滑各种挤压工具。由于挤压筒、穿孔针温度很高，涂覆的润滑剂中的挥发物质和水分很快被烧掉，在挤压工具上留下一层粉状石墨，它能承受高温、高压而不会被破坏。

6.4.3.4　熔体润滑剂

在金属压力加工中使用的熔体润滑剂有玻璃、沥青、石蜡等，其中最为常用的是玻璃。

玻璃为非晶体，没有固定的熔点。随温度的升高，固态玻璃逐渐变软呈黏性状态，最终转变为液态。当高温变形时，玻璃呈软态或液态包裹在金属上，避免金属和工具直接接触，使摩擦发生在玻璃内部，因而起润滑作用。同时玻璃导热性差，可防止金属降温迅速，起到保温作用，也可避免工具过热。玻璃化学稳定性好，使用温度范围广，从450～2200 ℃都可选用玻璃作润滑剂。但玻璃的最大缺点是，金属变形后，玻璃会牢牢地附着在金属表面，不易清理。

在加工某些高熔点、高强度、易黏附工具、易受空气污染的金属（如钨、钼、钛、钽、铌、锆）时，以及在热挤压钢时，应选用玻璃作润滑剂。玻璃使用时，可以以粉状、薄片状或网状单独使用，也可以与其他润滑剂混合使用。

模块6.5　轧制摩擦系数的计算

本项目模块6.3定性地讨论了金属压力加工中影响摩擦系数的因素。影响摩擦系数的因素很多、很复杂，难于定量地计算出各种因素对摩擦系数的影响。目前，钢材轧制时的摩擦系数是用经验公式来计算的。

6.5.1　计算热轧摩擦系数的经验公式

艾克隆德根据影响摩擦系数的主要因素，提出了一个计算热轧摩擦系数 f 的经验公式：

$$f = K_1 K_2 K_3 (1.05 - 0.0005t) \tag{6-1}$$

式中　K_1——轧辊材质影响系数，钢轧辊取1.0，铸铁轧辊取0.8；

K_2——轧制速度影响系数，可根据图 6-5 确定；
K_3——轧件材质影响系数，可在表 6-3 中选取；
t——轧制温度，在 700～1200 ℃适用。

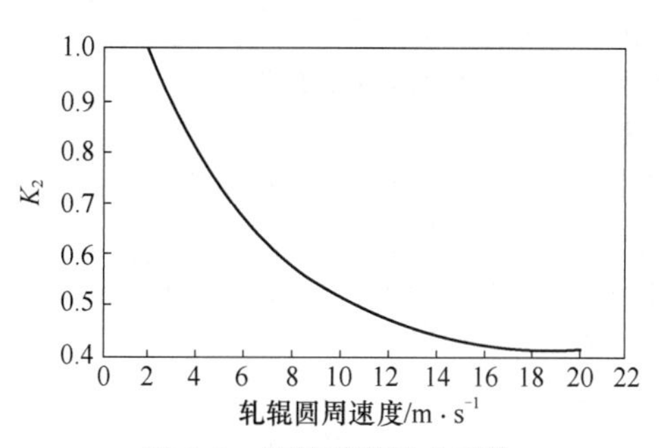

图 6-5　轧制速度影响系数

表 6-3　轧件材质的影响系数 K_3

钢种	钢号	K_3
碳素钢	20～70，T7～T10	1.0
莱氏体钢	W18Cr4V，W9Cr4V2，Cr12，Cr12MoV	1.1
珠光体-马氏体钢	4Cr9Si2，5CrMnMo，5CrNiMo，3Cr13，CrMoMn，3Cr2W8	1.3
奥氏体钢	0Cr18Ni9，4Cr14NiW2Mo	1.4
含铁素体和莱氏体的奥氏体钢	1Cr18Ni9Ti，Cr23Ni13	1.47
铁素体钢	Cr25，Cr25Ti，Cr17，Cr28	1.55
含碳化物的奥氏体钢	Mn12	1.8

6.5.2　计算冷轧摩擦系数的经验公式

计算冷轧时摩擦系数的方法很多，根据轧制生产的实际效果，采用下式计算较多：

$$f = K\left[0.07 - \frac{0.1v^2}{2(1 + v) + 3v^2}\right] \tag{6-2}$$

式中　K——润滑剂种类和性质的影响系数，见表 6-4；
v——轧制速度，不限制。

表 6-4　润滑剂种类对摩擦系数的影响

润滑条件	K
干摩擦轧制	1.55
机油润滑	1.35
纱锭油润滑	1.25
煤油乳化液润滑（含 10%）	1.00
棉籽油、棕榈油或蓖麻油润滑	0.90

习　题

6-1　金属压力加工中的外摩擦有何特点？

6-2　外摩擦可分为哪几类，哪类摩擦是压力加工中最理想的？

6-3　外摩擦对压力加工的有害影响是什么？

6-4　压力加工中有哪些因素影响工具和工件接触面上摩擦系数？

6-5　试分析变形温度和变形速度如何影响摩擦系数？

6-6　简要说明压力加工中工艺润滑的目的是什么，常用的工艺润滑剂有哪几类？

6-7　乳化液由哪几种组分组成，各组分的作用是什么？

6-8　轧制生产中如何合理利用外摩擦？

6-9　压力加工中常用的固体润滑剂和液体润滑剂各有哪些，石墨和二硫化钼如何起润滑作用？

6-10　某四辊冷轧机 $\phi1500/420$ mm×2250 mm，采用支撑辊传动，轧辊转速为 23 r/min，用机油润滑轧制，计算该轧制时的摩擦系数。

项目 7　轧制的基本问题

在绪论中，我们已经知道轧制有三种方式：纵轧、横轧和斜轧，其中纵轧应用最为广泛。纵轧所用轧辊有两种：平面轧辊和孔型轧辊。平面轧辊用于轧制板带箔材；而孔型轧辊用于轧制型材、棒线材等。轧制的基本问题是以纵轧为基础讨论的。

模块 7.1　简单轧制和非简单轧制

所谓纵轧就是依靠轧辊和轧件之间产生的摩擦力，将轧件拖入两个相互平行、旋转方向相反的轧辊之间，进行压缩而产生塑性变形的过程。图 7-1 所示为纵轧生产矩形断面轧件的示意图。

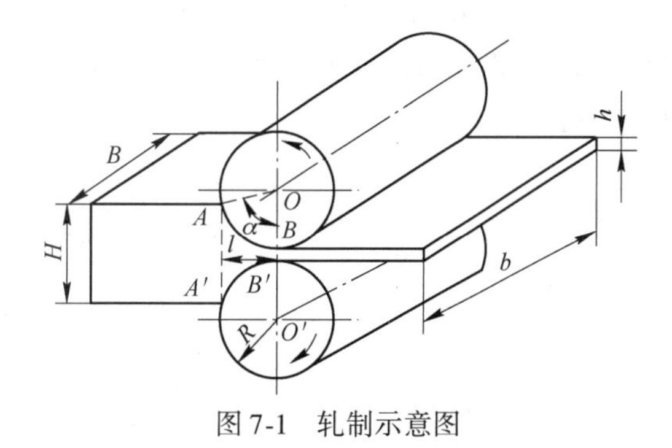

图 7-1　轧制示意图

纵轧时，轧件高度（即厚度）方向上被压缩的金属，向纵向和横向两个方向流动（纵向指轧件的运动方向，横向指和纵向垂直的水平方向）。向纵向流动的金属使轧件长度增加，产生延伸；向横向流动的金属使轧件宽度增加，形成宽展。一般来说，延伸总是大于宽展，因此轧制也称压延。

7.1.1　简单轧制

实际生产中的纵轧很复杂，轧制就更为复杂了。为方便学习和研究轧制理论，在纵轧的基础上提出了“简单轧制”的概念。简单轧制应满足以下条件：

（1）对轧辊的要求。两轧辊为直径相同的平面轧辊，其轴线平行，在同一垂直面上；两轧辊由电机直接传动，其转速相同，旋转方向相反；两轧辊为刚性，忽略轧制时轧辊的弹性变形。

（2）对轧件的要求。轧制前后轧件的断面均为矩形，轧件变形均匀，性能也均匀。

（3）对轧制的要求。轧制过程中，轧件只受来自轧辊的压力和摩擦力的作用，轧件进、出辊缝的速度均匀。

7.1.2　非简单轧制

凡不满足简单轧制条件的轧制，都是非简单轧制。实际生产中的轧制均不满足简单轧制的条件，都是非简单轧制，如：

(1) 加热条件的限制所引起的轧件温度不均匀或受孔型形状的影响，导致变形沿轧件断面高度或宽度上不均匀。

(2) 轧辊各处磨损不均匀或上下轧辊直径不相等，使轧件中金属质点沿断面高度或宽度运动速度不等。

(3) 轧制正压力和摩擦力沿接触弧长度上分布不均匀。

实际生产中，还存在许多非简单轧制的情况：

(1) 单辊传动的轧机，如单辊传动的平整轧机，叠轧薄板轧机。

(2) 轧件受张力作用的连续式轧机。

(3) 轧制速度在一个道次中变化的轧机，如可调速的初轧机。

(4) 上下两轧辊直径不相等的轧机，如三辊劳特式轧机。

(5) 在非矩形断面孔型中的轧制，如在椭圆、菱形孔型中的轧制。

总之，简单轧制是一种理想化的纵轧模型，它的提出是为了了解轧制的基本现象，建立轧制的基本概念和条件，方便学习和研究轧制理论。我们在了解简单轧制问题的基础上，再对复杂的非简单轧制问题进行探讨。

模块 7.2　轧制变形区的主要参数

7.2.1　变形区的概念

轧件在轧辊压缩作用下发生塑性变形的区域称为变形区。为了方便研究轧制问题，在简单轧制中，将轧制变形区定义为从轧件进入辊缝的垂直平面到轧件离开辊缝的垂直平面所围成的区域 $ABB'A'$，如图 7-2 所示，该区域又称几何变形区。在图 7-2 的俯视图中轧制变形区可视作梯形。

应当注意：实际轧制中，轧件不仅在几何变形区中变形，在其之外的一定范围也会发生变形。

7.2.2　变形区主要参数

7.2.2.1　接触弧和压下量

在图 7-2 的简单轧制中，稳定轧制时，轧辊与轧件接触的圆弧 AB，称为接触弧（或咬入弧）。轧制前轧件厚度 H 与轧制后轧件厚度 h 之差，称绝对压下量，简称压下量 Δh，有：$\Delta h = H - h$。

7.2.2.2　接触弧弦长和变形区长度

在图 7-2 中，接触弧 AB 对应的直线 AB，称接触弧弦长 l。根据 $\triangle ABC$ 和 $\triangle EAB$ 两直角三角形相似的几何关系，可以求得接触弧弦长 l 为：

$$l = \sqrt{\Delta h R} \tag{7-1}$$

式中　R——轧辊半径。

接触弧的水平投影（l_x）称变形区长度，它是轧制理论和计算中频繁使用的一个重要概念。根据直角三角形 ABC 的几何关系，可以求得变形区长度 l_x 为：

$$l_x = \sqrt{\Delta h R - \frac{\Delta h^2}{4}} \tag{7-2}$$

若忽略$\frac{\Delta h^2}{4}$，则变形区长度 l_x 等于接触弧弦长 l，为：

$$l_x = l = \sqrt{\Delta h R} \tag{7-3}$$

在实际生产计算中，认为变形区长度就是接触弧弦长。从式（7-3）可知，变形区长度随压下量和轧辊半径的增大而增大。

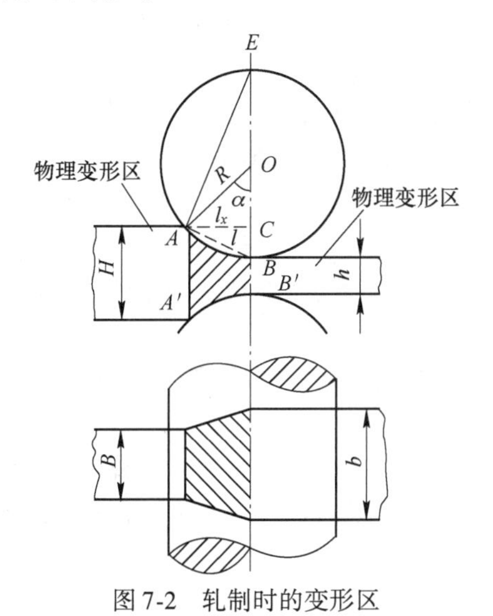

图 7-2　轧制时的变形区

7.2.2.3　咬入角（α）、最大咬入角（α_{max}）

咬入是指在轧辊摩擦力的作用下，轧件被拖入辊缝中的现象。

在图 7-2 中，稳定轧制时接触弧 AB 对应的圆心角，称咬入角 α。生产中，一定厚度的轧件在一定轧制条件下，总存在一个最大咬入角 α_{max}。实际咬入角必须小于最大咬入角，轧件才能被咬入到辊缝中，实现轧制。

7.2.2.4　咬入角（α）、轧辊半径（R）和压下量（Δh）三者的关系

（1）精确关系。根据图 7-2 中直角三角形 OAC 的几何关系，可得：

$$\cos\alpha = \frac{OC}{OA} = \frac{OB - BC}{OA} = \frac{R - \frac{\Delta h}{2}}{R} = 1 - \frac{\Delta h}{2R}$$

$$\Delta h = 2R(1 - \cos\alpha) = D(1 - \cos\alpha) \tag{7-4}$$

式中　D——轧辊直径（或称轧辊工作直径）。

若咬入角等于最大咬入角，则压下量为最大压下量，式（7-4）变为：

$$\Delta h_{max} = D(1 - \cos\alpha_{max}) \tag{7-5}$$

（2）近似关系。当咬入角不大时，可认为接触弧近似等于它所对应的弦长，有：

$$R\alpha = \sqrt{\Delta h R} \quad 或 \quad \alpha \approx \sqrt{\frac{\Delta h}{R}}\pi \quad 或 \quad \alpha \approx 57.29\sqrt{\frac{\Delta h}{R}} \tag{7-6}$$

实际生产中，通常 $\alpha<30°$。此时，用精确公式和近似公式计算的咬入角差别很小，因此生产中往往用近似公式简化计算咬入角。

7.2.3　轧制的 3 个阶段

从轧件前端与轧辊接触开始进入辊缝到轧件后端离开辊缝被甩出为止，这一过程是一个完整的轧制过程。一个完整的轧制过程可分为以下 3 个阶段。

（1）咬入阶段。该阶段是从轧件前端与轧辊接触开始到轧件前端到达变形区出口断面为止。在咬入阶段，变形区参数、轧辊与轧件的接触面积、轧辊对轧件的作用力、轧件的变形均是变化的、不稳定的，故咬入阶段是不稳定轧制阶段。

（2）稳定轧制阶段。该阶段是从轧件前端离开变形区出口断面开始到轧件后端进入变形区入口断面为止。在此阶段，变形区参数、轧辊与轧件的接触面积、轧辊对轧件的作用力、轧件的变形都是稳定的，故称为稳定轧制阶段。

（3）甩出阶段。该阶段是从轧件后端进入变形区入口断面开始到轧件后端离开变形区出口断面为止。此阶段类似于咬入阶段，只是其各种因素的变化趋势和咬入阶段相反。

在轧制原理中，主要研究分析的是咬入阶段和稳定轧制阶段。这在下一项目进行讨论。

模块 7.3　轧制变形的表示方法

简单轧制中，矩形断面轧件在高度方向上的尺寸减小，在宽度和长度方向上尺寸增大。通常认为这三个变形方向和主轴方向一致，即这 3 个变形是主变形。

7.3.1　绝对变形量

用轧制前、后轧件绝对尺寸之差表示的变形量称为绝对变形量，它有 3 个：

$$\left.\begin{array}{ll}\text{绝对压下量（简称压下量）：} & \Delta h = H - h \\ \text{绝对宽展量（简称宽展）：} & \Delta b = b - B \\ \text{绝对延伸量（简称延伸）：} & \Delta l = l - L\end{array}\right\} \tag{7-7}$$

式中　H，B，L——轧制前矩形轧件的厚度、宽度、长度；

　　h，b，l——轧制后矩形轧件的厚度、宽度、长度。

绝对变形量计算简单，可直观地反映轧制前后轧件尺寸的变化，在生产中压下量和宽展应用广泛。但绝对变形量不能正确反映轧制前后轧件的变形程度。

7.3.2　相对变形量

相对变形量能正确地反映轧制的变形程度，是衡量变形程度大小的参数，它有两种表示方法。

7.3.2.1　一般相对变形量

一般相对变形量用绝对变形量与轧件轧前尺寸（或轧后尺寸）之比值来表示，有 3 个：

$$\left.\begin{array}{ll}\text{相对压下量：} & \varepsilon_{\mathrm{h}}=\dfrac{\Delta h}{H}\text{或}\dfrac{\Delta h}{h}\\ \text{相对宽展：} & \varepsilon_{\mathrm{b}}=\dfrac{\Delta b}{B}\text{或}\dfrac{\Delta b}{b}\\ \text{相对延伸量：} & \varepsilon_{\mathrm{l}}=\dfrac{\Delta l}{L}\text{或}\dfrac{\Delta l}{l}\end{array}\right\}\tag{7-8}$$

一般相对变形量中以相对压下量最为常用。但一般相对变形量是在轧制过程中一段时间内实现的，不能反映某一瞬间轧件的真实变形程度。

7.3.2.2　对数相对变形量

对数相对变形量有 3 个：

$$\left.\begin{array}{ll}\text{相对压下量：} & e_{\mathrm{h}}=\displaystyle\int_H^h\frac{\mathrm{d}h_x}{h_x}=\ln\frac{h}{H}\\ \text{相对宽展：} & e_{\mathrm{b}}=\displaystyle\int_B^b\frac{\mathrm{d}b_x}{b_x}=\ln\frac{b}{B}\\ \text{相对延伸：} & e_{\mathrm{l}}=\displaystyle\int_L^l\frac{\mathrm{d}l_x}{l_x}=\ln\frac{l}{L}\end{array}\right\}\tag{7-9}$$

对数相对变形量能正确反映某一瞬间轧件的真实变形程度，又称真变形。但生产中多采用一般相对变形量来表示变形程度，而较少使用对数相对变形量。只有在要求精度较高的计算中，才使用真变形。

7.3.3　变形系数

轧制前后轧件相应尺寸的比值，称变形系数。变形系数有 3 个：轧件厚度方向上的变形系数，称压下系数 η，即 $\eta=\dfrac{H}{h}$；轧件宽度方向上的变形系数，称宽展系数 β，即 $\beta=\dfrac{b}{B}$；轧件长度方向上的变形系数，称延伸系数 μ，即 $\mu=\dfrac{l}{L}$。

根据塑性变形的体积不变定律，有：

$$\frac{HBL}{hbl}=1\quad\text{或}\quad\frac{H}{h}=\frac{b}{B}\times\frac{l}{L}\quad\text{或}\quad\eta=\omega\times\mu\tag{7-10}$$

式（7-10）表明压下系数等于宽展系数与延伸系数的乘积，进一步表明轧制时厚度方向压下的金属体积形成了宽展和延伸。

以上 3 个变形系数也能简单、正确地反映轧制变形程度的大小，其中延伸系数 μ 又能表示为 $\dfrac{l}{L}=\dfrac{BH}{bh}=\dfrac{F_0}{F}$（$F_0$、$F$ 分别为轧制前后轧件的断面积），因此它在轧制中应用广泛。

7.3.4　总延伸系数、道次延伸系数和平均延伸系数

轧制生产中，从坯料轧制到成品要进行若干道次（如 n 道次）的轧制。每一道次的延伸系数称道次延伸系数，表示为 μ_1、μ_2、…、μ_n；全部道次（n 道次）延伸系数累积起来得到的延伸系数称为总延伸系数 μ_Σ。

设各道次轧制前轧件断面积为 F_0、F_1、…、F_{n-1}；各道次轧制后轧件断面积为 F_1、

F_2、…、F_n。各道次轧制前轧件断面积又可表示为：$F_0=\mu_1 F_1$、$F_1=\mu_2 F_2$、…、$F_{n-1}=\mu_n F_n$，故有：$F_0=\mu_1\mu_2\cdots\mu_n F_n$，变换后得：

$$\frac{F_0}{F_n}=\mu_1\mu_2\cdots\mu_n=\mu_\Sigma \tag{7-11}$$

式（7-11）表明：总延伸系数 μ_Σ 等于各道次延伸系数的乘积。

平均延伸系数 $\bar{\mu}$ 是总延伸系数的几何平均值，即：

$$\bar{\mu}=\sqrt[n]{\mu_\Sigma}=\sqrt[n]{\frac{F_0}{F_n}} \tag{7-12}$$

轧制道次 n 和平均延伸系数 $\bar{\mu}$ 的关系如下：

$$(\bar{\mu})^n=\mu_\Sigma \rightarrow n\ln\bar{\mu}=\ln\mu_\Sigma \rightarrow n=\frac{\ln F_0-\ln F_n}{\ln\bar{\mu}} \tag{7-13}$$

模块7.4 工作直径、压下量和轧制速度

7.4.1 均匀压缩和非均匀压缩

轧制时沿轧件宽度方向上各处的压下量均相同，为均匀压缩。例如，在图7-3中，用平辊或在矩形断面孔型中轧制矩形断面轧件，就是均匀压缩。轧制时沿轧件宽度方向上各点的压下量不相同，为不均匀压缩。例如，在大多数孔型中轧制时，轧前轧件的断面和孔型断面不同，而轧制后轧件取得和孔型相同的断面，因此大多数孔型轧制是不均匀压缩。在图7-4(a)中，椭圆形轧件（虚线）进方形孔型中轧制，轧后轧件的断面为方形；图7-4(b)是方形轧件（虚线）进椭圆形孔型中轧制，轧后轧件的断面为椭圆形。

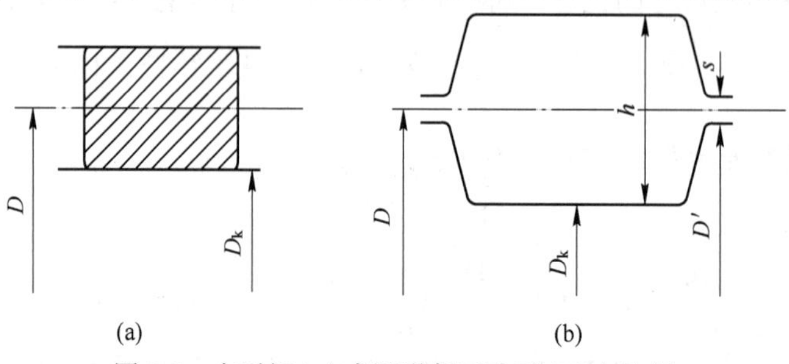

图7-3 在平辊(a)或矩形断面孔型(b)中轧制

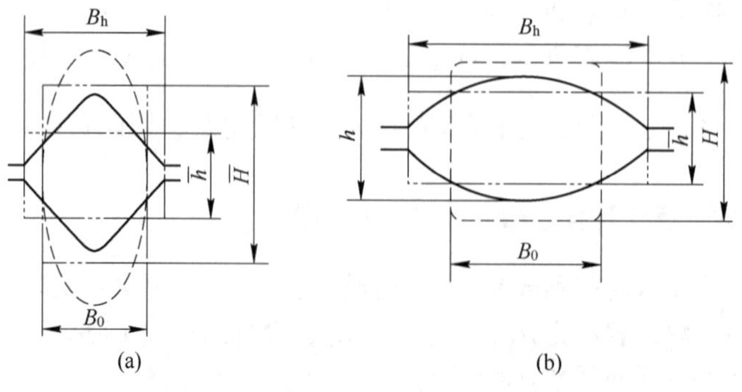

图7-4 不均匀压缩时的平均压下量

（a）椭圆轧件进方孔型；（b）方轧件进椭圆孔型

7.4.2 工作直径（D_k）和平均工作直径（$\overline{D}_k$）

在公式 $\Delta h=2R(1-\cos\alpha)=D(1-\cos\alpha)$ 中，D 为轧辊直径，实际上应为轧辊工作直径。轧辊工作直径是指轧制时轧辊和轧件接触处的直径，简称工作直径，取其一半，则为工作半径。轧辊工作直径的计算分两种情况。

7.4.2.1 平辊或矩形断面孔型中轧制

在平辊或矩形断面孔型中轧制矩形断面轧件时，沿轧件宽度方向上各点的工作直径相同（见图 7-3），工作直径按下式计算：

$$D_k = D - h \quad 或 \quad D_k = D' - (h - s) \tag{7-14}$$

式中 D_k——轧辊工作直径；

D——轧辊假想直径，即两轧辊轴心间的距离；

D'——轧辊辊环直径；

h——轧辊孔型高度；

s——轧辊辊缝值。

7.4.2.2 非矩形断面孔型中轧制

在非矩形断面孔型中轧制时，沿轧件宽度方向上各点的工作直径不相同，此时工作直径应采用平均工作直径。平均工作直径按下式计算：

$$\overline{D}_k = D - \overline{h} = D - \frac{F}{B_h} \quad 或 \quad \overline{D}_k = D' - (\overline{h} - s) = D' - \left(\frac{F}{B_h} - s\right) \tag{7-15}$$

式中 $\overline{h}$——非矩形断面孔型的平均高度；

F——非矩形断面孔型的断面积；

B_h——非矩形断面孔型的宽度。

由图 7-5 和式（7-15）可知，求非矩形断面孔型的平均高度时，是将孔型面积化为等面积同宽度的矩形，矩形的高度就是非矩形断面孔型的平均高度。

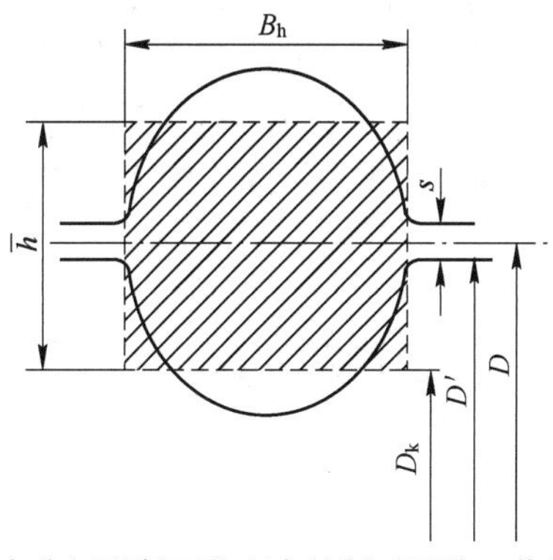

图 7-5 在非矩形断面孔型中轧制时平均工作辊径计算

7.4.3 压下量和平均压下量

平辊轧制或矩形断面孔型轧制时，因轧件轧前、轧后的断面均为矩形，为均匀压缩，轧制压下量很方便求出，即 $\Delta h=H-h$。而孔型轧制为不均匀压缩，沿宽度方向上各处压下量不同，因此孔型轧制压下量应用平均压下量表示。

孔型轧制时轧件的断面多数是非矩形，其平均厚度的求法和孔型平均高度的求法相同，即将轧件面积化为等面积同宽度的矩形，矩形的高度就是非矩形轧件的平均厚度。例如，棒材的平均厚度就是圆面积和直径的比值。轧前轧件的平均厚度（$\overline{H}$）与轧后轧件的平均厚度（$\bar{h}$）之差，称平均压下量（$\overline{\Delta h}$）。

$$\overline{\Delta h} = \overline{H} - \bar{h} = \frac{F_0}{B_0} - \frac{F}{B_h} \tag{7-16}$$

式中　F_0，B_0——轧制前非矩形断面轧件的断面积和宽度；

F，B_h——轧制后非矩形断面轧件的断面积和宽度。

7.4.4　轧制速度和平均轧制速度

轧制速度是指轧制过程中轧辊与轧件接触处的轧辊圆周线速度 v(m/s)。对于平辊轧制矩形断面轧件，由于沿宽度方向上工作直径相同，所以其轧制速度为：

$$v = \frac{n}{60}\pi D_k \tag{7-17}$$

式中　n——每分钟轧辊转数；

D_k——平面辊的工作直径，即轧辊直径。

而对于孔型轧制，由于沿宽度方向上工作直径不相同，式（7-17）应采用平均工作直径 $\overline{D}_k$ 代替，即：

$$v = \frac{n}{60}\pi \overline{D}_k \tag{7-18}$$

轧制速度越大，轧机产量越高，所以提高轧制速度是现代轧机提高生产率的主要途径之一。但是，轧制速度的提高受到电机能力、轧机设备结构及强度、机械化和自动化水平、咬入条件和坯料规格等一系列设备和工艺因素的限制。要提高轧制速度，就必须改善这些条件。轧制速度通过对加工硬化和回复、再结晶软化的影响也对轧件的性能质量产生影响。此外，轧制速度通过对接触面上摩擦的影响，还影响到轧件尺寸精度等质量指标和能耗指标。总的来说，轧制速度的提高不仅有利于产量的大幅度提高，而且对提高质量、降低成本等也有益处。目前，带钢冷连轧机的轧制速度已达 45 m/s，无扭转高速线材轧机的轧制速度已达 140 m/s。

模块 7.5　轧制过程的动力学和力学条件

7.5.1　轧制过程的运动学

根据金属塑性变形的最小阻力定律和体积不变定律，高度方向被压下的金属，会向宽度和长度方向流动。用平板压缩对称金属时，金属向四周流动的分界线应为垂直对称线，如图 7-6(a)所示。若压缩时工具平面不平行，则如图 7-6(b)所示，金属容易向阻力较小的 AB 方向流动，而难于向阻力较大的 CD 方向流动，因此金属流动的分界线偏向 CD 一侧。

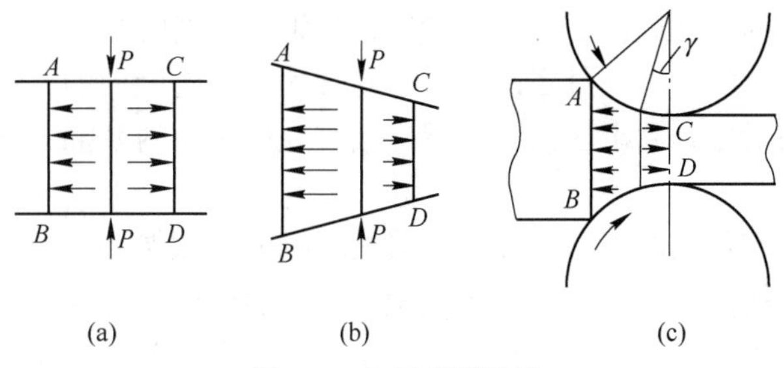

图 7-6 金属变形图示

（a）平行平板压缩；（b）不平行平板压缩；（c）轧制

轧制时金属变形类似于不平行平板压缩［见图 7-6(c)］，金属流动的分界线应偏向出口端，因此金属向入口端流动多，向出口端流动少。金属质点向入口端流动的多，使轧件的运动速度小于轧辊线速度的水平分量而形成后滑；金属质点向出口端流动的少，使轧件的运动速度大于轧辊线速度的水平分量而形成前滑。金属的前后滑动，必然引起轧件相对于轧辊在变形区入口端和出口端出现速度差。在出口端轧件运动速度为 $v_h=v+\Delta v_h$，其中，v 为出口端轧辊速度，Δv_h 为金属质点向前流动引起的速度增量；在入口端轧件运动速度为 $v_H=v\cos\alpha-\Delta v_H$，其中，$v\cos\alpha$ 为入口端轧辊水平分速度，Δv_H 为金属质点向后流动引起的向后速度增量。由此可以得出结论（见图 7-7）：轧件出辊缝的速度 v_h 大于轧辊水平速度 v（即 $v_h>v$），这种现象称为前滑；轧件入辊缝的速度 v_H 小于该处轧辊速度的水平分速度 $v\cos\alpha$（即 $v_H<v\cos\alpha$），这种现象称为后滑。也就是说，入口端轧件相对于轧辊向后滑动；出口端轧件相对于轧辊向前滑动。

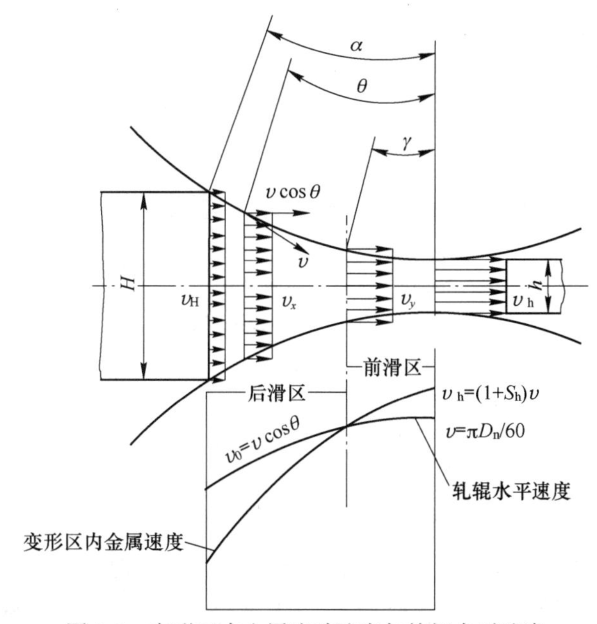

图 7-7 变形区内金属流动速度与轧辊水平速度

在轧制过程中，由于存在 $v_H<v\cos\alpha<v<v_h$ 关系，在变形区内必有一断面，该处轧辊的水平速度和轧件水平速度相等，无相对滑动，此断面称为中性面。中性面对应的圆心角称中性角 γ。中性面把变形区分为前滑区和后滑区。值得注意的是，在前滑区，轧辊线速度

的水平分量小于轧件的运动速度，而在后滑区，轧辊线速度的水平分量大于轧件的运动速度。由于在前滑区、后滑区内轧件力图相对于轧辊表面产生滑动的方向性不同，因此摩擦力方向也不同。在前滑区、后滑区内，轧辊作用在轧件表面的摩擦力方向相反，都指向中性面。

研究轧制运动学有很大的意义。如在连续式轧机上，欲保持两机架之间张力不变，很重要的条件就是要保持前后两机架间秒流量相等，才能保证轧制顺利进行。要保持秒流量不变，必须了解相邻两机架的出、入口速度，并建立一定的关系。这为连续轧制运动学的研究提供了理论依据。关于这一点，将在连轧理论中作进一步了解。

7.5.2　轧制的力学条件

为了以简单轧制为基础，讨论轧件与轧辊沿接触弧长度上力的作用，特假设：(1) 沿接触弧长度上单位压力 p 分布均匀；(2) 前、后滑区摩擦系数相等；(3) 忽略宽展，变形区中轧件宽度为 B；(4) 轧辊为刚性体，无弹性压扁变形。

首先研究接触弧长度上任一微小弧长的作用力。如图 7-8 所示，任一微小弧长与轧辊轴心连线的夹角为 θ，其上作用有正压力 p 和摩擦力 t。正压力的方向和接触弧垂直，摩擦力的方向和接触弧相切。后滑区的摩擦力作用方向与轧件运动方向相同，拉轧件进入辊缝；前滑区的摩擦力方向则相反，阻碍轧件进入辊缝。摩擦力遵守库仑定律：

$$t = fp \tag{7-19}$$

式中　t——单位摩擦力；

p——单位轧制压力；

f——摩擦系数。

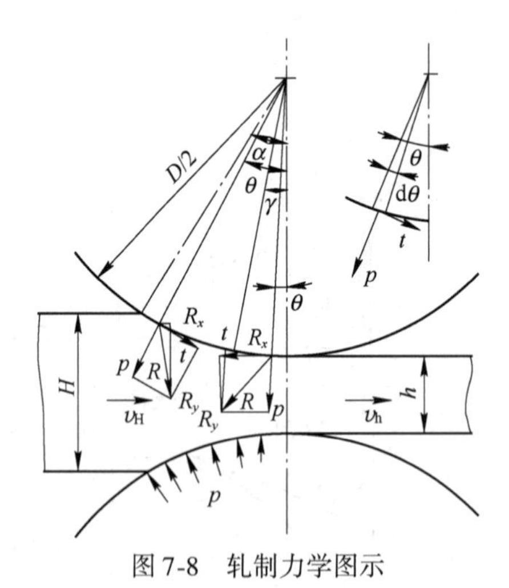

图 7-8　轧制力学图示

然后对前、后滑区任意一点上力的作用进行分析。在后滑区，p 与 t 的合力用 R 表示。将合力 R 分解得水平分量 R_x 和垂直分量 R_y。水平分量 R_x 力图拉轧件进入辊缝；垂直分量 R_y 压缩轧件使之塑性变形。若轧制过程已建立，如图 7-9 所示，则单位压力的合力 p 作用于接触弧中点处。而后滑区和前滑区的摩擦力方向不同，后滑区和前滑区的摩擦力的合力作用点分别位于它们各自接触弧的中点，大小分别用 T_1 和 T_2 表示，其水平分量分别用 T_{1x} 和 T_{2x} 表示。

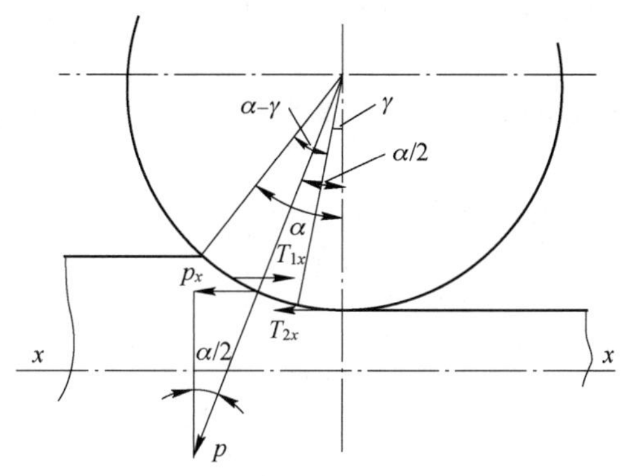

图 7-9　水平轧制力平衡图

若轧件匀速运动，根据力平衡条件，轧制作用力的水平分量之和为 0，即：

$$T_{1x} - p_x - T_{2x} = 0 \tag{7-20}$$

式中　T_{1x}——后滑区摩擦力合力的水平分量，等于 $fpB\dfrac{D}{2}(\alpha-\gamma)\cos\dfrac{\alpha+\gamma}{2}$；

p_x——正压力合力的水平分量，等于 $pB\dfrac{D}{2}\alpha\sin\dfrac{\alpha}{2}$；

T_{2x}——前滑区摩擦力合力的水平分量，等于 $fpB\dfrac{D}{2}\gamma\cos\dfrac{\gamma}{2}$。

注意，式（7-20）中的角度均用弧度表示。将各作用力的水平分量代入式（7-20），并令：

$$\sin\frac{\alpha}{2} = \frac{\alpha}{2};\ \cos\alpha \approx 1;\ f = \tan\beta = \beta$$

简化整理后：

$$\gamma = \frac{\alpha}{2}\left(1 - \frac{\alpha}{2\beta}\right) \quad 或 \quad \gamma = \frac{\alpha}{2}\left(1 - \frac{\alpha}{2f}\right) \tag{7-21}$$

式（7-21）即为巴甫洛夫导出的 3 个特征角 α、β 和 γ 之间的关系。

习　　题

7-1　什么是简单轧制和非简单轧制，生产中存在简单轧制吗，为什么要建立简单轧制的概念？

7-2　什么是轧制变形区，几何变形区的主要参数是哪些，如何计算？

7-3　在 ϕ430 mm 平辊轧机上轧制断面为 100 mm×100 mm 的钢坯，压下量为 25 mm，宽展为零，求几何变形区的参数 l、α、$\bar{h}$。

7-4　有两块宽度和长度相同的金属板，轧制前的厚度分别为 4 mm 和 10 mm，轧制后的厚度分别为 2 mm 和 6 mm，求两块金属板的绝对压下量和相对压下量分别是多少，哪块板的变形程度大？

7-5　一个完整的轧制过程分为哪几个阶段？

7-6　什么是延伸系数，如何计算延伸系数，总延伸系数和道次延伸系数有何关系？

7-7　什么是平均延伸系数，若用 85 mm×85 mm 的方坯轧制 ϕ28 mm 的圆钢，平均延伸系数为 1.28，应轧制多少道次？

7-8　举例说明在轧制生产中什么是均匀压缩和非均匀压缩。

7-9　什么是轧辊的工作直径？在 ϕ500 mm 孔型轧机上轧制圆钢，其断面积为 12000 mm^2，直径为 120 mm，求轧辊的平均工作直径。

7-10　在 D=650 mm 轧机上轧制 60 mm 圆钢，椭圆轧件进圆孔型中轧制时，其尺寸如图 7-10 所示，已知：

$F_{椭}=4268\ mm^2$；$H_{椭}=54\ mm$；$B_{椭}=97\ mm$；

$F_{圆}=2827\ mm^2$；$H_{圆}=60.4\ mm$；$B_{圆}=61.2\ mm$。

求 $\Delta\bar{h}_{圆}$ 和 $\Delta\bar{D}_{k圆}$。

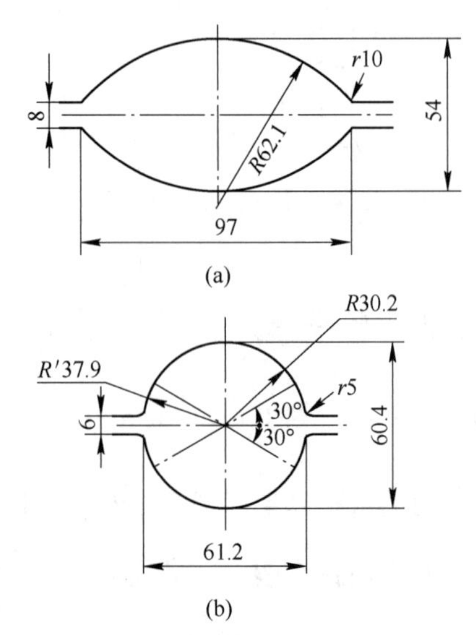

图 7-10　轧 ϕ60 mm 圆钢的成品孔与成品前孔

（a）成品孔；（b）成品前孔

7-11　什么是轧制速度，如何计算轧制速度，轧制速度和轧制的变形速度有何联系和区别。

7-12　什么是前滑、后滑、中性面、中性角？

7-13　简要说明在前滑区和后滑区轧件受到的摩擦力方向。

7-14　写出巴甫洛夫公式，指出公式中各参数的名称。

项目 8　实现轧制过程的条件

实现轧制过程的必要条件是轧件在轧辊的作用力下被拉入辊缝中，从而实现轧件的塑性变形，并能继续不断地实现稳定轧制。要满足什么条件轧件才能顺利进入辊缝，要满足什么条件才能最大限度地提高轧机的生产率？这些问题是本项目要介绍的主要内容。

模块 8.1　轧制开始阶段的咬入条件

在轧辊摩擦力的作用下，轧件被拖入辊缝的现象，称为咬入。既然咬入是由摩擦力的作用引起，在介绍轧制的咬入条件之前，先了解摩擦力的有关知识。

8.1.1　摩擦角

8.1.1.1　斜面物体的受力分析

如图 8-1 所示，在倾斜角为 β 的斜面上有一物体。物体受到的作用力有：（1）重力 P，方向竖直向下；（2）斜面对物体的支撑力 $N=P\cos\beta$，方向垂直斜面并指向物体；（3）摩擦力 T_x，在重力的斜面分量 $P_x=P\sin\beta$ 作用下，物体沿斜面有向下滑动的趋势，产生与 P_x 方向相反的摩擦力 $T_x=fN=fP\cos\beta$。

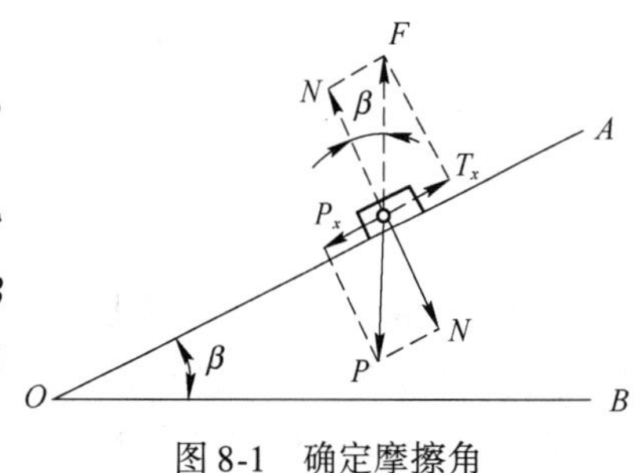

图 8-1　确定摩擦角

8.1.1.2　摩擦角

当斜面上的物体沿斜面的重力分量 P_x($P\sin\beta$) 等于摩擦力 T_x($fP\cos\beta$) 时，所对应的斜面倾角 β，称为摩擦角。

8.1.1.3　摩擦系数和摩擦角的关系

根据摩擦角的定义，有：$P_x=T_x$，将 $P_x=P\sin\beta$ 和 $T_x=fN=fP\cos\beta$ 代入整理后可得：

$$f=\tan\beta \quad 或 \quad \arctan f=\beta \tag{8-1}$$

由式（8-1）可得：摩擦角的正切等于摩擦系数。两物体之间的摩擦系数越大，摩擦角越大。

8.1.2　平面轧辊轧制的咬入条件

8.1.2.1　轧件开始咬入时的作用力分析

A　轧件对轧辊的作用力——径向压力（N'）和摩擦力（T'）

如图 8-2 所示，当轧件以一定的速度与轧辊在 A、A' 两点接触时（实际上是两条沿辊身长度的直线），轧件对轧辊施加径向压力 N'。在 N' 作用下产生与它相互垂直的摩擦力 T'。因为轧件力图阻止轧辊转动，因此摩擦力 T' 的方向与轧辊转动方向相反，即为图中

A、A'两点的切线方向。

B　轧辊对轧件的作用力——径向压力（N）和摩擦力（T）

根据牛顿力学定律，两物体相互间的作用力大小相等、方向相反，且作用在同一条直线上，因此轧辊对轧件的作用力为径向压力（N）和摩擦力（T），它们的方向可以确定，如图 8-3 所示。

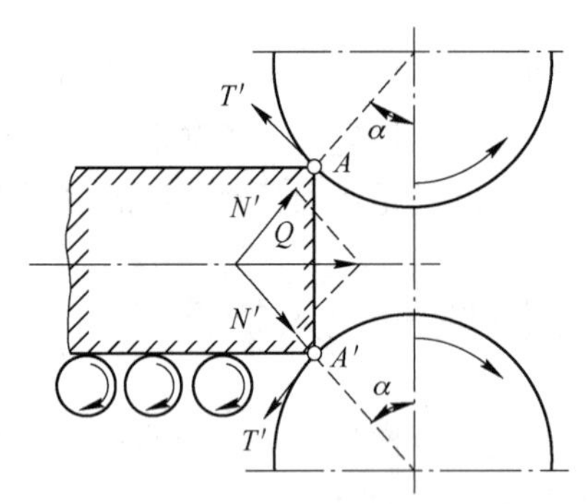

图 8-2　轧件对轧辊的作用力

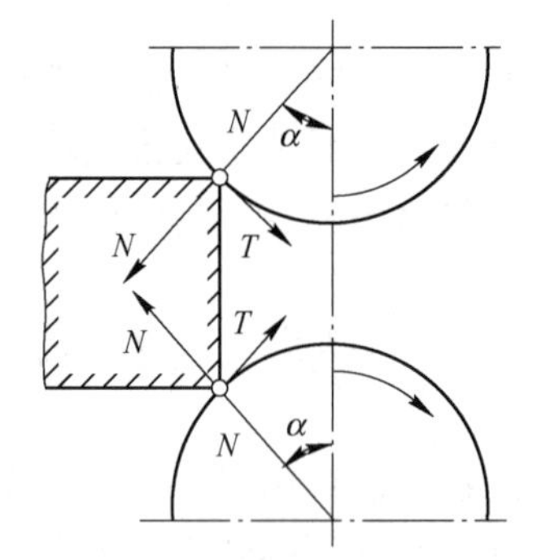

图 8-3　轧辊对轧件的作用力

8.1.2.2　平面轧辊轧制的咬入条件

A　用力表示的咬入条件

与咬入条件有关的是轧辊对轧件的作用力。由于上、下轧辊对轧件的作用力对称，因此只考虑一个轧辊对轧件的作用力来分析轧件的咬入条件。

在图 8-4 中，把作用在 A 点的径向压力（N）和摩擦力（T），分解为垂直分量 N_y、T_y 和水平分量 N_x、T_x。垂直分量 N_y、T_y 对轧件起压缩作用，使之产生塑性变形，对轧件的水平运动无影响。对轧件水平进入辊缝有影响的是水平分量 N_x、T_x，N_x 的方向与轧件运动方向相反，阻止轧件进入辊缝；而 T_x 的方向与轧件运动方向一致，力图把轧件拖入辊缝。由此可见，在无其他外力的条件下，若要实现咬入，T_x 必须大于或等于 N_x。T_x 和 N_x 可能有 3 种情况：(1) 当 $T_x<N_x$，轧件不能咬入；(2) 当 $T_x=N_x$，轧件咬入的临界条件；(3) 当 $T_x>N_x$，轧件能咬入。

B　用角度表示的咬入条件

在图 8-4 中，可得 $T_x=T\cos\alpha=fN\cos\alpha$；$N_x=N\sin\alpha$，将此两式和式（8-1）代入用力表示的情况，可以得到用角度表示的 3 种情况：(1) $\alpha>\arctan f=\beta$，轧件不能咬入。(2) $\alpha=\arctan f=\beta$，轧件咬入的临界条件。(3) $\alpha<\arctan f=\beta$，轧件能咬入。综上所述，平辊轧制时，轧件的咬入条件为：

$$\alpha \leqslant \beta \tag{8-2}$$

即咬入角不大于摩擦角，最大咬入角 α_{max} 等于摩擦角 β。

C　用合力指向表示的咬入条件

显然，也可用径向压力（N）和摩擦力（T）的合力 P 的指向来表示轧件能否被咬入的条件。(1) $\alpha>\beta$，$P_x>T_x$，合力 P 方向向外，轧件不能咬入（见图 8-5）；(2) $\alpha<\beta$，$P_x<T_x$，合力 P 指向轧制方向，轧件能咬入；(3) $\alpha=\beta$，$P_x=T_x$，合力 P 垂直向下，轧件咬入的临界条件。

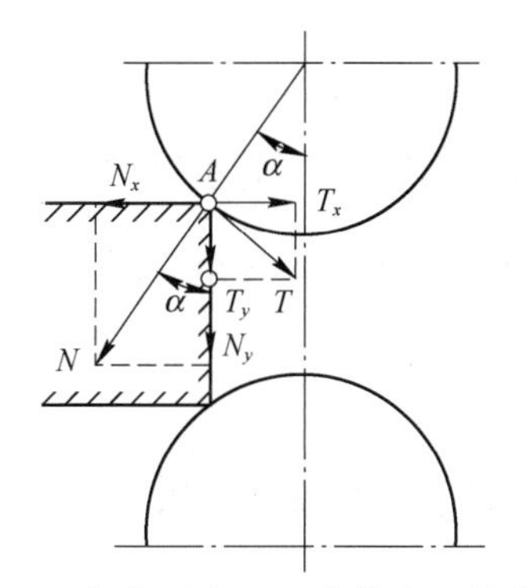

图 8-4　径向压力 N 和摩擦力 T 的分解

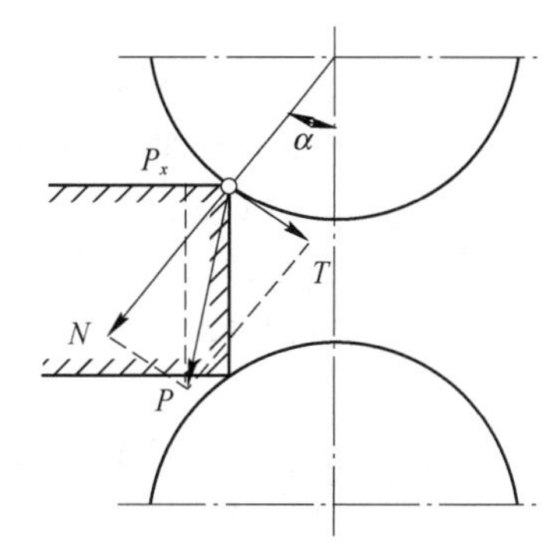

图 8-5　当 $\alpha>\beta$ 时，轧辊对轧件作用力的合力方向

8.1.3　孔型轧辊轧制的咬入条件

孔型轧制的咬入过程与平辊轧制的基本相同，只是多了孔型侧壁斜度对轧件受力条件的影响。

型钢生产中采用的孔型系统较多，其孔型形状也不尽相同，但就开始咬入时轧件与轧辊接触情况而言，基本有两种情况：（1）与平辊轧制矩形件相似，轧件首先与孔型顶部接触；（2）轧件首先与孔型侧壁接触。第（2）种情况在孔型轧制中最具代表性。

下面以箱型孔型轧制矩形件为例，分析轧件首先与孔型侧壁接触时孔型轧制的咬入条件。

在图 8-6 中，设 θ 为孔型侧壁夹角，N、T、N_0 分别为轧辊孔型侧壁作用于轧件的正压力、轧辊作用于轧件的摩擦力、轧辊作用于轧件的径向压力。径向压力和正压力的关系为：

$$N_0 = N\sin\theta \tag{8-3}$$

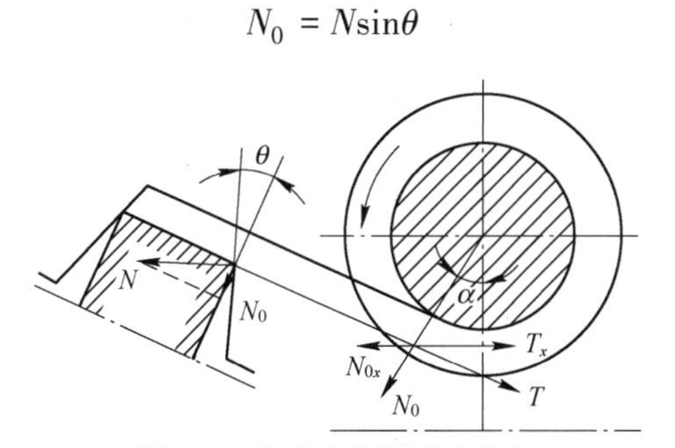

图 8-6　孔型中轧制受力分析

当轧件和孔型侧壁接触时，实现咬入的条件是径向压力的水平分量小于或等于摩擦力的水平分量，即有：

$$N_0\sin\alpha \leqslant T\cos\alpha \tag{8-4}$$

将式（8-3）和 $T=Nf$ 代入式（8-4）整理，得：

$$\tan\alpha \leqslant \frac{f}{\sin\theta} \quad 或 \quad \tan\alpha \leqslant \frac{\tan\beta}{\sin\alpha} \tag{8-5}$$

当 α 和 β 均用弧度表示时，$\tan\alpha \approx \alpha$，$\tan\beta \approx \beta$，式（8-5）可简化为：

$$\alpha \leqslant \frac{\beta}{\sin\theta} \tag{8-6}$$

由式（8-6）可知，当 $\theta=90°$时，这与平辊轧制条件的咬入条件相同，即 $\alpha\leqslant\beta$；当 $\theta<90°$时，最大咬入角增大了$\frac{1}{\sin\theta}$倍。所以，孔型轧制时孔型侧壁夹角 θ 越小越有利于咬入，更容易把轧件拖入轧辊辊缝中。

模块8.2　剩余摩擦力和稳定轧制条件

8.2.1　剩余摩擦力

8.2.1.1　剩余摩擦力的产生

图8-7所示为在临界咬入条件（$\alpha=\beta$）下轧件被咬入逐渐填充辊缝的示意图。轧件和轧辊开始接触咬入时，径向压力的水平分量等于摩擦力的水平分量（$N_x=T_x$），此时径向压力和摩擦力的合力 P 的方向竖直向下。在轧件进入辊缝的过程中，轧件与轧辊之间的接触弧是不断增大的。假设在此过程中径向压力 N 和摩擦力 T 沿接触弧均匀分布，并且这两个力的合力 P 的作用点一直位于接触弧的中点，且在咬入阶段的任意时刻，设一半接触弧对应的圆心角为 δ，则接触弧中点和轧辊轴心的连线与两轧辊轴心连线之间的夹角为 $\alpha-\delta$，此时摩擦力的水平分量为 $T_x=fN\cos(\alpha-\delta)$；径向压力的水平分量为 $N_x=N\sin(\alpha-\delta)$。

在轧件填充辊缝过程中，接触弧增大，一半接触弧对应的 δ 也增大，而 $\alpha-\delta$ 减小。其结果是：摩擦力的水平分量 T_x 增大，而径向压力的水平分量 N_x 减小。

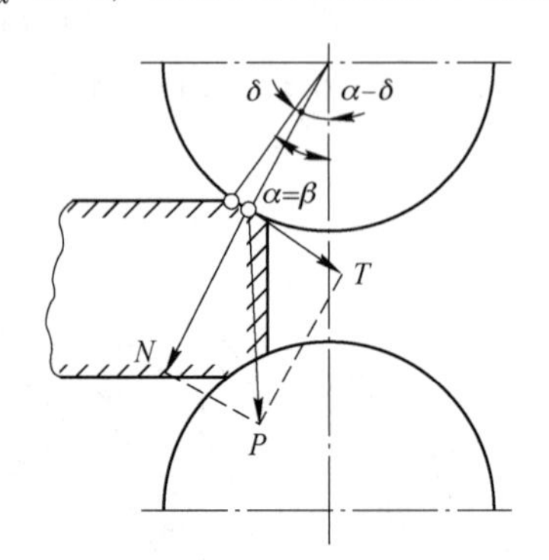

图8-7　轧件在 $\alpha=\beta$ 条件下充填辊缝

8.2.1.2　剩余摩擦力的定义及其最大值

在轧件咬入阶段，摩擦力水平分量 T_x 与径向压力水平分量 N_x 的差值，称为剩余摩擦力 P_x，表示为：

$$P_x = T_x - N_x = fN\cos(\alpha - \delta) - N\sin(\alpha - \delta) \tag{8-7}$$

在临界条件（$\alpha=\beta$）下刚开始咬入时，剩余摩擦力为0；而在 $\alpha<\beta$ 条件下开始咬入时，就有剩余摩擦力存在。剩余摩擦力随轧件逐渐进入辊缝而增大。当轧件前端出辊缝时，假设径向压力和摩擦力的合力作用点仍位于接触弧中点，此时剩余摩擦力有最大值，为：

$$P_x = fN\cos\frac{\alpha}{2} - N\sin\frac{\alpha}{2} \tag{8-8}$$

8.2.1.3　影响剩余摩擦力的因素

由式（8-8）可得，影响剩余摩擦力的因素为：（1）摩擦系数。剩余摩擦力随摩擦系数的增大而增大。（2）咬入角。剩余摩擦力随咬入角的减小而增大。

8.2.1.4　剩余摩擦力的意义

（1）轧件咬入过程中有剩余摩擦力产生，并逐渐增大。这表明轧件一旦被咬入，填充辊缝就相当容易。

（2）轧件咬入后，由于剩余摩擦力逐渐增大，为提高生产率可适当加大压下量，而不影响稳定轧制。

8.2.2　轧制过程中稳定轧制条件

轧件被咬入充满辊缝后，就进入稳定轧制阶段。在稳定轧制阶段，若忽略前滑区，并假设径向压力 N 和摩擦力 T 仍然沿接触弧均匀分布，它们的合力 P 的作用点仍位于接触弧中点，那么为保证轧件的水平匀速运动，轧制能继续进行，稳定轧制条件为摩擦力的水平分量大于或等于径向压力的水平分量，表示为：

$$T_x \geqslant N_x \tag{8-9}$$

由图 8-8 可得：$T_x = T\cos\frac{\alpha}{2} = fN\cos\frac{\alpha}{2}$，$N_x = N\sin\frac{\alpha}{2}$，将此两式和式（8-1）代入式（8-9）中，整理可得：

$$\alpha \leqslant 2\beta \tag{8-10}$$

式中，$\beta = \arctan f$，f 为摩擦系数。公式表明，稳定轧制的最大咬入角 α_{max} 为 2 倍摩擦角。若考虑到在前滑区轧件受到的摩擦力方向和剩余摩擦力方向相反，会使合力 P 作用点向入口端移动，则稳定轧制的最大咬入角 α_{max} 应小于 2 倍摩擦角。但因前滑区很小，影响有限，所以认为稳定轧制的最大咬入角 α_{max} 略小于 2 倍摩擦角是合理的。

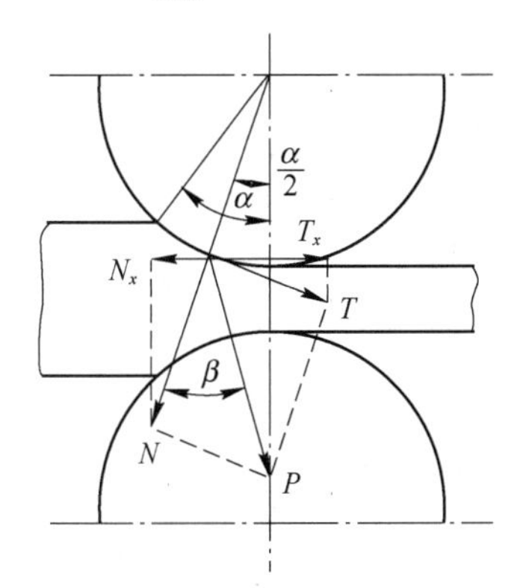

图 8-8　稳定轧制阶段 α 和 β 的关系

生产实践证明，实现咬入进入稳定轧制阶段后，确实可以增大咬入角而增大压下量，以提高轧机生产率。所谓“带钢压下”就是利用了这个原理。但生产实践也证明在稳定轧制阶段热轧和冷轧的最大咬入角差别很大。下面讨论各种因素对稳定轧制最大咬入角的影响。

8.2.2.1　合力作用点的影响

轧件被咬入后，随轧件逐渐填充辊缝，轧件与轧辊接触面积不断增大，合力作用点向出口端移动。若轧制过程中产生宽展，则变形区宽度向出口端扩张，合力作用点进一步向出口端移动，使稳定轧制阶段可以实现更大的咬入角。

8.2.2.2　摩擦系数的影响

影响摩擦系数的主要是轧制温度和氧化铁皮的状态。热轧时，轧件从咬入阶段过渡到稳定轧制阶段，摩擦系数减小，原因有：（1）轧件前端散热面积大，再加上冷却水的作用，轧件前端温度比其他部分温度低，使咬入阶段有较大的摩擦系数；（2）刚咬入时轧件前端与轧辊碰撞，使具有润滑作用的氧化铁皮脱落，露出金属表面，也使摩擦系数增大，而轧件其他部分氧化铁皮不易脱落，有较低的摩擦系数。在上述两个原因中，氧化铁皮的影响是主要的。因此导致在实际热轧生产中轧件往往从自然咬入后过渡到稳定轧制阶段发生打滑的现象。所以热轧时由于摩擦系数减小使稳定轧制的最大咬入角减小。

由以上分析可知：（1）热轧时，合力作用点向出口端移动和摩擦系数减小对稳定轧制的最大咬入角的影响恰恰相反，前者使之增大而后者使之减小。所以，热轧稳定轧制的最大咬入角为：

$$\alpha_{max} = (1.5 \sim 1.7)\beta \tag{8-11}$$

（2）冷轧时，轧制温度和氧化铁皮状态变化很小，从咬入阶段过渡到稳定轧制阶段，摩擦系数几乎不变，因此影响稳定轧制最大咬入角的因素只是合力作用点的位置。所以冷轧稳定轧制的最大咬入角为：

$$\alpha_{max} = (2.0 \sim 2.4)\beta \tag{8-12}$$

模块8.3　最大压下量的计算方法

前已介绍，压下量、轧辊直径和咬入角三者的关系为：$\Delta h = D(1-\cos\alpha)$。在轧辊直径不变时，可用下面两种方法计算最大压下量。

8.3.1　根据最大咬入角计算最大压下量

实际生产中，不同轧制条件允许的最大咬入角不同（见表8-1）。当咬入角为最大咬入角时，压下量有最大值，为：

$$\Delta h_{max} = D(1 - \cos\alpha_{max}) \tag{8-13}$$

在开坯机上，为了最大限度地提高轧机生产率，往往采用最大咬入角，以获得最大压下量。

8.3.2　根据摩擦系数计算最大压下量

根据三角函数关系 $\cos\alpha_{max} = \frac{1}{\sqrt{1+\tan\alpha_{max}}}$，摩擦系数和摩擦角的关系 $f=\tan\beta$ 以及极限咬入条件 $\alpha_{max}=\beta$，可得：

$$\cos\alpha_{max} = \frac{1}{\sqrt{1 + \tan^2\alpha_{max}}} = \frac{1}{\sqrt{1 + f^2}} \tag{8-14}$$

将式（8-14）代入式（8-13），得最大压下量为：

$$\Delta h_{max} = D(1 - \cos\alpha_{max}) = D\left(1 - \frac{1}{\sqrt{1 + f^2}}\right) \tag{8-15}$$

式中，$\frac{\Delta h_{max}}{D}$为轧入系数，若轧辊直径已知，其大小取决于摩擦系数。不同轧制条件下的轧入系数、最大咬入角和摩擦系数见表 8-1。

表 8-1 不同轧制条件下的最大咬入角、摩擦系数和轧入系数

轧制条件	最大咬入角 α_{max}/(°)	摩擦系数 f	轧入系数 $\frac{\Delta h_{max}}{D}$
磨光轧辊润滑冷却	3 ~ 4		1/410 ~ 1/330
粗糙轧辊冷轧	5 ~ 8		1/262 ~ 1/182
表面研磨轧辊	12 ~ 15	0. 212 ~ 0. 268	1/46 ~ 1/29
粗面轧辊轧制厚板	15 ~ 22	0. 268 ~ 0. 404	1/29 ~ 1/14
平辊轧制窄带钢	22 ~ 24	0. 404 ~ 0. 445	1/14 ~ 1/12
轧槽	24 ~ 25	0. 445 ~ 0. 466	1/12 ~ 1/11
箱型孔	28 ~ 30	0. 532 ~ 0. 577	1/8. 5 ~ 1/7. 5
箱型孔并刻痕	28 ~ 34	0. 532 ~ 0. 675	1/8. 5 ~ 1/6
连续式轧机	27 ~ 30	0. 509 ~ 0. 577	1/9 ~ 1/7. 5

【例题 8-1】 设热轧轧辊直径为 800 mm，摩擦系数为 0. 3，求：（1）咬入条件允许的最大压下量；（2）稳定轧制建立后，利用剩余摩擦力可达到的最大压下量。

解：（1）咬入条件允许的最大压下量为：

$$\Delta h_{max} = 800 \times \left(1 - \frac{1}{\sqrt{1 + 0.3^2}}\right) = 34 \text{ mm}$$

（2）稳定轧制建立后，设利用剩余摩擦力可达到的最大压下量为 $\Delta h'_{max}$。参考热轧最大咬入角 $\alpha_{max} = (1.5 \sim 1.7)\beta$ 的公式，取 $\alpha_{max} = 1.5\beta$，则有：

$$\alpha_{max} = 1.5\arctan 0.3 = 1.5 \times 16.7° = 25°$$

$$\Delta h'_{max} = 800 \times (1 - \cos 25°) = 75 \text{ mm}$$

模块 8.4 影响咬入的因素及改善咬入的措施

前面已介绍，平辊轧制的咬入条件为：$\alpha \leqslant \beta = \arctan f$，孔型轧制的咬入条件为：$\alpha \leqslant \frac{\beta}{\sin\theta} = \frac{\arctan f}{\sin\theta}$。由此可知，影响咬入的主要因素是咬入角和摩擦系数，减小咬入角和提高摩擦系数有利于咬入。下面分别讨论影响咬入的因素，并提出改善咬入的措施。

8.4.1 减小咬入角有利于咬入

由式 $\Delta h = D(1 - \cos\alpha) \rightarrow \alpha = \arccos\left(1 - \frac{\Delta h}{D}\right)$ 可知，影响咬入角的因素是压下量 Δh 和轧辊

直径 D。

（1）压下量 Δh 不变，增大轧辊直径 D，咬入角减小，有利于咬入。增大轧辊直径，虽然可以改善咬入条件，但在轧制设备已给定的情况下，不可能随意改变轧辊大小，所以用增大轧辊直径的办法来提高轧机咬入能力不现实。

（2）轧辊直径 D 不变，减小压下量 Δh，咬入角减小，有利于咬入。据 $\Delta h=H-h$ 可知，减小压下量的措施有：

1）减小轧制前轧件前端厚度 H。如前所述，为了提高轧机生产率，只要实现咬入，就可以利用剩余摩擦力加大压下量进行轧制。因此咬入仅涉及轧件前端，减小轧制前轧件厚度 H 就转化为减小轧制前轧件前端的厚度。在实际生产中，为减小咬入角、有利于咬入，采用的减小轧件前端的厚度的具体措施有：轧件小头先进轧辊（见图 8-9）；将轧件前端压制成楔形；用推料机对轧件施加推力（见图 8-10）；提高轧件进辊速度。后两种方法实际上是通过撞击轧辊，将轧件前端变为楔形。

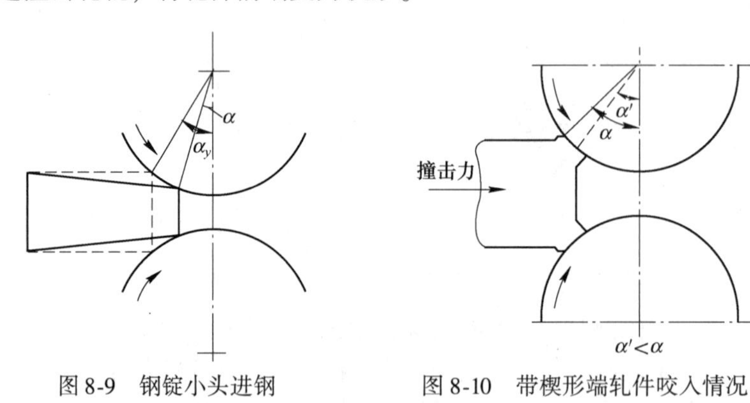

图 8-9　钢锭小头进钢　　　　图 8-10　带楔形端轧件咬入情况

2）增大轧制后轧件的厚度。增大轧制后轧件的厚度在生产中就是，提升上轧辊，增大辊缝高度。但这种方法必然使轧制道次数增多，降低轧机产量。

8.4.2　增大摩擦系数有利于咬入

实践生产中，增大轧辊与轧件之间摩擦系数的具体措施有：

（1）改变轧辊和轧件的表面状态，提高摩擦系数。

1）在初轧机和开坯机上采用刻痕、堆焊和滚花的轧辊（见图 8-11）。但要注意，轧辊刻痕、堆焊有一定的尺寸要求，防止轧件表面形成折叠，此外，此方法不适用于表面质量要求较高的高合金钢的轧制。

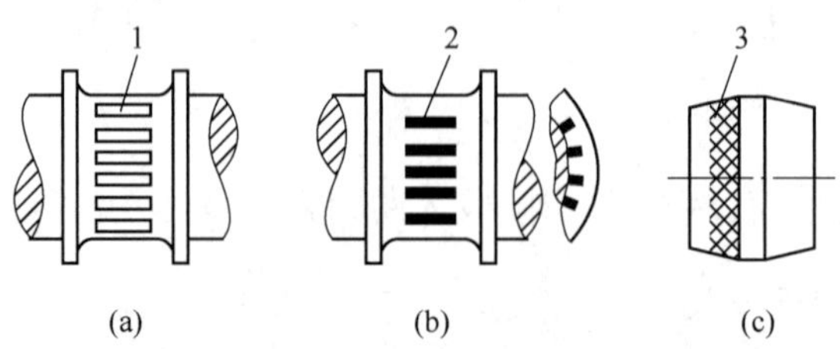

图 8-11　轧辊表面刻痕、堆焊和压花

1—刻痕；2—堆焊；3—压花（穿孔机轧辊用）

2）用高压水清除钢坯表面的炉生氧化皮（即高压水除鳞）。生产实践表明，钢坯表面的炉生氧化皮具有润滑作用，使摩擦系数减小。正因如此，热轧生产中往往发生以极限条件咬入后在稳定轧制阶段轧件出现打滑的现象。

3）合理使用润滑剂。这里指的是在咬入阶段不使用或少使用润滑剂，而在稳定轧制阶段增大润滑剂的用量。

4）降低轧件温度或在轧件上撒沙和撒冷氧化皮。在生产现场不能自然咬入的情况下，把轧件放置一段时间降低温度，或在轧件上撒沙和撒冷氧化皮均能增大摩擦系数，有利于咬入，但撒沙和撒冷氧化皮有损于轧件的表面质量。

（2）降低轧制速度，可减小摩擦系数。生产实践表明，随轧制速度的提高，摩擦系数是降低的。据此，可以低速实现自然咬入，随后随着轧件充填辊缝，剩余摩擦力增大，逐渐增加轧制速度。这种“低速咬入，高速轧制”方法简单可靠，易于实现，在实际生产中被广泛采用。

习　　题

8-1　轧件在什么力的作用下被咬入辊缝?

8-2　什么是摩擦角，摩擦角和摩擦系数有何关系?

8-3　平辊轧制和孔型轧制的咬入条件是什么，分析在摩擦系数相同的条件下，为什么孔型轧制更容易咬入?

8-4　什么是剩余摩擦力，生产上如何利用剩余摩擦力?

8-5　理论上稳定轧制条件是什么，实际上热轧和冷轧的稳定轧制条件分别是什么，导致理论和实际稳定轧制条件存在差异的主要原因是什么?

8-6　如何计算板带材轧制的最大压下量?

8-7　分析如何改善咬入条件?

8-8　有时钢坯出加热炉后立即轧制，不能咬入；将钢坯在辊道上搁置一会儿，即可咬入，为什么?

8-9　在 ϕ460 mm 轧机上，箱型孔型的高度为 70 mm，宽度为 114 mm，轧制断面尺寸为 110 mm×110 mm 的碳素钢坯，轧辊材料为铸钢，轧制速度为 2.1 m/s，轧制温度为 1150 ℃，问轧制时轧件能否被咬入?

8-10　厚度为 $H=100$ mm 的矩形断面轧件在 $D=500$ mm 的平辊轧机上轧制，若最大允许咬入角为 20°，求：（1）最大允许压下量；（2）设轧制时忽略宽展，若以延伸系数为 2 进行该道次轧制，咬入角是多少?

项目9　轧制时金属的横变形——宽展

在轧制过程中，高度方向上压下的金属向横向流动形成宽展。所谓宽展是指轧制后轧件的宽度 b 与轧制前轧件的宽度 B 之差，用 Δb 表示，即为：$\Delta b=b-B$。虽然宽展不能正确反映轧制变形程度的大小，但由于它简单、明了，在轧制生产中应用极广。

在轧制生产中，影响宽展的因素很多，既有轧件尺寸因素，也有轧制工艺因素。了解被压下的金属体积如何进行延伸和宽展，有助于根据已知坯料尺寸和压下量确定轧制后的产品尺寸，或已知产品尺寸和压下量确定轧前坯料尺寸。

在孔型设计中，若孔型宽度大于轧件的实际宽展，则孔型填充不满；若孔型宽度小于轧件的实际宽展，则孔型过充满，出现耳子，如图9-1所示。这两种情况都造成轧件废品。此外，在轧制生产中，有时需要宽展量小，有时需要宽展量大，所以无论从孔型设计，还是从实际生产，都应掌握宽展的变化规律和精确计算宽展。

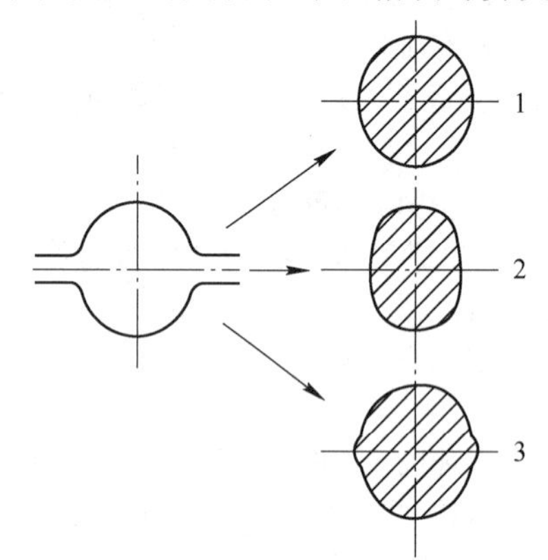

图9-1　圆钢轧制时可能出现的三种情况

1—正常；2—充不满；3—过充满

任何产品的尺寸都有一定的范围，即产品尺寸在正、负公差范围内。实现负公差轧制，有利于节约材料，提高经济效益。正确确定宽展，对于实现负公差轧制极为重要。

模块9.1　宽展的种类和组成

9.1.1　宽展的种类

根据宽展的特征和金属沿横向流动的自由程度，宽展可分为以下三类。

9.1.1.1　自由宽展

轧制过程中，被压下的金属向横向流动时，除受到轧件和轧辊接触面上摩擦阻力外，不受其他阻碍和限制而形成的宽展，称为自由宽展。例如，在平面轧辊上轧制板带材时的宽展就是自由宽展，如图9-2所示。自由宽展轧制是轧制中最简单的情况。

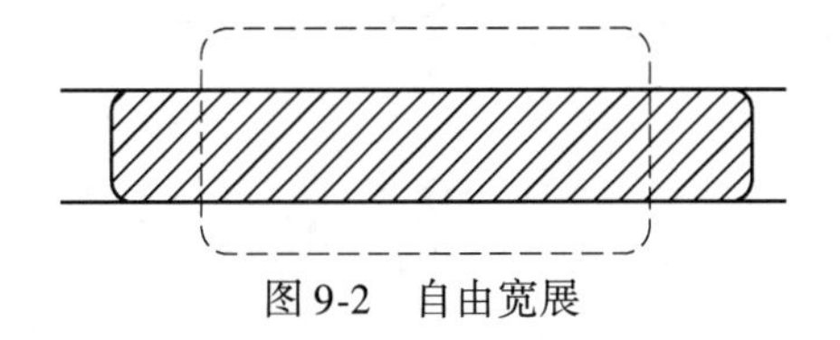

图 9-2　自由宽展

9.1.1.2　限制宽展

大多数孔型轧制过程中，金属横向流动时，除受轧辊摩擦阻力外，还受孔型侧壁的限制而形成的宽展，称为限制宽展，如图 9-3 所示。由于孔型侧壁的限制，轧件断面形状被迫取得孔型的形状，使横向流动的金属体积减小，故限制宽展小于自由宽展。在斜配孔型内轧制所得到的宽展甚至可以是负值，如图 9-4 所示。

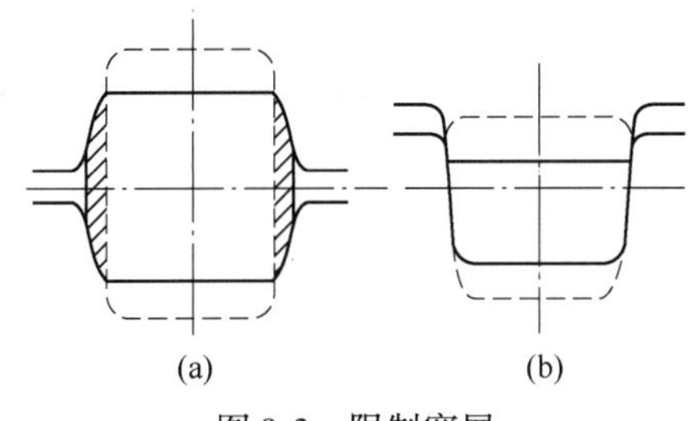

图 9-3　限制宽展

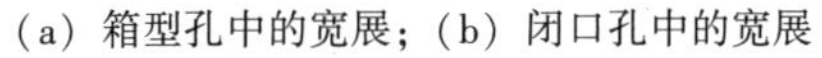

（a）箱型孔中的宽展；（b）闭口孔中的宽展

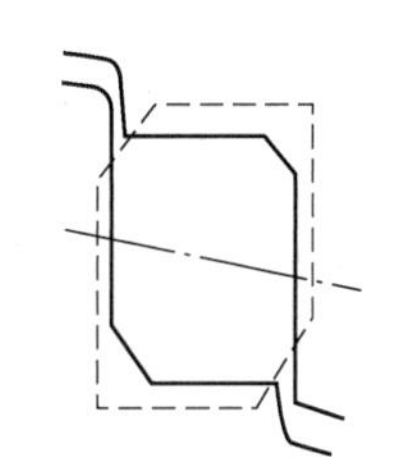

图 9-4　斜配孔中的宽展

9.1.1.3　强迫宽展

轧制过程中，金属横向流动时，受到强烈的推动作用，使宽度产生附加增长，这种宽展称为强迫宽展。例如，在轧辊垂直布置的立轧孔型内轧制钢轨就是强迫宽展，它使钢轨底部的宽度大大增加［见图 9-5(a)］，采用切展孔型轧制也是强迫宽展的一个实例［见图 9-5(b)］，利用这种轧制方法，可以用小宽度坯料轧制出较大宽度的扁钢。强迫宽展轧制时，由于金属向横向流动时被推动，故强迫宽展大于自由宽展。

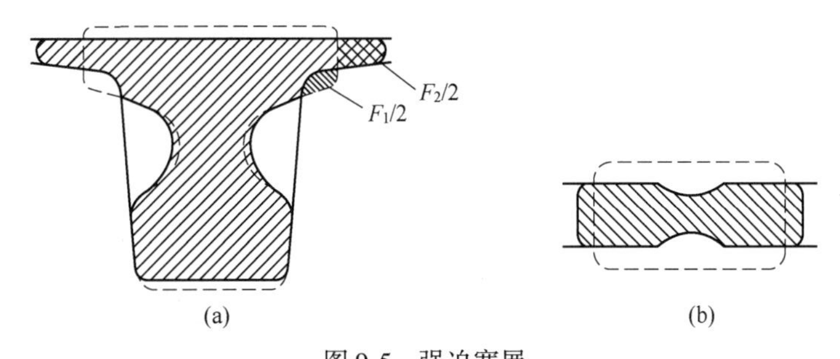

图 9-5　强迫宽展

（a）钢轨底层的强迫宽展；（b）切展孔型的强迫宽展

9.1.2　宽展的组成

9.1.2.1　宽展沿轧件高度上的分布

镦粗和轧制均是压缩变形，镦粗圆柱体工件时发生的单鼓和双鼓不均匀变形在矩形轧件横断面的两侧边均能观察到。现以轧件发生单鼓变形为例介绍宽展沿轧件高度上的分布。

A　单鼓形宽展的组成

在轧制厚度不大的轧件时，沿轧件高度方向上会发生单鼓变形（见图9-6）。此时，宽展由三部分组成。

（1）滑动宽展（Δb_1）。在轧制过程中，轧件在轧辊接触面上产生相对滑动而增加的宽展量。在图9-6中为：$\Delta b_1 = B_1 - B$。

（2）翻平宽展（Δb_2）。在轧制过程中，由于接触面摩擦阻力的作用，使轧件两侧的金属翻转到接触面上而形成的宽展量。在图9-6中为：$\Delta b_2 = B_2 - B_1$。

（3）鼓形宽展（Δb_3）。在轧制过程中，轧件发生不均匀变形，其侧面变成单鼓形而增加的宽展量。在图9-6中为：$\Delta b_3 = B_3 - B_2$。

显然，轧件的总宽展量为以上三种宽展之和，即：$\Delta b = \Delta b_1 + \Delta b_2 + \Delta b_3$。

B　平均宽展（$\overline{\Delta b}$）

通常理论上计算的宽展是指平均宽展，它是指将轧制后的轧件截面积化为同一厚度的等面积的矩形后，矩形宽度 b 与轧制前轧件宽度 B 之差，表示为：

$$\overline{\Delta b} = b - B \tag{9-1}$$

C　影响宽展组成的因素

上述三种形式的宽展在总宽展中所占比例取决于摩擦系数、变形区几何参数和相对压下量的变化。若接触面上摩擦系数越大，接触面上金属流动越困难，则滑动宽展减小，翻平宽展和鼓形宽展增大。若轧件越厚，变形区几何参数$\frac{l}{\bar{h}}$越小，则在轧件和轧辊接触面上产生相对滑动的区域减小，宽展主要由翻平宽展和鼓形宽展组成，如图9-7所示。若相对压下量增加，总宽展增加，其中滑动宽展增大，而翻平宽展和鼓形宽展增大到一定值后减小。

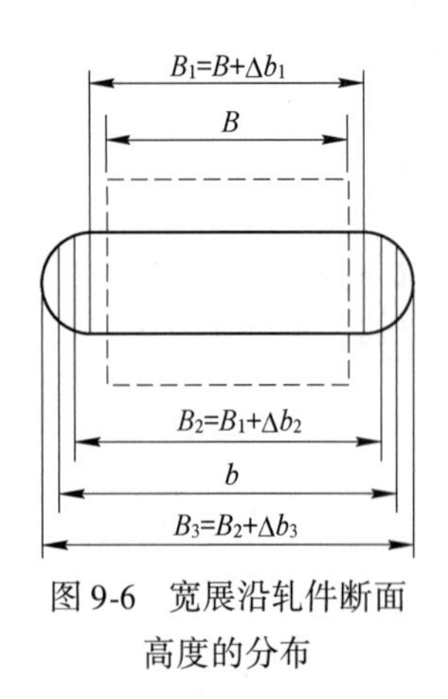

图9-6　宽展沿轧件断面高度的分布

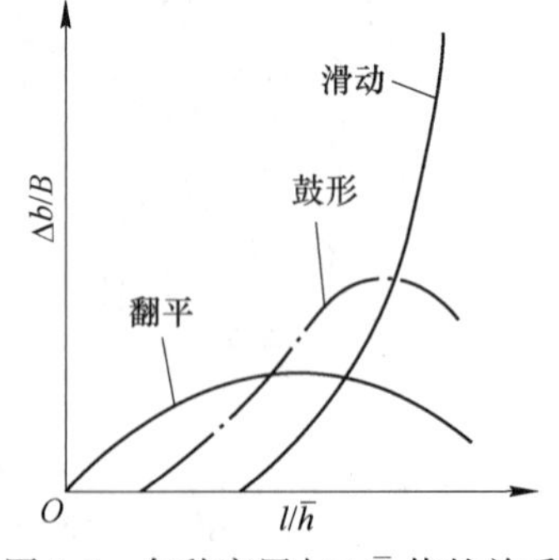

图9-7　各种宽展与 $l/\bar{h}$ 值的关系

9.1.2.2　宽展沿轧件宽度上的分布

宽展沿轧件宽度方向上的分布有两种假说。

（1）假说一：宽展沿轧件宽度方向上均匀分布。该假说认为，若在轧制前将轧件沿宽度方向上平均分成宽度相等的几部分，则在轧制后这几部分的宽度仍相等（见图9-8）。此假说是以变形均匀假说和外端作用作为理论基础的。因为变形区和前后外端是紧密联系的同一块金属，外端对延伸起均匀作用，使轧件沿长度方向上延伸均匀，因此宽展也是均匀的。此假说适用于轧制宽而薄的轧件，因为轧制宽而薄的轧件时，宽展很小，甚至无宽展。但在其他情况下，此假说与许多实际情况不相符，尤其不适用于轧制厚而窄的轧件。

（2）假说二：宽展沿轧件宽度方向上不均匀分布。该假说认为，根据最小阻力定律，可用角平分线的办法，将变形区分为四个部分（见图9-9）。其中，位于两个梯形内的金属向纵向流动，形成延伸，而位于轧件两边缘的两个三角形内的金属向横向流动，形成宽展。因此，宽展主要产生于轧件边缘。此假说也不完全正确，它不能严格说明金属表面质点的流动轨迹，但可以定性描述轧制时金属沿横向和纵向流动的总趋势，容易说明宽展现象的本质，并可作为计算宽展的依据。

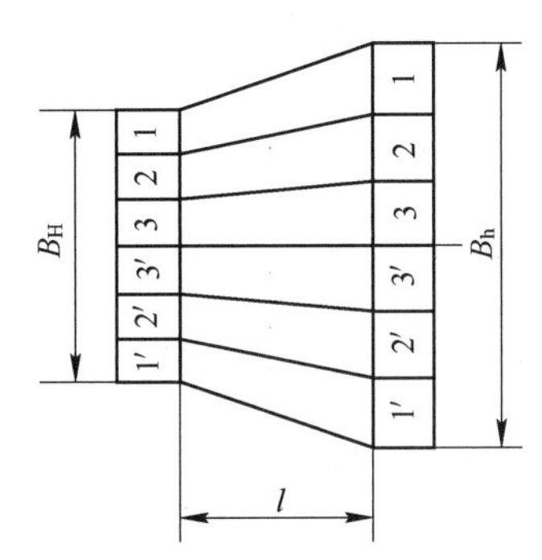

图9-8　宽展沿宽度均匀分布的假说

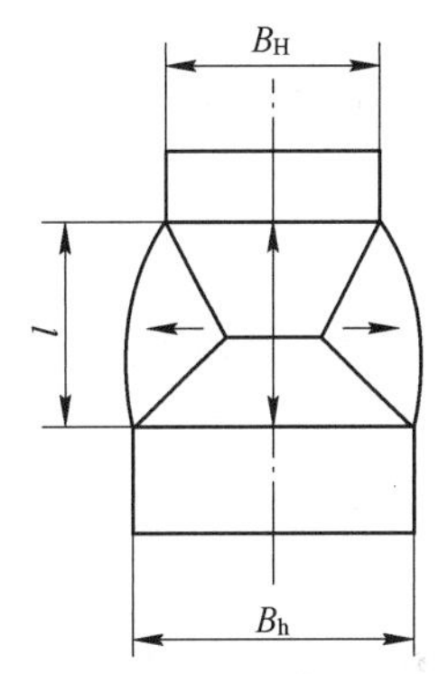

图9-9　变形区分区图示

总之，宽展是一个极其复杂的轧制现象，受许多因素的影响。

模块9.2　影响宽展的因素

轧制时高度（即厚度）方向上压下的金属体积如何分配给延伸和宽展，受体积不变定律和最小阻力定律的支配。体积不变定律决定了高度方向上压下的金属体积等于宽展的金属体积与延伸的金属体积之和，而最小阻力定律决定了高度方向上压下的金属体积分别有多少成为宽展和延伸。根据最小阻力定律，变形金属质点总是沿最小阻力方向移动。在金属压下体积不变的条件下，如果纵向流动阻力增大，则金属质点向横向流动增多，宽展增加而延伸减小；若横向流动阻力增大，则金属质点向纵向流动增多，延伸增大而宽展减小。所以，变形区中金属纵向流动阻力与横向流动阻力之比值，决定了压下的金属在纵向延伸和横向宽展上的分配比例。

轧制生产中，工艺参数和轧件尺寸的改变往往会导致宽展发生变化。这些参数有：压下量、轧辊直径、摩擦系数、轧件厚度和宽度等。而这些因素往往是通过影响相对压下量和金属纵向流动阻力与金属横向流动阻力的比值，来改变宽展的。下面分别讨论几个重要因素对宽展的影响。

9.2.1　压下量和相对压下量的影响

实验证明：压下量增加，宽展增加。这是因为，一方面压下量增大，相对压下量也增大，高向压下的金属体积增加，纵向、横向流动的金属体积增加，宽展自然增加；另一方面压下量增大，变形区长度 l 增加，纵向阻力增大，由最小阻力定律可知：金属容易向横向流动，使宽展增加。

随相对压下量增加，宽展也增加，这是因为从高度方向上压下的金属体积增加，纵向、横向流动的金属体积增加，宽展自然增加。应当指出：根据 $\varepsilon=\frac{H-h}{H}$，宽展随相对压下量的增加而增加可分为三种情况，如图 9-10 所示，图中 C 为常数，每种情况下宽展的增加幅度是不同的。(1) Δh 不变时，通过同时减小 H 和 h 来增加$\frac{\Delta h}{H}$，使宽展增大，但因为 Δh 不变，变形区长度不增大，所以宽展增加缓慢。(2) H 不变时，通过减小 h 使 Δh 增加来增加$\frac{\Delta h}{H}$，同时 Δh 增加使变形区长度增大，两者综合作用的结果使宽展增加迅速。(3) h 不变时，只能通过增加 H 使 Δh 增加来增加$\frac{\Delta h}{H}$，而增加 H 又会使$\frac{\Delta h}{H}$增加的幅度有所减小，故这种情况下，宽展的增加又比 H 不变时增加得慢。

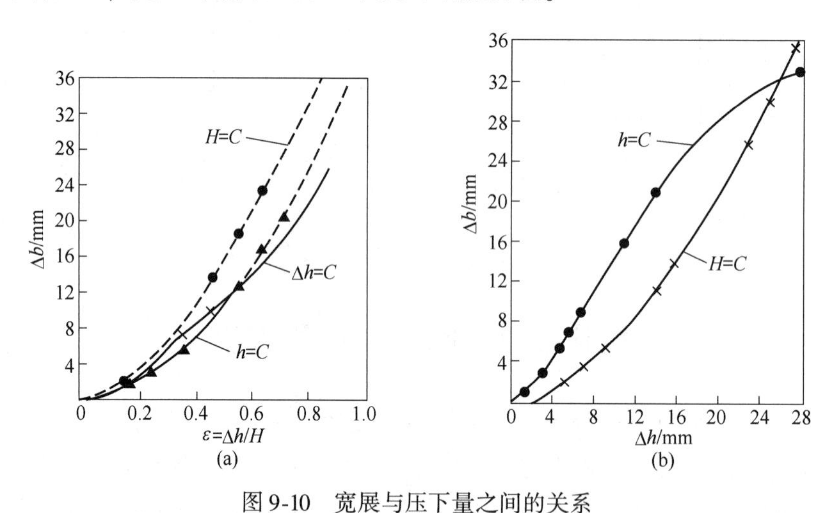

图 9-10　宽展与压下量之间的关系

(a) 当 Δh、H、h 为常数，低碳钢在 t=900 ℃、v=1.1 m/s 时，Δb 与 $\Delta h/H$ 的关系；
(b) 当 H、h 为常数，条件同 (a) 时 Δb 与 Δh 的关系

9.2.2　轧辊直径的影响

实验表明：轧辊直径增大，宽展增加。因为在压下量不变的情况下，增大轧辊直径使变形区长度增大 ($l=\sqrt{R\Delta h}$)，纵向流动阻力增大，金属更容易向宽度方向流动而使宽展增大。此外，研究轧辊直径对宽展的影响时，还应注意到，在纵向上辊面是圆弧形，轧辊对轧件的径向压力 N 会产生水平分量$\left[N\sin\left(\frac{\alpha}{2}\right)\right]$。此水平分量将促使金属质点向后流动

而有利于延伸。由图 9-11 可看出，当压下量不变、增大轧辊直径时，将使咬入角由 α_2 减小为 α_1，从而导致有利于延伸的水平分量减小，最终延伸减小而宽展增大。

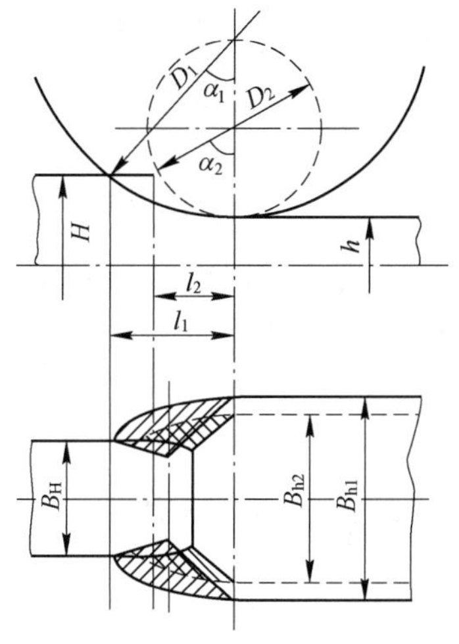

图 9-11　轧辊直径对宽展的影响

根据以上分析，轧制生产中为了得到大的延伸，一般采用小直径轧辊轧制，而用大轧辊轧制，延伸将会减小，宽展增加。

9.2.3　轧前轧件宽度的影响

图 9-12 所示的实验曲线表明，轧件宽度小于某一定值时，宽展随轧件宽度的增加而增加；轧件宽度超过该定值后，宽展随轧件宽度的增加反而减小。宽展和轧件宽度的关系可做如下定性说明。

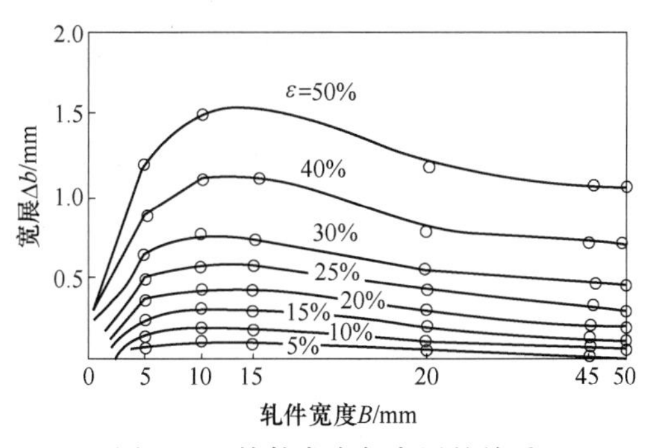

图 9-12　轧件宽度与宽展的关系

如前所述，可将轧制变形区用角平分线的方法分为 4 个流动区域，以此来说明轧件宽度对宽展的影响（见图 9-13）。若变形区长度 l 一定，当轧件宽度由 $B_1<l_1$ 逐渐增加到 $B_2=l_2$ 时，上、下两个宽展区面积是逐渐增加的，因而宽展也逐渐增加。当轧件宽度由 $B_2=l_2$ 逐渐增加到 $B_3>l_3$ 时，宽展区不变化而左、右两个延伸区增加。因此，从绝对量来说，宽展的变化是先增加，后来趋于不变；从相对量来说，则随着宽展区和延伸区比值的不断减小，而$\dfrac{\Delta b}{B}$逐渐减小。

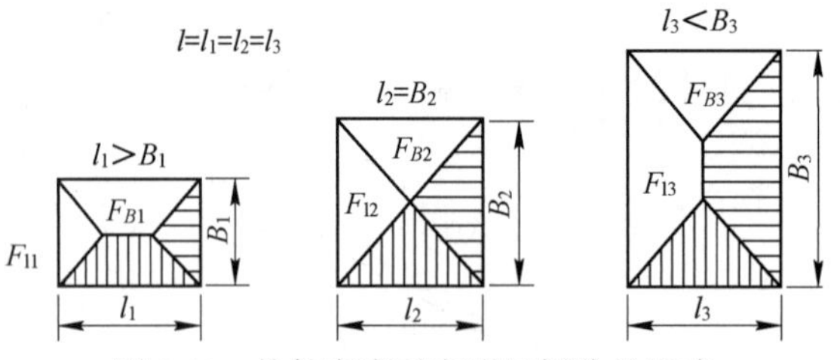

图 9-13　轧件宽度对变形区划分的影响

当轧件宽度超过某一定值后，宽展与轧件宽度的关系也可用最小阻力定律来解释。通常变形区长度 l 增大使纵向流动阻力增大，横向流动的金属体积增加，宽展增大；而变形区平均宽度 $\overline{B}$ 增大使横向流动阻力增大，宽展减小。所以，宽展与变形区长度成正比，与变形区平均宽度成反比，即：

$$\Delta b \propto \frac{l}{\overline{B}} = \frac{\sqrt{R\Delta h}}{\dfrac{B+b}{2}} \tag{9-2}$$

实际上，$\dfrac{l}{\overline{B}}$的变化反映了金属纵向流动阻力和横向流动阻力之变化。由此关系可知：轧件宽度 B 增加，宽展减小；当轧制宽度很大板材时，宽展趋近于零，出现一向压缩一向拉伸的平面变形。

9.2.4　摩擦系数的影响

图 9-14 所示的实验曲线表明了摩擦系数对宽展的影响。由图可知，在压下量相同的情况下，表面粗糙的轧辊摩擦系数增大，导致宽展增加。这说明宽展随摩擦系数的增加而增加。

摩擦系数对宽展的影响可归结为摩擦对金属纵向、横向流动阻力之比的影响，如图 9-15 所示，由于前滑区比后滑区小得多，且前滑区对应的中性角只有几度，因此可将前滑区轧件的变形视为平面变形，所以在变形区内纵、横阻力比主要取决于后滑区。

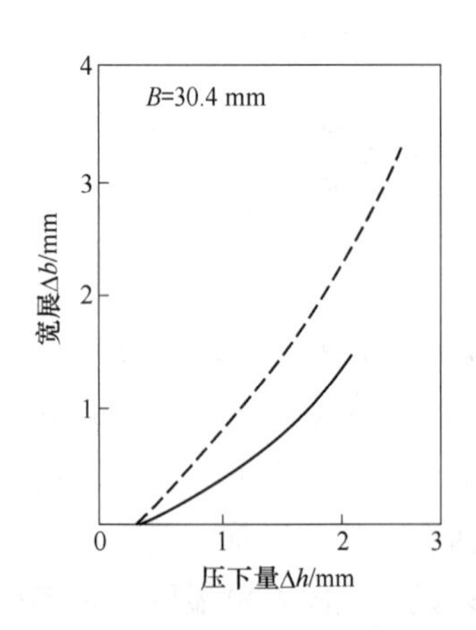

图 9-14　宽展与压下量，辊面状况的关系
实线—光面辊；虚线—粗糙表面轧辊

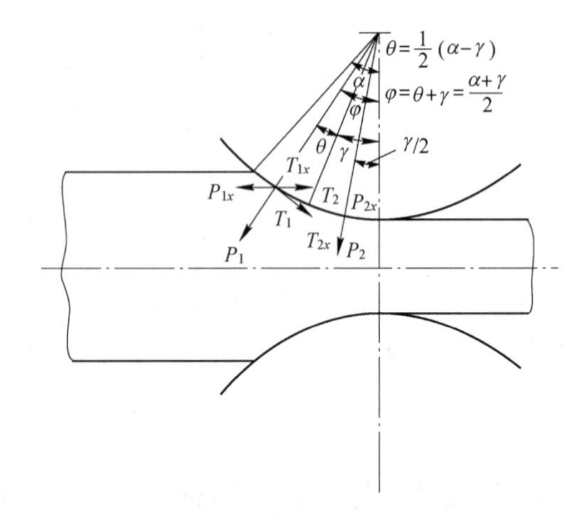

图 9-15　变形区塑性流动阻力

假设在后滑区轧辊对轧件径向压力和摩擦力的合力作用点位于后滑区接触弧的中点。在纵向上，轧辊是一圆弧，因此作用在轧件上的径向压力 P_1 和摩擦力 T_1 都存在水平分量，分别为 P_{1x} 和 T_{1x}。由于两者方向相反，P_{1x} 将减小金属质点向后纵向流动的阻力，因此金属纵向流动的阻力为：$T_{1x}-P_{1x}$；而在横向上，由于轧辊是平的，金属横向流动的阻力为：$T_1=fP_1$，f 为摩擦系数。所以在后滑区金属纵、横流动阻力之比 K 为：

$$K=\frac{T_{1x}-P_{1x}}{fP_1} \tag{9-3}$$

又由图 9-15 可知：$P_{1x}=P_1\sin\frac{\alpha+\gamma}{2}$；$T_{1x}=T_1\cos\frac{\alpha+\gamma}{2}=fP_1\cos\frac{\alpha+\gamma}{2}$。将此两式代入式(9-3)，整理得后滑区金属纵、横流动阻力比为：

$$K=\frac{T_{1x}-P_{1x}}{T_1}=\frac{fP_1\cos\frac{\alpha+\gamma}{2}-P_1\sin\frac{\alpha+\gamma}{2}}{fP_1} \tag{9-4}$$

$$K=\cos\frac{\alpha+\gamma}{2}-\frac{1}{f}\sin\frac{\alpha+\gamma}{2} \tag{9-5}$$

由式（9-5）可以看出：随 f 增加，金属纵向、横向阻力之比 K 增加，即阻碍纵向延伸的作用增强，所以宽展增加。

实验结果和理论分析都证明：宽展随摩擦系数的增加而增加。因此，可以得出如下结论：凡是影响摩擦系数的因素对宽展均有影响。

（1）轧辊化学成分的影响。根据化学成分，轧辊分为钢轧辊和铸铁轧辊。钢轧辊的硬度比铸铁轧辊的硬度低，具有大的摩擦系数。所以，用钢轧辊轧制的轧件的宽展比用铸铁轧辊轧制的要大。

（2）轧制温度的影响。轧制温度主要是通过影响氧化铁皮的形成和性质来影响摩擦系数，从而间接地影响宽展。轧制温度对宽展影响的实验曲线，如图 9-16 所示。在较低温度范围轧制，随温度升高，在金属表面形成的氧化膜增厚，变得疏松，使摩擦系数增大，宽展增加；而在较高温度范围轧制，随温度升高，氧化皮逐渐变软、熔化，起润滑作用，使摩擦系数减小，宽展减小。进一步说明：在较高温度范围内，随温度升高，形成的氧化皮润滑性能越好。所以，坯料在加热炉中高温加热时形成的炉生氧化皮起润滑作用，使宽展减小，而轧制过程中随温度降低形成的再生氧化皮增大摩擦系数，使宽展增加（见图 9-16）。

（3）轧制速度的影响。轧制速度对宽展的影响是通过摩擦系数起作用的。图 9-17 所示为不同压下量下宽展和轧制速度的关系曲线。这些曲线具有相同的规律：轧制速度在 1～2 m/s 的范围内，宽展有最大值；随轧制速度的增大，带入变形区的润滑剂增多，润滑效果好，摩擦系数减小，宽展减小；若轧制速度进一步增大，单位时间产生的变形热增大，反而减弱润滑效果，摩擦系数减小缓慢，宽展趋于恒定。

（4）润滑条件的影响。在不同的润滑条件下进行轧制，因摩擦系数不同，得到的宽展也不同。如图 9-18 所示，在不添加任何润滑剂的干辊面上轧制，摩擦系数最大，得到的宽展也最大；用煤油、乳液、锭子油、动物油等润滑剂轧制时，因不同程度地降低了摩擦系数，得到的宽展也相应地减小。

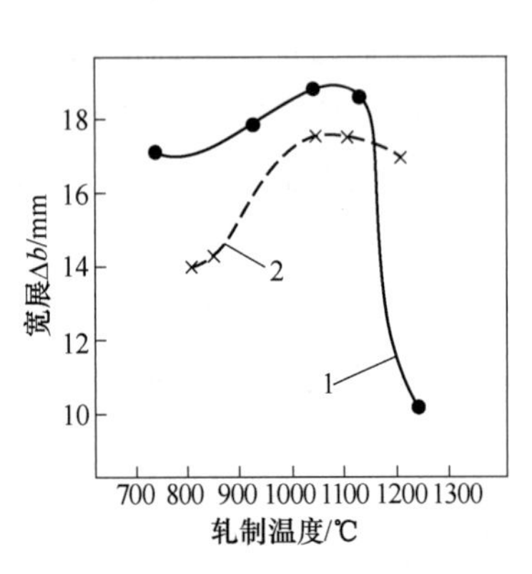

图 9-16　轧制温度对宽展的影响

（Q195，相对变形量为 50%）

1—有氧化铁皮；2—无氧化铁皮

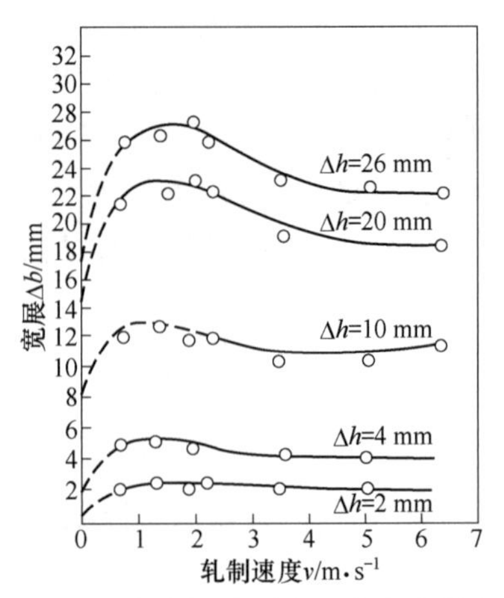

图 9-17　轧制速度对宽展大小的影响

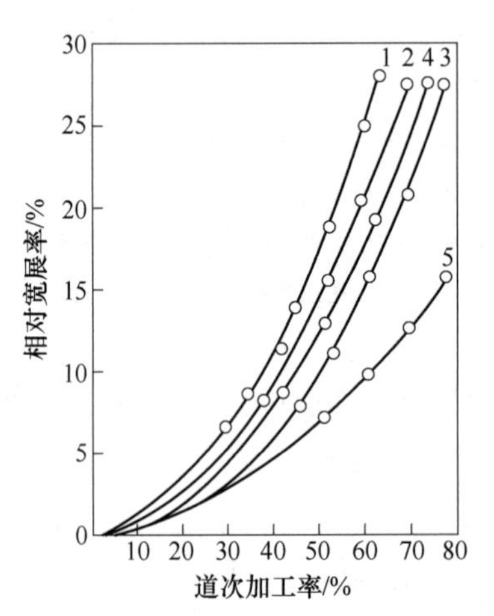

图 9-18　在不同润滑剂情况下相对宽展率与每道次轧制率的关系

1—干辊；2—煤油；3—乳液；4—锭子油；5—动物油

（5）轧件化学成分的影响。轧件化学成分对宽展的影响，主要是化学成分改变了氧化铁皮的形成和性质，使摩擦系数变化，从而改变宽展。如前所述，正常热轧条件下，高碳钢比低碳钢摩擦系数大，合金钢比碳素钢摩擦系数大，因此，相同条件下轧制，高碳钢的宽展比低碳钢大，合金钢的宽展比碳素钢的大。轧制型钢时，一般有以下特点：如果加入钢中的合金元素能提高氧化铁皮的软化温度和熔点，则会增大摩擦系数，使宽展增加。表 9-1 为各种化学成分对宽展的影响。从表中可见：合金钢的宽展比碳素钢的宽展大。

表 9-1　钢的化学成分对宽展的影响系数

组别	钢种	钢号	影响系数	平均数
I	普通碳素钢	10 号钢	1.0	

续表 9-1

组别	钢种	钢号	影响系数	平均数
Ⅱ	珠光体-马氏体钢	T7A（碳素工具钢）	1.24	1.25 ~ 1.32
		GCr15（轴承钢）	1.29	
		16Mn（结构钢）	1.29	
		4Cr13（不锈钢）	1.33	
		38CrMoAl（合金结构钢）	1.35	
		4Cr10Si2Mo（不锈耐热钢）	1.35	
Ⅲ	奥氏体钢	4C14Ni14W2Mo	1.36	1.35 ~ 1.40
		2Cr13Ni4Mn9（不锈耐热钢）	1.42	
Ⅳ	带残余相（铁素体、莱氏体）钢	1CrNi9Ti（不锈耐热钢）	1.44	1.40 ~ 1.50
		3Cr18Ni25Ti2（不锈耐热钢）	1.44	
		1Cr23N13（不锈耐热钢）	1.53	
Ⅴ	铁素体钢	1Cr17Al5（不锈耐热钢）	1.55	
Ⅵ	带碳化物的奥氏体钢	Cr15Ni60（不锈耐热钢）	1.62	

按一般公式计算的宽展，很少考虑合金元素的影响。为了确定合金钢的宽展，必须将按一般公式计算所得的宽展乘以表中的影响系数，即：

$$\Delta b_{合} = m\Delta b_{计} \tag{9-6}$$

式中 $\Delta b_{合}$——合金钢的宽展；

$\Delta b_{计}$——按一般公式计算的宽展；

m——化学成分对宽展的影响系数。

9.2.5 轧制道次的影响

在总压下量相同的条件下，轧制道次越多，总宽展量越小。这是因为轧制道次多，则每道次的压下量小，其变形区长度减小，而使纵向摩擦阻力减小，导致延伸增大，而宽展减小。表 9-2 为轧制道次对宽展的影响。

表 9-2 轧制道次和宽展的关系

序 号	轧制温度/℃	轧制道次	相对压下量/%	宽展/mm
	原状相同			
1	1000	1	74.5	22.4
2	1085	6	73.6	15.6
3	925	6	75.4	17.5
4	920	1	75.1	33.2

由表 9-2 可知：在总压下量相近的条件下，1 道次轧制的 1 号和 4 号轧件的宽展比 6 道次轧制的 2 号和 3 号轧件的宽展大得多。因此，宽展量必须按道次计算，若根据轧件厚度的减小，按比例地计算总宽展量是不正确的。另外，在总压下量一定的情况下，用大压下量少道次轧制时，轧件边缘容易形成单鼓形；而用小压下量多道次轧制，轧件边缘容易形成双鼓形。

9.2.6　张力的影响

实验证明：后张力增大，宽展减小；而前张力对宽展的影响不大。原因是前滑区很小，轧件的变形（包括延伸和宽展）主要发生在后滑区。如图 9-19 所示，在 $\phi300$ 轧机上热轧焊管坯时后张力对宽展的影响。图中的横坐标为$\frac{q_H}{K}$，q_H 为单位后张力，K 为平面变形抗力；纵坐标为 $C=\frac{\Delta b}{\Delta b_0}$，$\Delta b$ 是有张力轧制的宽展量，Δb_0 是无张力轧制的宽展量。由图可知：在$\frac{q_H}{K}<0.5$ 的范围内，C 随$\frac{q_H}{K}$的增大而减小，即宽展随单位后张力的增大而减小。这是因为在后张力作用下，金属质点纵向流动阻力减小，延伸增大而宽展减小。在张力轧制中，若后张力太大，则宽展可为负值，使轧件轧后宽度小于轧前宽度。

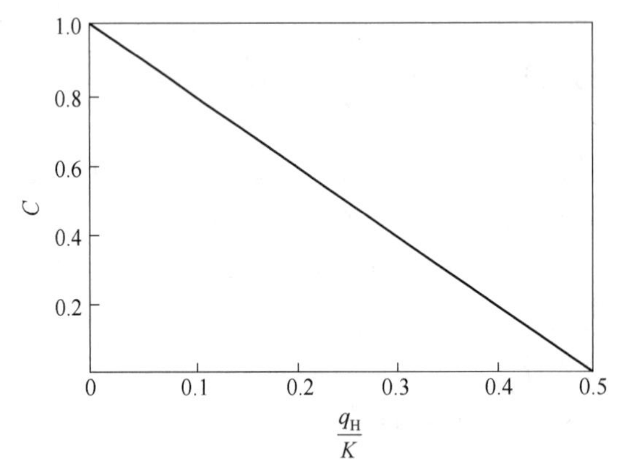

图 9-19　后张力对宽展的影响

9.2.7　外端对宽展的影响

所谓外端（外区）通常是指几何变形区以外的金属。在稳定轧制时，轧件有两个外端：前端和后端。由于外端具有纵向拉齐的作用，即可使沿轧件截面的纵向延伸均匀，所以外端使宽展减小。在轧制的咬入阶段或甩出阶段，因不存在前端或后端，板材头部或尾部宽展增加，而呈扇形。

模块 9.3　计算宽展的公式

影响宽展的因素很多，很复杂，很难将所有的影响因素定量地在一个公式中反映出来。例如，轧制厚件的双鼓形宽展与轧制薄件的单鼓形宽展，它们的性质是不同的。目前计算宽展的公式都是经验公式，适用于不同的轧制条件，使用时应注意有所选择。

9.3.1　若兹公式

德国学者若兹根据实际经验提出计算宽展的公式：

$$\Delta b = C\Delta h \tag{9-7}$$

式中，C 为宽展指数，$C=0.35\sim0.48$。冷轧时 $C=0.35$（硬钢）；热轧时 $C=0.48$（软钢）。C 也可以根据现场数据选取，如热轧低碳钢（1100～1150 ℃）时，$C=0.31\sim0.35$；热轧合金钢或高碳钢时，$C=0.45$。

根据大量生产实测资料的统计，在轧制普通碳素钢时，采用不同的孔型，宽展指数 C 值的波动范围见表 9-3。

式（9-7）只考虑了压下量的影响，其他因素的影响体现在宽展指数中。在实际生产中，若轧制条件变化不大，宽展指数也变化不大。这时用若兹公式形式简单，便于计算。

表 9-3　宽展指数表

轧机	孔型形状	轧件尺寸/mm	宽展指数 C
中小型开坯机	扁平箱型孔型		0.15～0.35
	立箱型孔型		0.20～0.25
	共轭平箱孔型		0.20～0.35
小型初轧机	方进六角孔型	边长>40 的方坯	0.50～0.70
		边长<40 的方坯	0.65～1.00
	菱进方形孔型		0.20～0.35
	方进菱形孔型		0.25～0.40
中小型轧机及线材轧机	方进椭圆孔型	边长 6～9	1.4～2.2
		9～14	1.2～1.6
		14～20	0.9～1.3
		20～30	0.7～1.1
		30～40	0.5～0.9
	圆进椭圆孔型		0.4～1.2
	椭圆进方孔型		0.4～0.6
	椭圆进圆孔型		0.2～0.4

9.3.2　彼得诺夫-齐别尔公式

当轧件高度 H 小于轧件宽度 B 时，彼得诺夫-齐别尔公式为：

$$\Delta b = C\sqrt{R(H-h)}\,\frac{H-h}{H} = C\sqrt{R\Delta h}\,\frac{\Delta h}{H} \tag{9-8}$$

式中，C 为宽展指数，$C=0.35\sim0.45$。热轧低碳钢（1150 ℃）时，$C=0.31$；热轧低碳钢（1100 ℃）时，$C=0.35$；轧制硬钢（1000 ℃以下）时，$C=0.4\sim0.45$；对于转炉钢，C 值可取小一些；合金钢取大值。如果轧件宽度 $B>\sqrt{R\Delta h}$，则 C 应按表 9-4 选取。

表 9-4　选取 C 值表

$\frac{B}{\sqrt{R\Delta h}}$	7	8	10	12	14	16	18	20
C	1.0	0.92	0.75	0.6	0.45	0.3	0.15	0

彼得诺夫-齐别尔公式考虑了变形区长度、相对压下量和轧件宽度对宽展的影响。

目前，根据生产厂实际数据求得宽展指数 C，再考虑孔型形状和其他因素影响，并利用平均高度法，求得 $\overline{H}$、$\overline{h}$ 和 $\overline{D}$，代入式（9-8），就可得出计算孔型轧制时宽展的公式。

9.3.3　巴赫契诺夫公式

巴赫契诺夫公式为：

$$\Delta b = 1.15\frac{\Delta h}{2H}\left(\sqrt{R\Delta h} - \frac{\Delta h}{2f}\right) \tag{9-9}$$

式中　f——摩擦系数。

式（9-9）比彼得诺夫-齐别尔公式多考虑了摩擦对宽展的影响。在计算平辊和箱型孔型中的自由宽展轧制时，可获得较准确的结果。但对 $\frac{B}{H}$ 较大的轧件，计算结果误差较大。

9.3.4　艾克隆德公式

艾克隆德公式为：

$$b^2 = 8m\sqrt{R\Delta h}\Delta h + B^2 - 4m(H + h)\sqrt{R\Delta h}\ln\frac{b}{B} \tag{9-10}$$

式中　$m = \frac{1.6f\sqrt{R\Delta h} - 1.2\Delta h}{H+h}$；

f——摩擦系数，按公式 $f = K_1K_2K_3(1.05 - 0.0005t)$ 计算。

式（9-10）比较全面地考虑了影响宽展的各种因素，计算结果较符合实际情况，适用范围广，但计算相对复杂。

如果式（9-10）中取 $\ln\frac{b}{B} \approx \frac{b}{B} - 1$，当 $\frac{b}{B} < 1.2$ 时，则有：

$$b = \sqrt{A^2 + B^2 + 4ml(3H - h)} - A \tag{9-11}$$

式中，$l = \sqrt{R\Delta h}$；$A = 2m(H+h)\frac{l}{B}$。

【例题 9-1】 已知轧前轧件断面尺寸 $H \times B = 100\ \text{mm} \times 200\ \text{mm}$，轧后厚度 $h = 70$ mm，轧辊材质为铸钢，轧辊工作直径 $D_k = 650$ mm，轧制速度 $v = 4$ m/s，轧制温度 $T = 1100$ ℃，轧件为低碳钢，计算该道次的宽展。

解：（1）用艾克隆德公式计算热轧的摩擦系数。

$$f = K_1K_2K_3(1.05 - 0.0005t)$$

轧辊为铸钢，$K_1 = 1.0$；轧制速度 $v = 4$ m/s，由图 6-5 可查得 $K_2 = 0.8$；轧件为低碳钢，$K_3 = 1.0$。代入上式得：

$$f = 1.0 \times 0.8 \times 1.0 \times (1.05 - 0.0005 \times 1100) = 0.4$$

（2）计算压下量及变形区长度。

$$\Delta h = H - h = 100 - 70 = 30\ \text{mm}$$

$$l = \sqrt{R\Delta h} = \sqrt{\frac{650}{2} \times 30} = 98.7\ \text{mm}$$

（3）用若兹公式计算宽展。

$$\Delta b = C\Delta h$$

轧制温度 1100 ℃，轧件为低碳钢，宽展指数 $C=0.35$。代入上式得：

$$\Delta b = 0.35 \times 30 = 10.5 \text{ mm}$$

（4）用彼得诺夫-齐别尔公式计算宽展。

$$\Delta b = C\sqrt{R(H-h)}\,\frac{H-h}{H} = C\sqrt{R\Delta h}\,\frac{\Delta h}{H}$$

轧制温度 1100 ℃，轧件为低碳钢，宽展指数 $C=0.35$。代入上式得：

$$\Delta b = 0.35 \times \frac{30}{100} \times 98.7 = 10.4 \text{ mm}$$

（5）用巴赫契诺夫公式计算宽展。

$$\Delta b = 1.15\,\frac{\Delta h}{2H}\left(\sqrt{R\Delta h} - \frac{\Delta h}{2f}\right) = 1.15 \times \frac{30}{2\times 100} \times \left(98.7 - \frac{30}{2\times 0.4}\right) = 10.6 \text{ mm}$$

（6）用艾克隆德公式计算宽展。

$$m = \frac{1.6f\sqrt{R\Delta h} - 1.2\Delta h}{H+h} = \frac{1.6fl - 1.2\Delta h}{H+h} = \frac{1.6\times 0.4\times 98.7 - 1.2\times 30}{100+70} = 0.16$$

$$A = 2m(H+h)\,\frac{l}{B} = 2\times 0.16\times(100+70)\times\frac{98.7}{200} = 26.85$$

$$\begin{aligned} b &= \sqrt{A^2 + B^2 + 4ml(3H-h)} - A \\ &= \sqrt{26.85^2 + 200^2 + 4\times 0.16\times 98.7\times(300-70)} - 26.85 = 208.2 \text{ mm} \end{aligned}$$

$$\Delta b = b - B = 208.2 - 200 = 8.2 \text{ mm}$$

模块 9.4　孔型轧制时宽展的特点

孔型轧制的宽展很复杂，许多问题还未解决。孔型轧制的宽展除受模块 9.2 所述的因素影响外，还有以下几方面的影响。

9.4.1　沿轧件宽度上压下不均匀的影响

图 9-20 是在椭圆孔型中轧制方形件。显然，在轧件宽度方向上压下不均匀，必然造成在宽度方向上延伸不均匀。但轧件是一个整体，是以平均延伸轧出的。1 区的压下接近平均延伸，被压下的金属全部形成延伸，无宽展；2 区的压下大于平均延伸，被压下的部分金属被迫向宽度方向流动，形成强迫宽展，产生正宽展；3 区的压下小于平均延伸，使本应向宽度方向流动的金属向纵向流动，出现横向收缩现象，产生负宽展。

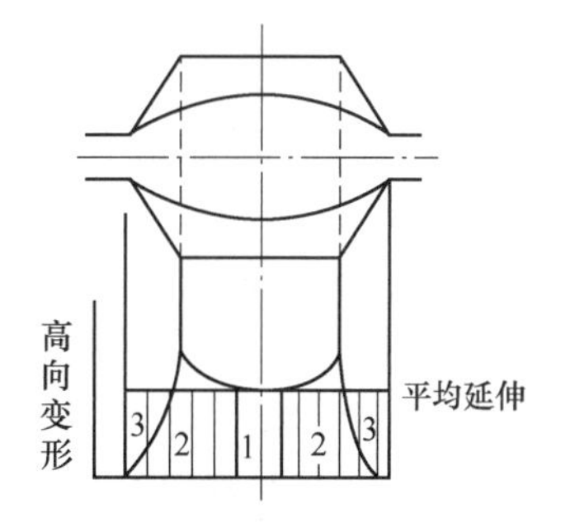

图 9-20　在椭圆孔型中轧制方形件的高向变形分布

由上可知，沿轧件宽度方向上不均匀压下使各处宽展有很大差别，尤其是强迫宽展和收缩现象，对产品尺寸精度影响很大，孔型设计应充分考虑此问题。

9.4.2 孔型侧壁的影响

孔型侧壁的作用主要是通过改变金属横向流动阻力来影响宽展。在平辊上轧制，横向流动阻力仅为横向外摩擦力，而在孔型中轧制时，因孔型侧壁作用，横向流动阻力不仅和横向外摩擦力有关，而且受孔型侧壁上的正压力的影响。

如图9-21所示，在菱形孔（凹形工具）中，工具角 $\varphi<0°$，此时横向流动阻力为摩擦力和正压力的水平分量之和，即 T_x+P_x，此横向流动阻力比平辊轧制的大，宽展减小。而在切入孔（凸形工具）中，此时横向流动阻力为摩擦力和正压力的水平分量之差，即 T_x-P_x，此横向流动阻力减小，产生强迫宽展。

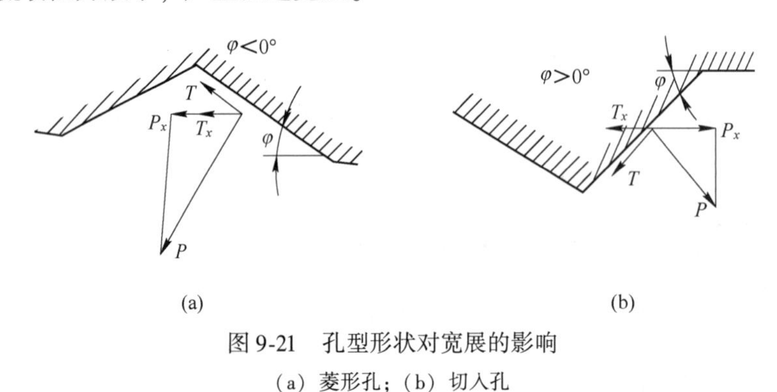

图9-21 孔型形状对宽展的影响

（a）菱形孔；（b）切入孔

9.4.3 轧件与轧辊非同时性接触的影响

在图9-22中，当断面为圆形的轧件进入平辊时，轧件与轧辊首先在 A 点接触，随着轧件进入变形区，B 点和 C 点依次与轧辊接触，而 D 点最终也不会与轧辊接触。沿变形区宽度轧件与轧辊非同时接触，一般叫作接触非同时性。

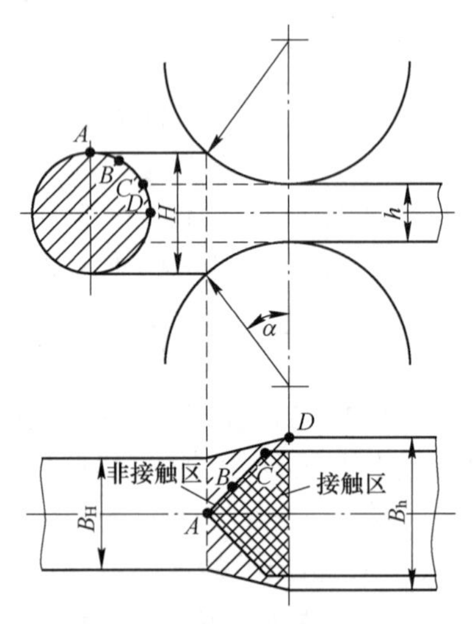

图9-22 接触的非同时性

在图9-23中画出了与轧辊轴心连线平行的、垂直于变形区的若干截面。从图中可以看出非同时性接触对宽展的影响。Ⅳ—Ⅳ截面表示菱形轧件刚进入时，轧件上下两尖端与孔型接触。此时由于轧件被压缩部分较小，而未压缩部分较大，故纵向延伸困难，可能得到局部宽展。在Ⅲ—Ⅲ截面上，压缩部分的面积比未压缩部分面积大许多，产生纵向延伸。此时未被压缩部分受压缩部分的作用而延伸，产生负宽展，相反，压缩部分的延伸受未压缩部分的抑制，产生正宽展，但轧件宽展增加不明显。在轧制即将结束时，由于孔型两边高度很小，压下量大，本应得到较大延伸，但此时轧件中部大部分压下已经结束，轧件两边部被压下的金属受中部金属的牵制，被迫横向流动使宽展增加，延伸减小。

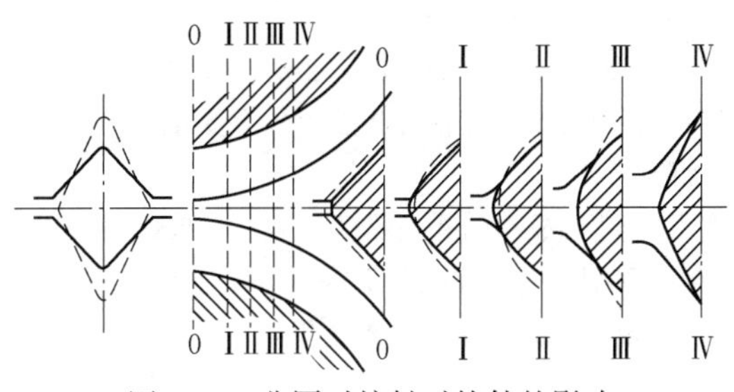

图 9-23　非同时接触对轧件的影响

9.4.4　轧制速度的影响

孔型轧制时，轧辊工作直径沿孔型宽度方向上各点不同。在图 9-24 所示的菱形孔型中，孔型边部的工作直径为：$D_1=D-s$；中间部分的工作直径为：$D_2=D-h$。两者工作直径的差值为：$D_1-D_2=h-s$，其中，h 为孔型高度，s 为辊缝。若上下两轧辊尺寸、转速相同，则 D_1 处的线速度 v_1 大于 D_2 处的线速度 v_2。但由于轧件是一个整体，其出口速度是相同的，这就造成轧件边部和中部的相互作用。轧件边部受到轧件中部的压力而速度减小，轧件中部受到轧件边部的拉力而速度增加。若轧件中部体积大于边部，则轧件边部受到的压应力会很大，使宽展增加。同时由于金属的相互作用，将引起孔型侧壁磨损不均匀。

从上述孔型轧制变形的特点可知，孔型轧制中的宽展不像平辊轧制一样，是自由宽展，而多为强迫宽展或限制宽展，并且产生局部的展宽或拉缩。因此，要正确确定孔型轧制的宽展，只考虑影响平辊轧制的宽展的因素是不够的，还必须分析孔型轧制特点的影响。

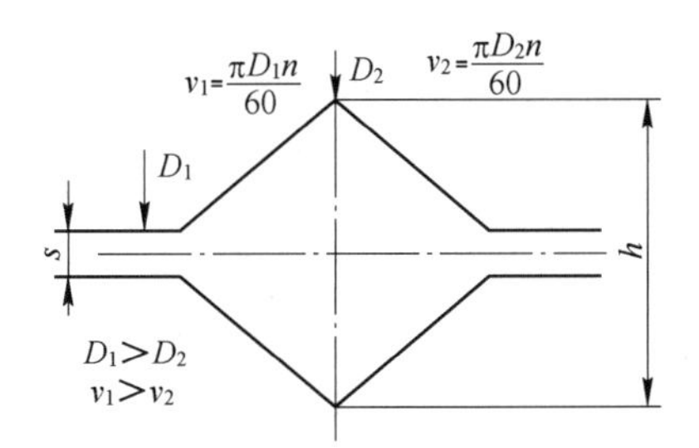

图 9-24　孔型中轧制时的速度差

习　题

9-1　什么是宽展，它可分为几种类型？

9-2　画图表示单鼓形宽展由几部分组成。

9-3　用平辊轧制矩形断面轧件，影响宽展的因素有哪些，如何影响？

9-4　有哪些因素影响变形区纵横阻力比，随纵横阻力比 K 的变化，宽展如何变化？

9-5　轧制线材时，为什么有时头部充不满而尾部又有耳子？

9-6　一块矩形断面的轧件在平辊上轧制后，出现前端和后端比中间部分宽度大些，且前后端呈扇形，分析产生此现象的原因。

9-7 为什么轧制宽度很大的板带材时，宽展很小？

9-8 若总压下量一定的情况下，轧制道次分别为 8 道和 3 道，哪种情况下总宽展量大，为什么？

9-9 在下面几种情况下，型钢轧制时孔型充满情况将发生什么变化？

（1）轧制温度比正常温度降低 50 ℃。

（2）把辊径为 500 mm 轧机上轧制成功的孔型照搬到辊径为 800 mm 轧机上。

（3）把在同一轧机上轧制低碳钢合适的孔型用于轧制高合金钢。

（4）轧辊材质由锻钢改为球墨铸铁，孔型尺寸未变化。

9-10 在 1150 mm 初轧机上，轧辊材质为锻钢，轧制速度为 2. 5 m/s，用尺寸为 $\left(\frac{710\times620}{760\times670}\times2280\right)$ mm^3 的碳钢钢锭，轧制尺寸为（280×300）mm^2 的初轧坯。试用若兹、彼得诺夫-齐别尔和巴赫契诺夫公式，计算 5 ~ 8 道次的宽展（第 5 道次的轧制温度为 1000 ℃，终轧温度为 900 ℃），并和压下规程中的 Δb 值（见表 9-5）进行比较。

表 9-5 $\left(\frac{710\times620}{760\times670}\times2280\right)$ mm^3 的钢锭轧制（280×300）mm^2 钢坯的压下规程

<table>
<tr><th>道次号</th><th>孔号</th><th>轧件的断面尺寸 $H\times B$/mm×mm</th><th>Δh/mm</th><th>Δb/mm</th></tr>
<tr><td>0</td><td rowspan="5">1</td><td>760×670</td><td>—</td><td>—</td></tr>
<tr><td>1</td><td>620×670</td><td>140</td><td>0</td></tr>
<tr><td>2</td><td>530×670</td><td>90</td><td>0</td></tr>
<tr><td>3</td><td>440×680</td><td>90</td><td>10</td></tr>
<tr><td>4</td><td>350×690</td><td>90</td><td>10</td></tr>
<tr><td colspan="5">翻 钢</td></tr>
<tr><td>5</td><td rowspan="4">2</td><td>560×360</td><td>130</td><td>10</td></tr>
<tr><td>6</td><td>460×370</td><td>100</td><td>10</td></tr>
<tr><td>7</td><td>360×385</td><td>100</td><td>15</td></tr>
<tr><td>8</td><td>270×400</td><td>90</td><td>15</td></tr>
<tr><td colspan="5">翻 钢</td></tr>
<tr><td>9</td><td>3</td><td>280×300</td><td>120</td><td>30</td></tr>
</table>

9-11 在 ϕ300 轧机上热轧低碳扁钢，轧辊的工作直径为 300 mm，轧制速度 3 m/s，轧制温度 1000 ℃，轧辊材质为铸铁，该道次轧制前轧件宽度为 30 mm。轧制前后的轧件厚度分别为 15 mm 和 10 mm，试计算该道次轧制后轧件宽度。

项目 10　轧制时金属的纵变形——前滑和后滑

模块 10.1　轧制时的前滑和后滑

10.1.1　前滑和后滑的概念

轧制过程中，轧件在出口端离开轧辊的速度 v_h 大于轧辊在该处的线速度 v（即 $v_h>v$）的现象，称为前滑；而轧件在入口端进入轧辊的速度 v_H 小于该处轧辊的线速度的水平分量 $v\cos\alpha$（即 $v_H<v\cos\alpha$）的现象，称为后滑（见图 10-1）。关于产生前滑、后滑的原因已在模块 7.5 介绍过，这里我们从另一个角度来理解前滑、后滑的产生。

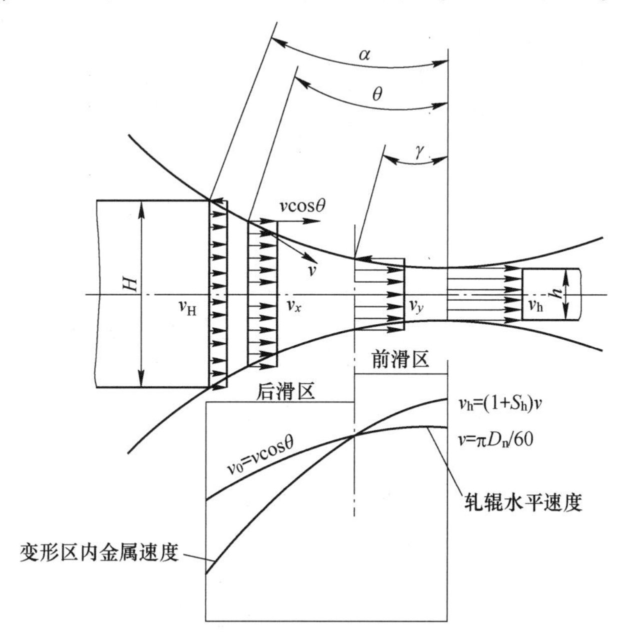

图 10-1　变形区内金属流动速度与轧辊水平速度

在模块 8.2 中了解到轧件在咬入阶段会产生剩余摩擦力。由于剩余摩擦力的方向和轧件的运动方向相同，因此剩余摩擦力将加快轧件前端的运动速度，而为了保证轧件从变形区离开轧辊，轧件在出口端的速度必须大于轧辊在该处的速度。这样在变形区内的某处，轧件前端的运动速度就会大于轧辊线速度的水平分量，就形成了前滑，同时后滑也就出现。

10.1.2　前滑值和后滑值

通常将轧件出辊处轧件速度 v_h 与该处轧辊线速度 v 的差值同轧辊线速度的比值称为前滑值 S_h；而将轧件入辊处轧辊线速度的水平分量与轧件速度 v_H 的差值同该处轧辊线速度

的水平分量的比值称为后滑值 S_H，所以前滑值 S_h、后滑值 S_H 可分别用下式表示。

$$S_h = \frac{v_h - v}{v} \times 100\% = \frac{v_h}{v} - 1 \tag{10-1}$$

$$S_H = \frac{v\cos\alpha - v_H}{v\cos\alpha} \times 100\% = 1 - \frac{v_H}{v\cos\alpha} \tag{10-2}$$

前滑值和后滑值分别用来表示前滑和后滑的大小。

10.1.3　前滑值的测定

通过实验方法可以求前滑值。将式（10-1）的分子、分母同乘以轧制时间 t，得：

$$S_h = \frac{v_h t - vt}{vt} = \frac{L_h - L_H}{L_H} \tag{10-3}$$

如图 10-2 所示，如果事先在轧辊表面上刻出距离为 L_H 的两个小坑，则轧制后轧件表面会出现距离为 L_h 的两个凸起。测出 L_H 和 L_h 后，用式（10-3）就能计算轧制时的前滑值。由于实测的轧件尺寸为冷尺寸，故必须用下式换算为热尺寸。

$$L_h = L'_h[1 + \alpha(t_1 - t_2)] \tag{10-4}$$

式中　L'_h——轧件冷却后测得的尺寸；

t_1，t_2——轧件轧制时的温度和测量时的温度；

α——线膨胀系数，按表 10-1 选取。

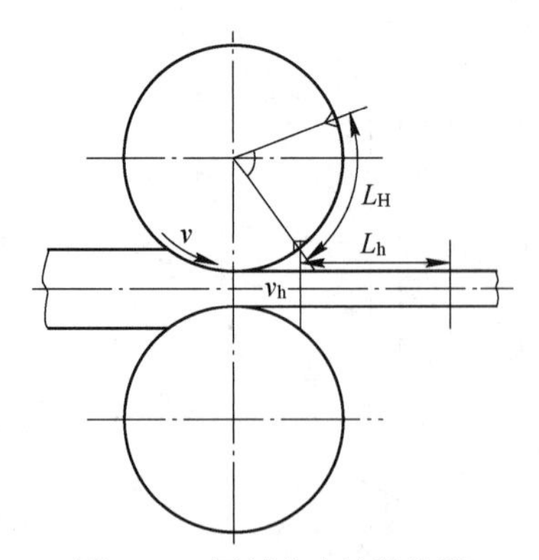

图 10-2　用刻痕法计算前滑

表 10-1　碳钢的线膨胀系数

温度/℃	线膨胀系数 α
0～1200	$(15 \sim 20) \times 10^{-6}$
0～1000	$(13.3 \sim 17.5) \times 10^{-6}$
0～800	$(13.5 \sim 17.0) \times 10^{-6}$

10.1.4　前滑值和后滑值的关系

在轧制过程中，单位时间内进入辊缝的金属体积等于离开辊缝的金属体积，即秒流量相等，因此有：

$$F_H v_H = F_h v_h \quad 或 \quad v_H = \frac{F_h}{F_H} v_h = \frac{v_h}{\mu} \tag{10-5}$$

式中　μ——延伸系数。

由式（10-1）可得：

$$v_h = v(1 + S_h) \tag{10-6}$$

将式（10-6）代入式（10-5），可得：

$$v_H = \frac{v}{\mu}(1 + S_h) \tag{10-7}$$

由式（10-2）和式（10-7）可得：

$$S_H = 1 - \frac{v_H}{v\cos\alpha} = 1 - \frac{\frac{v}{\mu}(1 + S_h)}{v\cos\alpha} \quad 或 \quad \mu = \frac{1 + S_h}{(1 - S_H)\cos\alpha} \tag{10-8}$$

从式（10-8）中可以看出，前滑和后滑产生了延伸，即产生了纵变形，所以在轧制原理中把前滑、后滑作为纵变形来讨论。此外，还可以看出，当延伸系数 μ 和咬入角 α 一定时，前滑值增加，后滑值一定减小。从式（10-6）~式(10-8）可以看出：当延伸系数 μ、轧辊线速度 v 和咬入角 α 已知时，知道前滑值就可以求出轧件进、出轧辊的速度 v_H、v_h 和后滑值，即前滑值决定了轧件进、出轧辊的速度和后滑值。

从以上关系可以得出，轧制过程中的纵变形是由前滑和后滑引起的，而前滑又决定了后滑，因此，研究纵变形只要搞清楚前滑就可以了。所以本项目只讨论前滑问题。

模块 10.2　前滑的计算公式

前滑值的定义式为：$S_h = \frac{v_h - v}{v} \times 100\% = \frac{v_h}{v} - 1$，公式中无任何轧制工艺参数，因此无法由轧制工艺参数来确定前滑值。本模块要讨论的问题就是要建立轧制工艺参数和前滑值的关系，以便由轧制工艺参数方便地确定前滑值。

10.2.1　芬克公式

稳定轧制阶段，变形区中任意横断面金属秒流量不变。据此，变形区出口断面金属秒流量等于中性面处金属秒流量，有：

$$v_\gamma b_\gamma h_\gamma = v_h bh \rightarrow \frac{v_h}{v_\gamma} = \frac{b_\gamma h_\gamma}{bh} \tag{10-9}$$

式中　v_γ——中性面处轧件速度，等于轧辊线速度的水平分量，表示为 $v\cos\gamma$；

h_γ——中性面处轧件厚度，表示为 $h+D(1-\cos\gamma)$；

b_γ——中性面处轧件宽度。

若忽略宽展，有 $b_\gamma = b$，则式（10-9）变为：

$$\frac{v_h}{v_\gamma} = \frac{h_\gamma}{h} \rightarrow \frac{v_h}{v\cos\gamma} = \frac{h + D(1 - \cos\gamma)}{h} \rightarrow \frac{v_h}{v} = \frac{h\cos\gamma + D(1 - \cos\gamma)\cos\gamma}{h}$$

$$\frac{v_h}{v} - 1 = \frac{h\cos\gamma + D(1 - \cos\gamma)\cos\gamma}{h} - 1 \rightarrow S_h = \frac{D(1 - \cos\gamma)\cos\gamma - h(1 - \cos\gamma)}{h}$$

$$S_h = \frac{(1-\cos\gamma)(D\cos\gamma - h)}{h} = \frac{2\sin^2\frac{\gamma}{2}(D\cos\gamma - h)}{h} \tag{10-10}$$

式（10-10）称为芬克前滑公式。从式中可见：在忽略宽展的情况下，前滑值由轧辊直径 D、中性角 γ 和轧制后的轧件厚度 h 三个工艺参数决定。这三个工艺参数对前滑值的影响如图 10-3 所示。曲线 1 是在 $D=300$ mm、$\gamma=5°$的条件下测得的，反映轧制后的轧件厚度 h 对前滑值的影响，轧后轧件厚度增大（即压下量减小），前滑值减小，两者呈双曲线关系。曲线 2 是在 $h=20$ mm、$\gamma=5°$的条件下测得的，反映轧辊直径 D 对前滑值的影响，轧辊直径增大，前滑值增大，两者呈直线关系。曲线 3 是在 $h=20$ mm、$D=300$ mm 的条件下测得的，反映中性角 γ 对前滑值的影响，中性角增大，前滑值增大，两者呈抛物线关系。

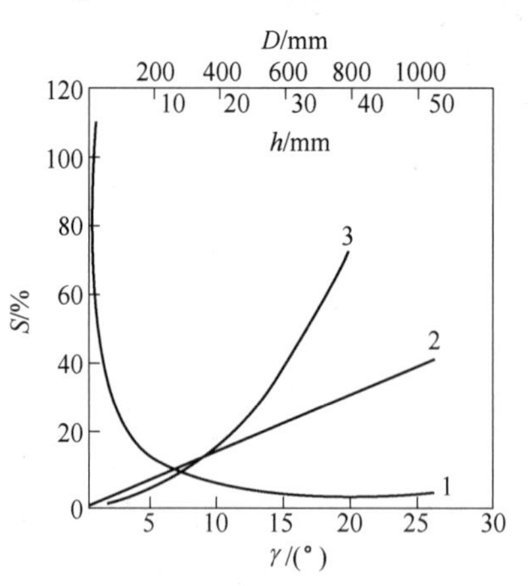

图 10-3　按芬克公式计算的曲线

10.2.2　艾克隆德公式

当中性角很小时，可以认为：$\sin\frac{\gamma}{2}=\frac{\gamma}{2}$；$\cos\gamma=1$。将它们代入芬克前滑公式，可得：

$$S_h = \frac{2\left(\frac{\gamma}{2}\right)^2(D-h)}{h} = \frac{\gamma^2}{2}\left(\frac{D}{h}-1\right) \tag{10-11}$$

式（10-11）称为艾克隆德公式。

10.2.3　德雷斯登公式

若用大轧辊轧制薄板，则$\frac{D}{h}$远远大于 1，有$\frac{D}{h}-1\approx\frac{D}{h}$。艾克隆德公式变为：

$$S_h = \frac{\gamma^2}{2}\frac{2R}{h} = \gamma^2\frac{R}{h} \tag{10-12}$$

该公式称为德雷斯登公式。

10.2.4　柯洛廖夫公式

以上三个前滑值的计算公式未考虑宽展。若存在宽展，实际的前滑值将小于上述诸公式计算的前滑值。考虑宽展的前滑值的计算式为：

$$S_h = \frac{R}{h}\gamma^2\left(1-\frac{R\gamma}{B_h}\right) \tag{10-13}$$

此公式称为柯洛廖夫公式。式中，B_h 为轧制后轧件宽度。

在一般生产条件下，前滑值在 2% ~10% 之间波动，在某些特殊情况下会超出此范围。

模块 10.3　中性角的计算和分析

前面介绍过，所谓中性面是指变形区中轧件的运动速度和该处轧辊线速度的水平分量相等所对应的横断面。中性面将变形区分为前滑区和后滑区。前滑区对应的圆心角，称为中性角。实际上，中性角的大小代表了前滑区的大小；而咬入角与中性角之差（$\alpha-\gamma$）则代表了后滑区的大小。

10.3.1　中性角 γ 的计算

由模块 10.2 计算前滑的公式可知，计算前滑值必须知道中性角。对于理想的简单轧制，中性角可用巴甫洛夫公式来计算（参阅模块 7.5），公式为：

$$\gamma = \frac{\alpha}{2}\left(1 - \frac{\alpha}{2\beta}\right) \quad 或 \quad \gamma = \frac{\alpha}{2}\left(1 - \frac{\alpha}{2f}\right) \tag{10-14}$$

注意，咬入角、摩擦角和中性角的单位均为弧度，而不是度。式中摩擦角用弧度表示时，数值近似为摩擦系数 f。

10.3.2　巴甫洛夫公式的分析

巴甫洛夫公式又可写为：

$$\gamma = \frac{\alpha}{2} - \frac{\alpha^2}{4\beta} \tag{10-15}$$

设摩擦角 β 为常数。函数的第一项是正值，正比于咬入角，第二项是负值，正比于咬入角的平方。这种情况下，随咬入角的增大，中性角会出现极大值。求极大值的条件是令函数的一阶导数等于 0，即：

$$\frac{d\gamma}{d\alpha} = \frac{1}{2} - \frac{\alpha}{2\beta} = 0$$

$$\alpha = \beta$$

当咬入角等于摩擦角时，中性角有极大值，极大值为：

$$\gamma_{\max} = \frac{\beta}{2} - \frac{\beta^2}{4\beta} = \frac{\beta}{4} \tag{10-16}$$

当摩擦角为常数时，根据巴甫洛夫公式，中性角和咬入角的关系，如图 10-4 所示。由图 10-4 可见：

（1）在咬入角小于摩擦角的范围内，随咬入角的增大，中性角增大，前滑区也增大。

（2）当咬入角等于摩擦角时，为极限咬入条件，此时中性角有极大值，前滑区最大。

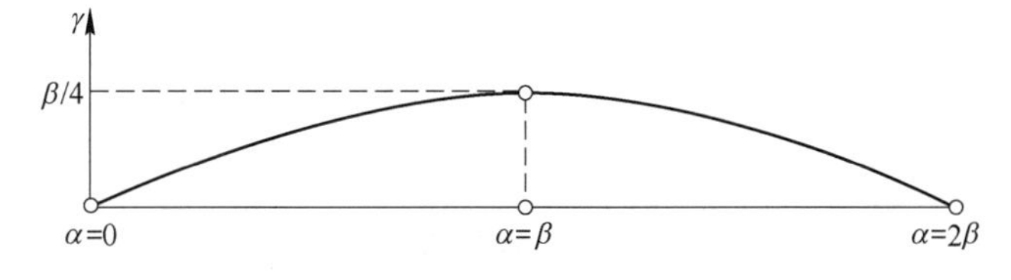

图 10-4　三特征角 α、β、γ 之间的关系

(3) 在咬入角大于摩擦角的范围内，随咬入角的增大，中性角减小，前滑区也减小。

(4) 当咬入角等于2倍的摩擦角时，中性角为0，无前滑区。这意味着轧件出口端的速度不大于轧辊的速度，轧件不能出辊缝，轧制已经不能进行下去，这说明轧制一定存在前滑区。

前面介绍过，$\alpha-\gamma$ 代表后滑区的大小，它可写为：

$$\alpha - \gamma = \alpha - \frac{\alpha}{2} + \frac{\alpha^2}{4\beta} = \frac{\alpha}{2} + \frac{\alpha^2}{4\beta} \tag{10-17}$$

从式(10-17)中可以看出，随咬入角的增大，$\alpha-\gamma$ 一直增大，后滑区也一直增大；而前滑区随咬入角的增大，经历了由小变大，再由大变小的过程。

在极限咬入条件下（即 $\alpha=\beta$ 时），中性角有极大值$\frac{\beta}{4}\left(即\frac{\alpha}{4}\right)$，这就是说前滑区最大时只占变形区的1/4。而实际的轧制一般是在实现咬入后再加大压下量的情况下进行的，目的是为了提高生产率。这种情况下，不论是热轧还是冷轧，由于咬入角大于摩擦角，使中性角减小，前滑区减小，而 $\alpha-\gamma$ 增大，后滑区增大。因此，轧制变形主要是在后滑区进行的，也就是说，宽展和延伸主要发生在后滑区。

【例题10-1】 用辊径为650 mm的铸铁轧辊，在轧制温度为1100 ℃、轧制速度为2 m/s的条件下，将厚度为100 mm、宽度为400 mm的低碳钢轧件轧成厚度为70 mm、宽度为400 mm的轧件，试计算前滑值。

解：(1) 求咬入角。

$$\cos\alpha = \frac{D - \Delta h}{D} = \frac{650 - 30}{650} = 0.9538$$

$$\alpha = 17.48° = 0.305 \text{ 弧度}$$

(2) 求摩擦系数和摩擦角。由热轧计算摩擦系数的艾克隆德公式，按已知条件查得：

$$K_1 = 0.8,\ K_2 = 1.0,\ K_3 = 1.0$$

$$f = K_1K_2K_3(1.05 - 0.0005t) = 0.8 \times 1.0 \times 1.0 \times (1.05 - 0.0005 \times 1100) = 0.4$$

查得：$\beta = \arctan f = \arctan 0.4 = 21.8° = 0.380$ 弧度

(3) 求中性角。根据巴甫洛夫公式可得：

$$\gamma = \frac{\alpha}{2}\left(1 - \frac{\alpha}{2\beta}\right) = \frac{0.305}{2}\left(1 - \frac{0.305}{2 \times 0.305}\right) = 0.09 \text{ 弧度} = 5.23°$$

(4) 计算前滑值。由芬克公式得：

$$S_h = (1 - \cos\gamma)\left(\frac{D}{h}\cos\gamma - 1\right) = (1 - \cos5.23°)\left(\frac{650}{70}\cos5.23° - 1\right) = 3.47\%$$

【例题10-2】 在辊径为400 mm的轧机上，将厚度为10 mm的带钢一道次轧成厚度为7 mm的带钢，此时用辊面刻痕法测得前滑值为7.5%。若忽略宽展，计算该轧制条件下的摩擦系数。

解：(1) 计算中性角。由于忽略宽展，且辊径与轧后带钢厚度之比远大于1，因此中性角可用德雷斯登公式计算：

$$\gamma = \sqrt{\frac{S_h h}{R}} = \sqrt{\frac{0.075 \times 7}{200}} = 0.051 \text{ 弧度}$$

（2）计算咬入角。由 $\Delta h = D(1-\cos\alpha)$ 可得：

$$\alpha = \arccos\left(\frac{D - \Delta h}{D}\right) = \arccos\left(\frac{400 - 3}{400}\right) = 0.123 \text{ 弧度}$$

（3）计算摩擦角。由巴普洛夫公式可得：

$$\beta = \frac{1}{4}\left(\frac{\alpha^2}{\frac{\alpha}{2} - \gamma}\right) = \frac{1}{4}\left(\frac{0.123^2}{\frac{0.123}{2} - 0.051}\right) = 0.37 \text{ 弧度}$$

由于用弧度表示的摩擦角在数值上约等于摩擦系数，所以 $f=0.37$。

模块 10.4　前滑的影响因素

如前所述，前滑和后滑代表了轧制的纵变形，而前滑决定了后滑，因此前滑最终决定了轧制的纵变形。影响前滑的因素很多，这些因素大多通过影响剩余摩擦力和相对压下量来影响前滑。本模块就这些影响因素分别进行讨论。

10.4.1　轧辊直径的影响

轧辊直径对前滑的影响曲线如图 10-5 所示。图中给出了实测的曲线和按芬克公式计算的曲线。两曲线都反映了：（1）前滑随轧辊直径的增大而增大；（2）在轧辊直径小于 400 mm 的范围内，前滑随轧辊直径的增大而增大得快，在轧辊直径大于 400 mm 的范围内，前滑随轧辊直径的增大而增大得慢。对于此现象可作如下的定性解释。

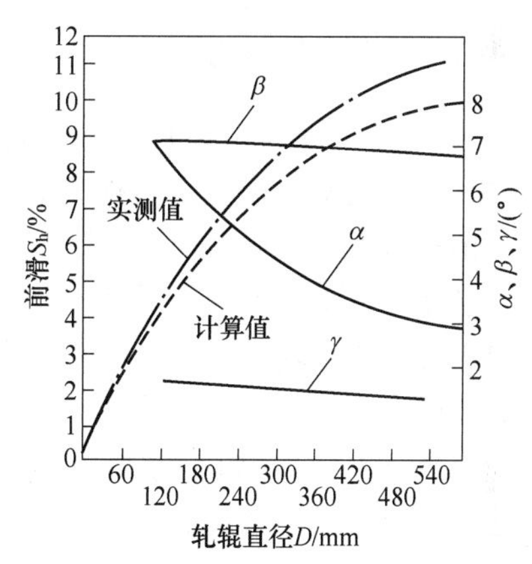

图 10-5　轧辊直径对前滑的影响

在其他条件不变的情况下，辊径增大，咬入角将减小，剩余摩擦力会增大，相应地轧件运动速度会加快，前滑值增加。然而随辊径逐渐增大，会产生两个不利于前滑增加的因素：一是在轧辊转速不变的条件下，辊径增大意味着轧辊线速度增大，摩擦系数相应降低，剩余摩擦力有所减小；二是随辊径增大，变形区长度增加，纵向流动阻力增大，延伸减小，前滑当然也会减小。

10.4.2　摩擦系数的影响

实验结果表明（见图 10-6），其他条件相同时，摩擦系数增大，前滑增大。原因在于，根据剩余摩擦力公式 $P_x = fN\cos\left(\frac{\alpha+\gamma}{2}\right) - N\sin\left(\frac{\alpha+\gamma}{2}\right)$，摩擦系数增大，剩余摩擦力增大，变形区轧件运动速度加快，因而前滑增大。利用巴甫洛夫公式和芬克前滑公式也可以说明摩擦系数对前滑的影响，因为摩擦系数增加导致中性角增加，因此前滑增加。

凡是影响摩擦系数的因素（如轧辊材质、轧件化学成分、轧制温度、轧制速度、润滑条件等）都影响前滑。例如，热轧钢材时，轧制温度降低，摩擦系数增大，剩余摩擦力增大，前滑增大，如图 10-7 所示。再如，轧制速度增加，摩擦系数减小，剩余摩擦力减小，前滑减小。

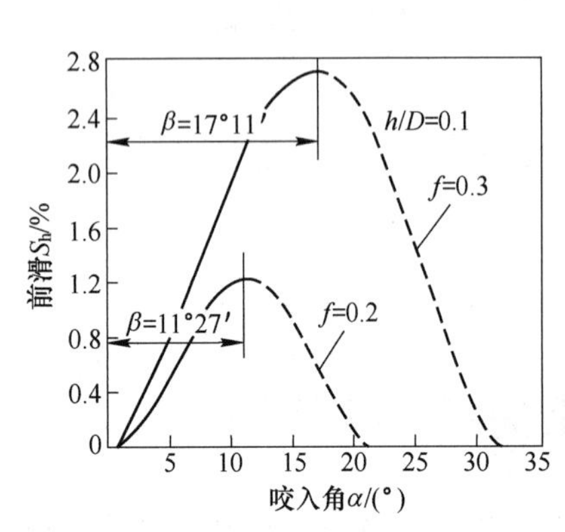

图 10-6　前滑与咬入角、摩擦系数的关系

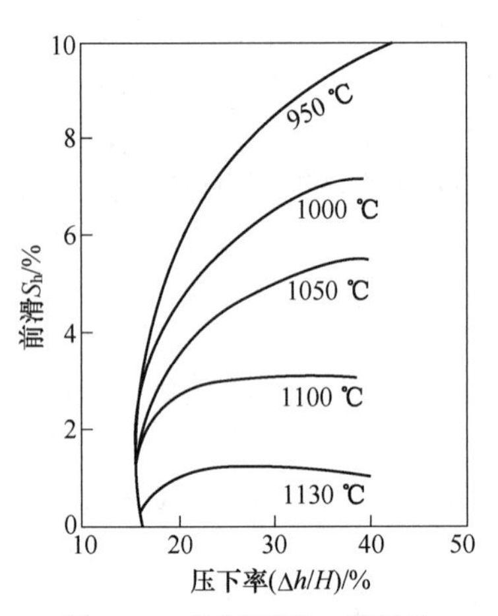

图 10-7　轧制温度、压下量对前滑的影响

10.4.3　相对压下量的影响

如图 10-8 所示（图中 C 为常数），在增大相对压下量的三种方式中，不论以何种方式增大相对压下量，前滑随相对压下量的增大而增大。其原因是增大相对压下量，厚度方向上压下的金属体积增大，向横向和纵向流动的金属体积也增大，宽展和延伸都增大，延伸增大导致前滑增大。

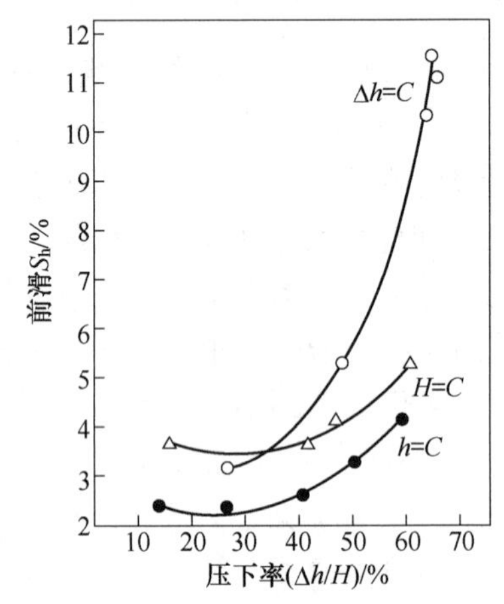

图 10-8　相对压下量对前滑的影响
（低碳钢，t=1000 ℃，D=400 mm）

应当指出：采用不同的方式增加相对压下量时，前滑随相对压下量的增加而增加的幅度不同，如图 10-8 所示。（1）Δh 不变时，通过同时减小 H 和 h 来增加$\dfrac{\Delta h}{H}$，使前滑增大。（2）H 不变时，通过减小 h 使 Δh 增加来增加$\dfrac{\Delta h}{H}$，使前滑增大，同时 Δh 增加使咬入角增大，导致剩余摩擦力减小，又使前滑减小。两者综合作用的结果使前滑增加的幅度减小。（3）h 不变时，只能通过增加 H 使 Δh 增加来增加$\dfrac{\Delta h}{H}$，这不仅会通过减小剩余摩擦力（因咬入角增大）而减小前滑，而且增加 H 又会使$\dfrac{\Delta h}{H}$增加的幅度有所减小，故在这种情况下，前滑的增加最少。

10.4.4　轧制后轧件厚度（h）的影响

根据 $h=H-\Delta h$，减小轧后轧件厚度的方法有两种：（1）H 为常数 C，减小压下量 Δh；（2）Δh 为常数 C，减小 H。由图 10-9 可见，无论哪种方法减小轧后轧件的厚度，前滑均增大，但 H 为常数 C 时的前滑的增加幅度比 Δh 为常数 C 时的要大。实际上，上述两种减小轧后轧件厚度的方法都使相对压下量增加，因此，轧后轧件厚度对前滑的影响就是相对压下量对前滑的影响。根据芬克公式也可以得到相同的结果。

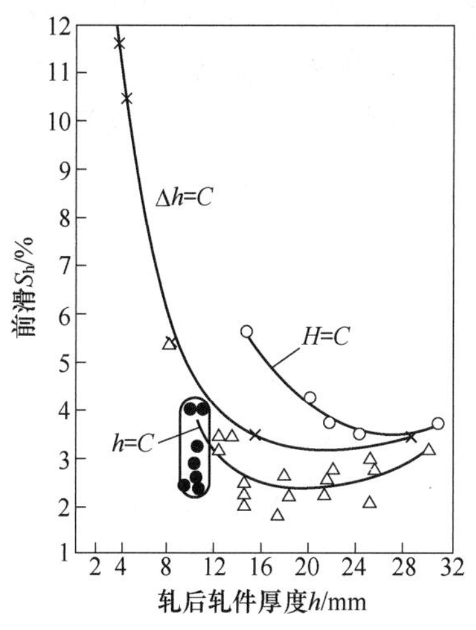

图 10-9　轧件轧后厚度与前滑的关系

10.4.5　轧制前轧件宽度的影响

如图 10-10 下方的 3 条曲线所示。每条曲线代表的是厚度相同而宽度不同的铅板，在压下量为 1.2 mm 的条件下轧制，前滑随宽度增大的变化情况。3 条曲线的差别只是铅板的轧制前厚度不同，分别为 3.3 mm、4.3 mm 和 5.7 mm。3 条曲线反映了相同的变化规律，当轧前轧件宽度小于某一定值（实验条件下，定值是 40 mm）时，前滑随宽度增加而增加；而宽度超过此定值后，宽度再增加，前滑不再增加，为定值。这是因为轧件宽度较小时，随宽度增加，金属横向流动阻力增大，宽展减小，在压下量不变的条件下，相应地延伸增大，所以前滑也增大。当轧件宽度增大到某一定值后，宽展不再变化，为定值，在压下量不变的条件下，延伸也为定值，所以前滑也不变。

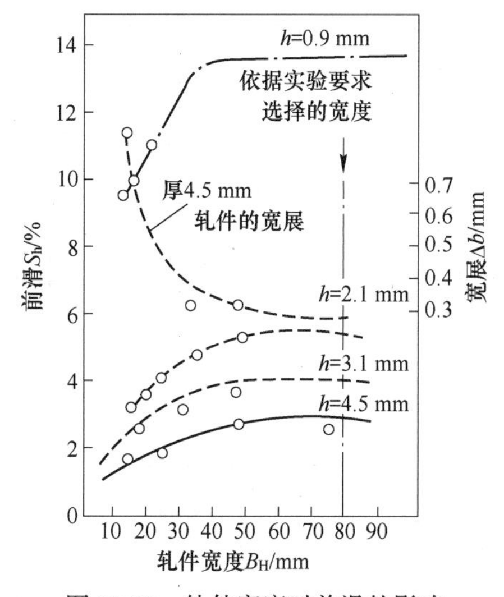

图 10-10　轧件宽度对前滑的影响

10.4.6　张力的影响

张力轧制时，施加的张力不同，对前滑的影响迥异。施加和轧件运动方向相同的前张力，剩余摩擦力增加，加快轧件运动速度，前滑增加，如图 10-11 所示；而施加和轧件运动方向相反的后张力，剩余摩擦力减小，减慢轧件运动速度，前滑减小。

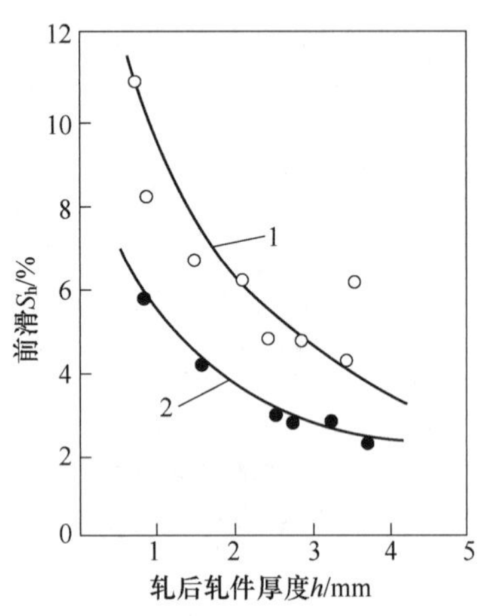

图 10-11　前张力对前滑的影响
1—有前张力；2—无前张力

模块 10.5　孔型轧制时的前滑特点

通常孔型周边各点因轧辊工作直径不同而具有不同的轧制速度，但金属的整体性和外端的作用又要求金属横断面上的各点必须以同一速度出辊。这就必然引起孔型周边各点的前滑值不同。那么孔型轧制时如何确定轧件的出辊速度呢？

目前，多采用平均高度法把孔型和来料化为同宽度等面积的矩形断面，然后用平辊轧制矩形断面轧件的方法来确定轧制平均速度 $\bar{v}$ 和平均前滑 $\bar{S}_h$，并按下式确定轧件平均出辊速度 $\bar{v}_h$。

$$\bar{v}_h = \bar{v}(1 + \bar{S}_h) \tag{10-18}$$

也可以把异形孔型和轧件断面分为若干个矩形区域，分别计算各区域的轧制速度、前滑值和轧件出辊速度，然后考虑各区所占比例来确定轧件的平均出辊速度。

上述这些方法是不精确的、粗略的，关于如何确定孔型轧制时的轧件出辊速度，目前还没有很好地解决。

习　题

10-1　轧制过程中研究延伸时，为什么只讨论前滑而不讨论后滑？

10-2　影响前滑的因素有哪些，怎么影响？

10-3　试分析轧辊材质、轧件化学成分、轧制速度、轧制温度、润滑条件对前滑的影响规律。

10-4　前滑是延伸的一部分，能说延伸越大前滑也越大吗，为什么？

10-5　摩擦系数增加，前滑和宽展均增大是否矛盾，为什么？

10-6　咬入角越大，中性角也越大，这种说法对吗，为什么？

10-7　轧制时，如何理解前滑区存在的必要性。

10-8　前滑与宽展的关系是如何变化的？

10-9　为什么有宽展的前滑比无宽展时的前滑要小？

10-10　在钢板轧机上热轧低碳钢钢板，轧辊工作直径为 500 mm，轧辊材质为锻钢，轧制速度为 6 m/s，轧制温度为 1000 ℃，该道次轧制前后轧件的厚度分别为 6 mm 和 5 mm，试计算前滑值。

项目 11　轧制压力的计算

确定轧制压力在轧制理论的研究和轧制生产中具有重要的意义。这是因为制定合理的轧制工艺规程，实现轧制过程的自动化控制，进行轧制设备的强度和刚度的计算和校核，以及主电机容量的选择和校核，轧制压力都是必不可少的参数。

模块 11.1　概述

11.1.1　轧制压力的概念

通常所谓的轧制压力是指用测压仪在轧机的压下螺丝下实测的总压力，即轧制时轧件对轧辊作用力的合力的垂直分量。只有在简单轧制情况下，轧件对轧辊作用力的合力方向才是垂直的，因为简单轧制时轧件匀速运动，其水平方向受力为零，又因为轧件所受作用力都来自轧辊，因此轧辊作用在轧件上的合力必定垂直向下（见图 11-1）。根据力的相互作用，轧件作用在轧辊上的合力必定垂直向上（见图 11-2）。假定轧制进行的一切条件与简单轧制相同，只是在轧件的入口和出口处施加后张力 Q_H 和前张力 Q_h，比如单机架带卷筒的二辊冷轧机和连轧机各机架间产生的张力，就属于这种情况。在这种情况下，设 $Q_h > Q_H$，如图 11-3 所示，则轧件对轧辊作用力的合力已不再垂直，而是向出口处偏转了一定的角度，有一个水平分量。只有当 $Q_h = Q_H$ 时，轧件对轧辊的合力才是垂直的。

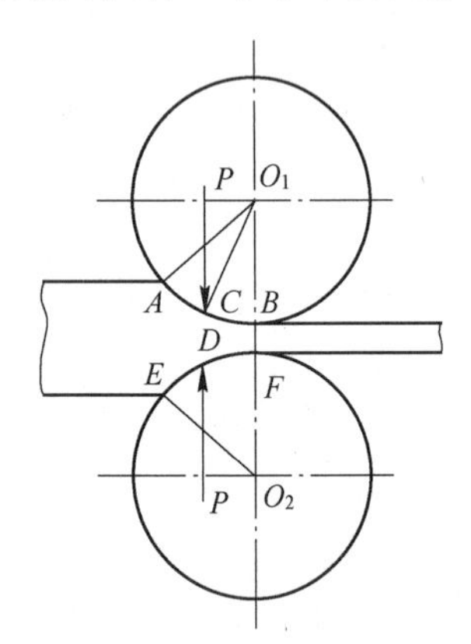

图 11-1　简单轧制时轧辊对轧件作用力的合力

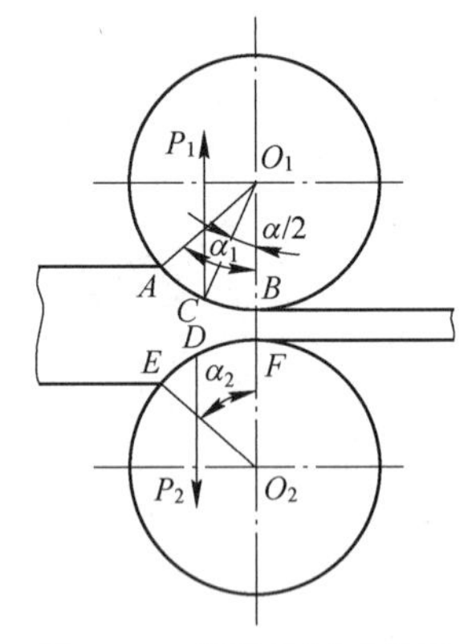

图 11-2　简单轧制时轧件对轧辊作用力的合力

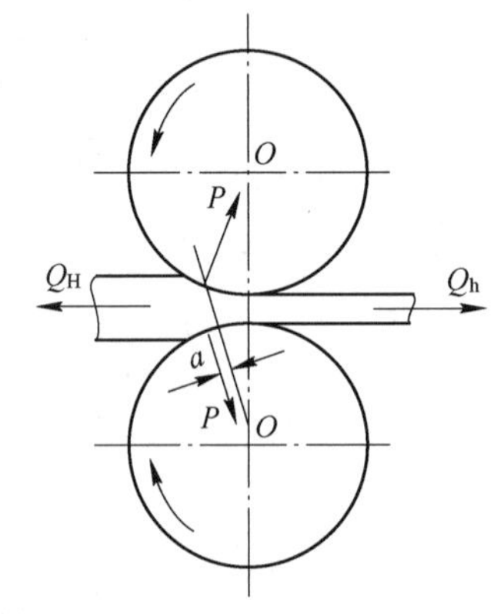

图 11-3　施加张力时轧件对轧辊作用力的合力

11.1.2　确定轧制压力的方法

确定轧制压力的方法包括：

（1）理论计算法。它是建立在理论分析基础上，通常需要首先确定变形区内沿接触弧长度上单位压力分布的形式和大小，然后用相应的公式计算平均单位压力，最终得轧制压力。

（2）直接测量法。它是在轧机的压下螺丝下放置专门设计的压力传感器，将压力信号转换为电信号，通过放大或直接送往测量仪表把信号记录下来，获得实测的轧制压力。

（3）经验公式和图表法。这种方法是根据大量的实测统计资料进行一定的数学整理，抓住一些主要因素，建立经验公式和图表。

目前，前两种方法都得到了广泛应用，各有优缺点。理论计算方法是一种较好的方法，但目前在轧制理论上还没有建立包括各种轧制方式、轧制条件和轧制钢种的高精度计算公式，并且计算也比较繁琐，以致应用时常感困难。直接测量法如果在相同的实验条件下应用，会得到满意的结果，但又受实验条件的限制。总之，目前计算轧制压力的公式很多，参数选择各异，各公式都有一定的使用范围，因此，应根据不同的情况选用不同的计算公式。

11.1.3　轧制压力计算的一般形式

在简单轧制情况下，确定轧件对轧辊的作用力合力时，首先应考虑变形区中轧件与轧辊之间力的作用情况。理论研究和实践生产均证明，沿接触弧上轧辊作用在轧件上的单位压力 p 和单位摩擦力 t 分布不均匀。若忽略轧件沿宽度方向上接触应力的变化，并假定变形区内沿接触弧的轧件某一微小体积上受到来自轧辊的单位压力 p 和单位摩擦力 t（见图 11-4），前、后滑区单位摩擦力大小相等，方向相反。根据力的相互作用，轧制压力可用下式求得：

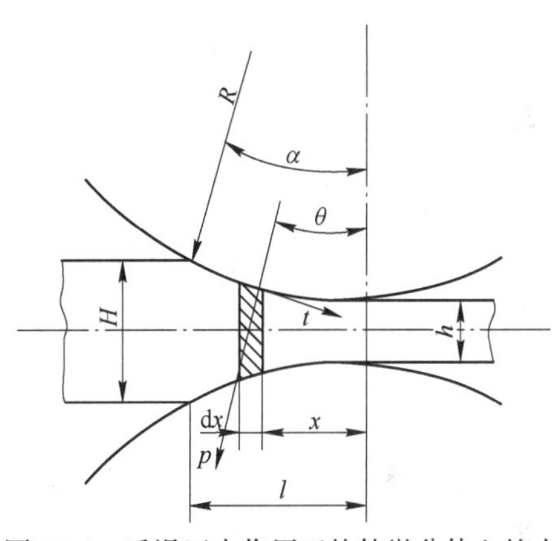

图 11-4　后滑区内作用于轧件微分体上的力

$$P = \bar{B}\left(\int_0^l p\cos\theta \frac{dx}{\cos\theta} + \int_{l_r}^l t\sin\theta \frac{dx}{\cos\theta} - \int_0^{l_r} t\sin\theta \frac{dx}{\cos\theta}\right) \tag{11-1}$$

式中　θ——变形区中任一角度；

$\bar{B}$——轧件平均宽度，为$\dfrac{b+B}{2}$；

l——变形区长度；

l_r——前滑区对应的变形区长度。

显然，$\dfrac{dx}{\cos\theta}$为变形区中轧件某一微小体积与轧辊的接触弧长，式（11-1）中第一项为单位压力 p 的垂直分量之和，第二项和第三项分别是后滑区、前滑区单位摩擦力的垂直分量之和。由于后两项和第一项相比，其数值很小，工程计算时完全可以忽略，于是可得：

$$P = \bar{B}\int_0^l p\cos\theta \frac{dx}{\cos\theta} = \int_0^l p dx \bar{B} \tag{11-2}$$

由式（11-2）可知，轧制压力为微小体积上的单位压力 p 与该微小体积接触表面的水平投影面积 $dx\bar{B}$ 的乘积之总和。如果单位压力 p 用平均单位压力 $\bar{p}$ 代替，则式（11-2）

变为：

$$P = \bar{p}\int_0^l \mathrm{d}x\bar{B} = \bar{p}F \tag{11-3}$$

式中，F 为轧件与轧辊沿接触弧的实际接触面积之水平投影面积，简称接触面积。由式（11-3）可知，要计算轧制压力，必须正确确定平均单位压力 $\bar{p}$ 和接触面积 F。相对来说，确定接触面积较为简单，而确定平均单位压力则困难得多。

11.1.4　影响平均单位压力的因素

影响平均单位压力的因素很多，但从本质上可分为两类：（1）影响轧件力学性能（即真实变形抗力 σ_φ）的因素；（2）影响轧件应力状态的因素。

轧件的真实变形抗力 σ_φ 是指在一定的变形温度、变形速度和变形程度下单向拉伸或压缩时轧件的屈服极限。因此，影响轧件的真实变形抗力 σ_φ 的因素有：金属本性、变形温度、变形程度和变形速度，可写成：

$$\sigma_\varphi = n_T n_\varepsilon n_{\dot{\varepsilon}} \sigma_s \tag{11-4}$$

式中　σ_s——室温静态单向拉伸或压缩实验条件下金属的屈服极限；

n_T，n_ε，$n_{\dot{\varepsilon}}$——变形温度、变形程度和变形速度对金属屈服极限的影响系数。

影响轧件应力状态的因素有：轧件宽度、外摩擦、外端、张力等，因此应力状态系数可写为：

$$mn_\sigma = mn'_\sigma n''_\sigma n'''_\sigma \tag{11-5}$$

式中　m——轧件宽度对应力状态的影响系数（即考虑中间主应力 σ_2 的影响系数），$m=1.00 \sim 1.15$；

n'_σ，n''_σ，n'''_σ——外摩擦、外端、张力对应力状态的影响系数。

根据以上分析，轧制平均单位压力 $\bar{p}$ 可用以下公式表示：

$$\bar{p} = mn_\sigma\sigma_\varphi \quad 或 \quad \bar{p} = mn'_\sigma n''_\sigma n'''_\sigma n_T n_\varepsilon n_{\dot{\varepsilon}} \sigma_s \tag{11-6}$$

式中，除张力影响系数 n'''_σ外，其他所有系数均大于 1。在有些张力大而摩擦力小的情况下，n'''_σ可能使 n_σ 达到 0.7～0.8。实际上，这一系数对平均单位压力影响最大，而且随轧制条件件和外摩擦的变化，此系数在很大范围内波动。在板带轧制过程中若忽略宽展，则轧件为一向压缩一向延伸的平面变形，式（11-6）中 $m=1.15$，公式变为：

$$\bar{p} = 1.15 n_\sigma \sigma_\varphi = n_\sigma K \tag{11-7}$$

式中　$K=1.15\sigma_\varphi$——平面变形条件下的变形抗力，称为平面变形抗力。

由式（11-6）可知，为了求出平均单位压力，必须正确确定应力状态系数 mn_σ 和金属的真实变形抗力 σ_φ。

模块 11.2　接触面积的计算

如前所述，在计算轧制压力的公式 $P=\bar{p}F$ 中，F 不是轧件与轧辊沿接触弧的实际接触面积，而是实际接触面积之水平投影面积，简称接触面积。按不同的轧制情况接触面积的求法可分为以下几种。

11.2.1　平辊轧制矩形断面轧件的接触面积

11.2.1.1　两轧辊直径相同的接触面积

$$F = \bar{B}l \rightarrow F = \frac{B + b}{2}\sqrt{R\Delta h} \tag{11-8}$$

式中　$\bar{B}$——轧制变形区中轧件的平均宽度；

l——轧制变形区长度。

11.2.1.2　两轧辊直径不同的接触面积

$$F = \frac{B + b}{2}\sqrt{\frac{2R_1R_2}{R_1 + R_2}\Delta h} \tag{11-9}$$

式中　R_1，R_2——两轧辊的半径。

11.2.1.3　考虑轧辊的弹性压扁的接触面积

在轧制板材时，由于板材和轧辊接触面积相当大，轧辊承受的轧制压力相当大而产生弹性压缩变形（即弹性压扁）。此时，轧辊的弹性压扁很大，不能忽略，尤其在冷轧板带材时更为显著，原因是冷轧时板带材的变形抗力很大。在此情况下，要得到与简单轧制同样厚度的板材，必须多压下 Δ_2 的距离，结果导致接触弧长度由简单轧制的 A_1B_1 增加到 A_2B_2C，同时接触面积也增大了（见图 11-5）。另外根据弹塑性共存定律，轧件在塑性变形的同时也发生弹性变形。弹性变形在轧件出轧辊后消失，也会使板厚增加。为消除轧件弹性变形对厚度造成的影响，还必须再多压下 Δ_1 的距离，结果进一步使接触弧长度增大至 A_2B_3C。

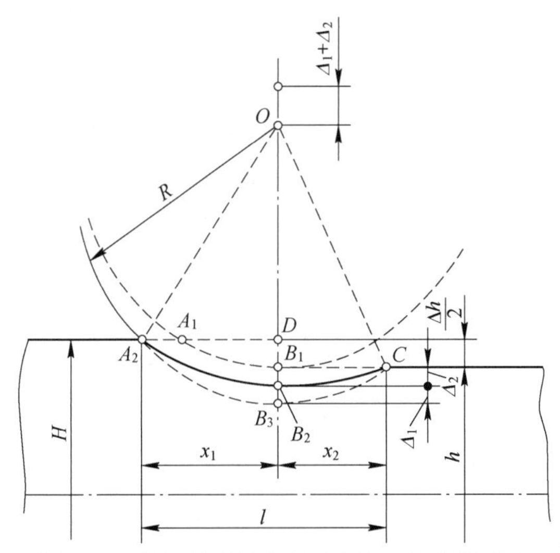

图 11-5　轧辊的弹性变形对变形区长度的影响

若忽略轧件的弹性变形，只考虑轧辊弹性压扁的变形区长度 l'。根据弹性力学中两个圆柱体互相压缩的公式可以导出：

$$l' = x_1 + x_2 = \sqrt{R\Delta h + x_2^2} + x_2 = \sqrt{R\Delta h + (c\bar{p}R)^2} + c\bar{p}R \tag{11-10}$$

式中　c——系数，$c = \frac{8(1-\nu^2)}{\pi E}$，对钢轧辊，弹性模数 $E = 2.156$ MPa，波松系数 $\nu = 0.3$，

则 $c=1.075\times10^{-5}\text{mm}^2/\text{N}$；

$\bar{p}$——平均单位压力；

R——轧辊半径。

此时轧辊和轧件的接触面积为：

$$F=\bar{B}l' \quad 或 \quad F=\frac{B+b}{2}\left[\sqrt{R\Delta h+(c\bar{p}R)^2}+c\bar{p}R\right] \tag{11-11}$$

由式（11-10）可知，要想确定轧辊弹性压扁的变形区长度 l'，需先知道平均单位压力的大小，而根据式（11-11）又知，要计算轧制压力的大小又需先求接触面积的大小，要先求接触面积的大小必须先知道变形区的真实长度 l'，因此常常需要反复运算。一般先计算出没有考虑弹性压扁的轧制压力 P，然后按此轧制压力计算轧辊弹性压扁的变形区长度 l'，再根据 l'重新计算轧制压力 P'，用 P'来计算出 l''。若 l'与 l''相差较大，则需反复计算，直至其差值较小为止。所以，考虑轧辊弹性压扁时计算是很复杂的。

11.2.2　孔型轧辊轧制型材的接触面积

在孔型中轧制时，由于轧件进入变形区和轧辊接触的不同时性，以及压下的不均匀性，导致接触面积已不再是梯形。在这种情况下，接触面积也可用式（11-8）来计算，但这时所取的压下量和轧辊半径必须是平均压下量 $\overline{\Delta h}$ 和平均工作半径 $\overline{R}$。关于平均压下量和平均工作半径的求法参阅模块 7.4。

对菱形、方形、椭圆和圆孔型（见图 11-6）进行计算时，也可采用下列经验公式。

（1）由菱形轧菱形［见图 11-6(a)］：$\overline{\Delta h}=(0.55\sim0.60)(H-h)$；

（2）由方形轧椭圆［见图 11-6(b)］：$\overline{\Delta h}=H-0.7h$（扁椭圆）；

$\overline{\Delta h}=H-0.85h$（圆椭圆）；

（3）由椭圆轧方形［见图 11-6(c)］：$\overline{\Delta h}=(0.65\sim0.7)H-(0.55\sim0.6)h$；

（4）由椭圆轧圆形［见图 11-6(d)］：$\overline{\Delta h}=0.85H-0.79h$。

式中　H，h——轧制前、后轧件的断面高度。

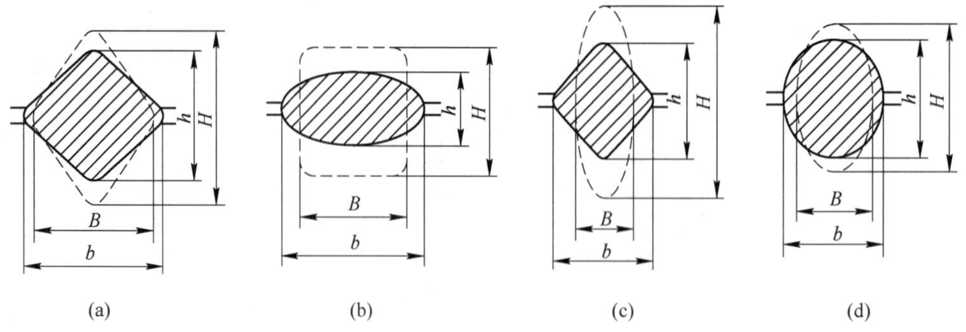

图 11-6　在孔型中轧制时的压下量的计算示意图

为了计算孔型轧制中延伸孔型的接触面积，可采用下列近似公式：

（1）由椭圆轧方形：$F=0.75B_{\text{h}}\sqrt{R(H-h)}$；

（2）由方形轧椭圆：$F=0.54(B_{\text{H}}+B_{\text{h}})\sqrt{R(H-h)}$；

（3）由菱形轧菱形或方形：$F=0.67B_{\text{h}}\sqrt{R(H-h)}$。

式中 H，h——在孔型中央位置的轧制前、后的轧件断面高度；
B_H，B_h——轧制前、后的轧件断面最大宽度；
R——孔型中央位置的轧辊半径。

模块 11.3 金属真实变形抗力 σ_φ 的确定

根据真实变形抗力的定义和式（11-4）可知，轧制时金属的真实变形抗力取决于金属的本性——屈服极限、轧制温度、轧制的变形速度和变形程度。这些因素对变形抗力的定性影响在塑性变形原理中已讨论过，现结合轧制给予简单说明，同时给出冷轧和热轧的金属真实变形抗力的确定方法。

11.3.1 影响真实变形抗力的因素

11.3.1.1 屈服极限的影响

通常用屈服极限 σ_s 来反映金属本性（即成分、组织和结构）对真实变形抗力的影响。但应注意，有些金属压缩时的屈服极限大于拉伸时的屈服极限，如钢压缩的屈服极限比拉伸的屈服极限大 10%；而有些金属的压缩屈服极限和拉伸屈服极限相同。所以，在选取屈服极限时，最好选取压缩的屈服极限，因为它与轧制变形比较接近。

有些金属在室温静态单向拉伸或压缩实验中很难测出 σ_s，这时可以用条件屈服极限 $\sigma_{0.2}$ 来代替。σ_s 和 $\sigma_{0.2}$ 是在一定条件下测得的，其值可查相关资料。

11.3.1.2 轧制温度的影响

通常随轧制温度升高，金属屈服极限降低，这是由于温度升高降低了原子间的结合力，使滑移的临界切应力减小。因为轧制过程中金属的温度往往是变化的，因此通常用轧制前和轧制后轧件的平均轧制温度来表示变形温度影响系数 n_T，其值可由图 11-7 和图 11-8 及相关资料确定。

11.3.1.3 变形程度的影响

变形程度影响系数 n_ε 可分冷轧和热轧两种情况。冷轧时，金属的变形温度低于再结晶温度，金属只有加工硬化而无再结晶软化，随变形程度的增加，金属变形抗力提高，因此冷轧时只需考虑变形程度对变形抗力的影响。通常这种影响是用冷加工硬化曲线来判断的。不同的金属有不同的加工硬化曲线。

热轧时，虽然加工硬化被再结晶软化完全消除，但实际上变形程度对屈服极限是有影响的。各种钢的实验表明，在较小变形程度时（一般在 20% ~30%），屈服极限随变形程度增加而急剧增大，在中等变形程度时，随变形程度的增加，屈服极限增大的速度减慢，而当继续增加变形程度，屈服极限反而降低。因此，热轧时，变形程度对屈服极限的这种影响规律必须考虑。

11.3.1.4 变形速度影响

研究表明，冷轧时变形速度对变形抗力的影响甚小，而热轧时变形速度对变形抗力的影响很大。所以，冷轧时变形速度影响系数 $n_{\dot{\varepsilon}}$ 可视为 1，而热轧时变形速度影响系数 $n_{\dot{\varepsilon}}$ 大于 1。又由于轧制时变形速度是变化的，因此通常用平均变形速度来表示变形速度影响系数。计算出热轧时的平均变形速度便可在图 11-7 和图 11-8 中及相关资料中查出变形速度影响系数 $n_{\dot{\varepsilon}}$。

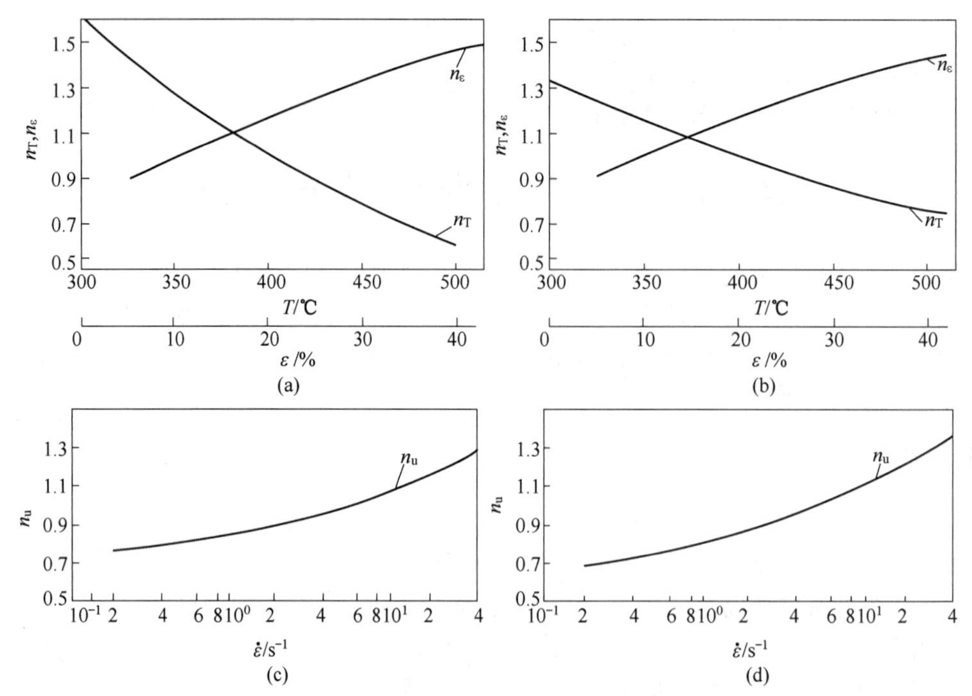

图 11-7　纯铝和 LF21 变形温度，变形程度和变形速度影响系数

(a)(b) 纯铝和 LF21 的温度影响系数 n_T 和变形程度影响系数 n_ε；

(c) (d) 纯铝和 LF21 的变形速度影响系数 n_u

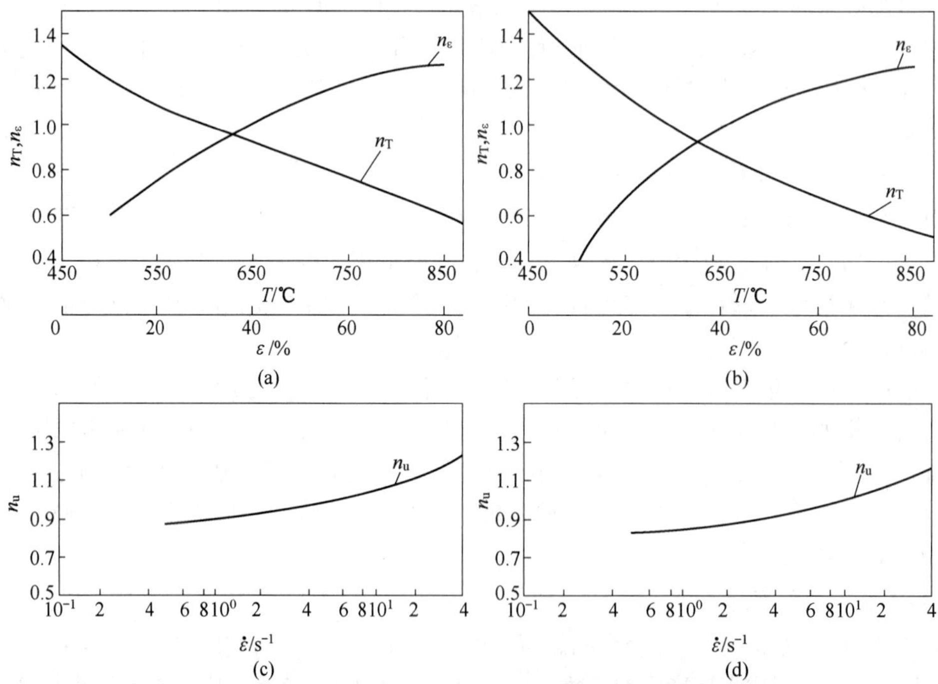

图 11-8　紫铜和 H90 变形温度，变形程度和变形速度影响系数

(a)(b) 紫铜和 H90 的温度影响系数 n_T 和变形程度影响系数 n_ε；

(c)(d) 紫铜和 H90 的变形速度影响系数 n_u

11.3.2　冷轧时金属真实变形抗力 σ_φ 的确定

冷轧时变形温度和变形速度对金属真实变形抗力影响不大，变形温度影响系数 n_T 和变形速度影响系数 $n_{\dot\varepsilon}$ 可视作 1，只有变形程度才是影响金属真实变形抗力的主要因素。由于在轧制变形区内各断面处变形程度不等，通常根据平均变形程度 $\bar\varepsilon$ 在金属的冷加工硬化曲线上查出真实变形抗力。平均变形程度 $\bar\varepsilon$ 可按下式计算：

$$\bar\varepsilon = 0.4\varepsilon_0 + 0.6\varepsilon_1 \tag{11-12}$$

式中　$\varepsilon_0 = \dfrac{H_0 - H}{H_0}$——本道次轧前的总变形程度；

$\varepsilon_1 = \dfrac{H_0 - h}{H_0}$——本道次轧后的总变形程度；

H_0——冷轧前轧件退火态的厚度；

H，h——本道次轧前、轧后轧件的厚度。

【例题 11-1】 在四辊冷轧机上将 3 mm 厚的带坯经 4 道次轧制为 0.4 mm 厚的带钢卷，其中第二道次轧前厚度为 1.9mm，轧后厚度为 1.1mm，确定第二道次的真实变形抗力。

解：本道次轧前的总变形程度为：

$$\varepsilon_0 = \frac{H_0 - H}{H_0} = \frac{3 - 1.9}{3} = 36.6\%$$

本道次轧后的总变形程度为：

$$\varepsilon_1 = \frac{H_0 - h}{H_0} = \frac{3 - 1.1}{3} = 63.3\%$$

故第二道次的平均变形程度为：

$$\bar\varepsilon = 0.4\varepsilon_0 + 0.6\varepsilon_1$$
$$= 0.4 \times 36.6\% + 0.6 \times 63.3\% = 52.6\%$$

由图 11-9 中的加工硬化曲线 2 可查得此带坯第二道次轧制时的平面变形抗力 K（$1.15\sigma_\varphi$）为：$K=$ 800 MPa，真实变形抗力 σ_φ 为：

$$\sigma_\varphi = \frac{K}{1.15} = \frac{800}{1.15} = 695.7 \text{ MPa}$$

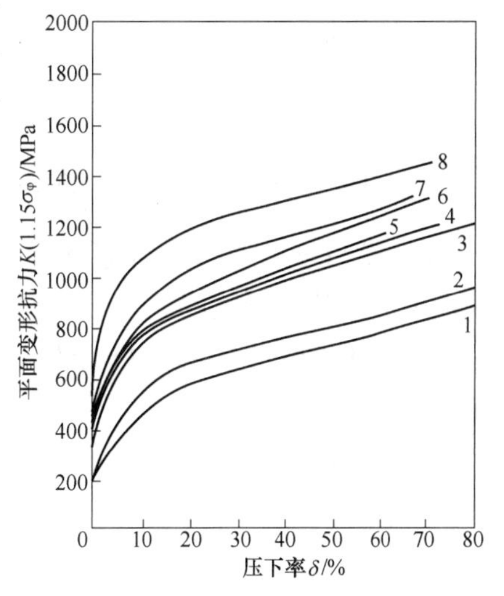

图 11-9　普碳钢的加工硬化曲线

1—w(C) = 0.08%；2—w(C) = 0.17%；3—w(C) = 0.36%；4—w(C) = 0.51%；5—w(C) = 0.66%；6—w(C) = 0.81%；7—w(C) = 0.03%；8—w(C) = 1.29%

11.3.3　热轧时金属真实变形抗力 σ_φ 的确定

热轧时，如果加工硬化的影响可忽略不计，即变形程度影响系数 n_ε 约为 1，则根据式（11-4），热轧时金属的真实变形抗力可由下式确定：

$$\sigma_\varphi = n_T n_\varepsilon \sigma_s \tag{11-13}$$

为了便于实际应用，用实验方法将金属的屈服极限、变形温度、变形速度对真实变形抗力的影响反映在同一个曲线图中，如图 11-10 所示。此图是不锈钢 1Cr18Ni9Ti 的变形抗力曲线，图中的各条曲线是不同变形温度下，压下率为 30% 的变形抗力随平均变形速度变化的曲线。在知道某个轧制道次的平均变形速度和变形温度后，可在曲线上查出 $\varepsilon=30\%$ 的变形抗力 $\sigma_{\varphi,30}$，再乘以本道次轧制的变形程度的修正系数 C（图 11-10 中左上角是变形程度影响的修正系数），就可得到本道次轧制的真实变形抗力，即：

$$\sigma_{\varphi} = C\sigma_{\varphi,30} \tag{11-14}$$

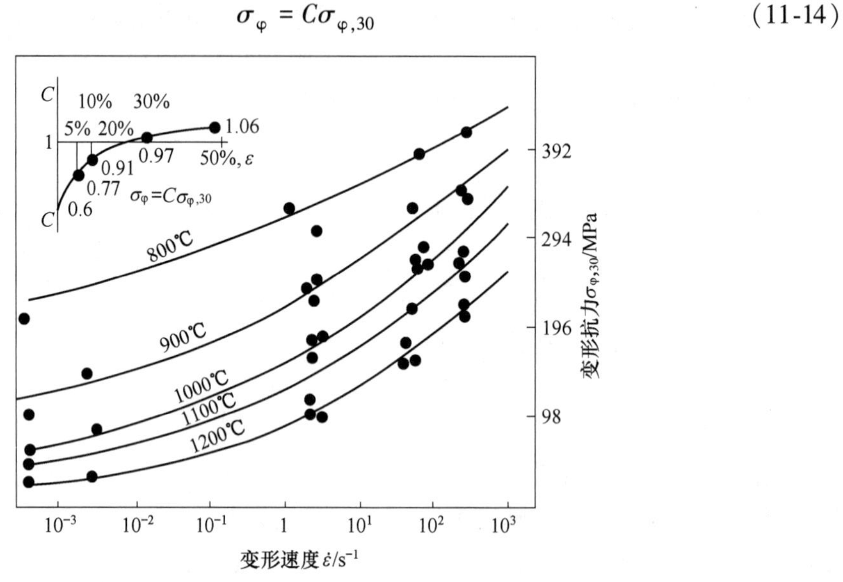

图 11-10　不锈钢 1Cr18Ni9Ti 的变形温度、变形速度对变形抗力的影响（$\varepsilon=30\%$）

【例题 11-2】 若某轧制道次轧前轧件厚度 $H=5$ mm，轧后厚度 $h=4$ mm，轧制温度 $t=1100$ ℃，平均变形速度 $\bar{\varepsilon}=20\ \mathrm{s}^{-1}$，钢种为 Q235，计算该道次的真实变形抗力。

解：根据平均变形速度和轧制温度，可在图 11-11 中查出该轧制道次的 $\sigma_{\varphi,30}=117$ MPa。

本道次的压下率为：

$$\varepsilon = \frac{H-h}{H} = \frac{5-4}{5} = 20\%$$

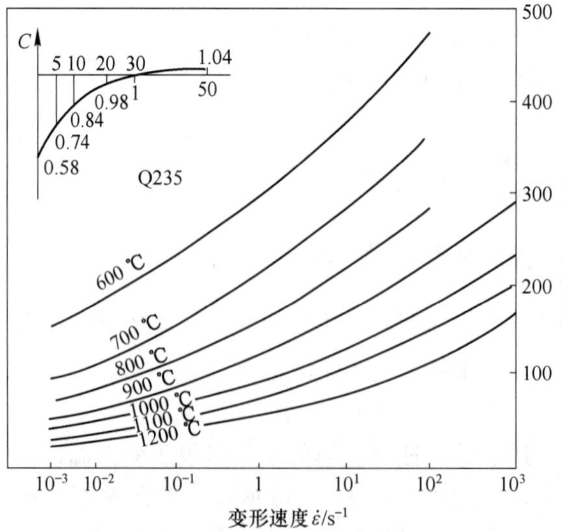

图 11-11　Q235 的变形抗力

由压下率可查得修正系数 $C=0.98$。

故本轧制道次的变形抗力为：

$$\sigma_{\varphi} = C\sigma_{\varphi,30} = 0.98 \times 117 = 115\ \mathrm{MPa}$$

模块 11.4 平均单位压力的计算

平均单位压力的计算公式很多，比较切合实际的有采利柯夫公式、斯通公式、西姆斯公式、艾克隆德公式等。这些公式大多数是以卡尔曼的均匀变形理论和奥洛万的不均匀变形理论为基础，在不同假设条件下导出的。关于卡尔曼和奥洛万理论以及平均单位压力的计算公式如何导出可参阅其他教科书。这里要强调的是如何利用这些公式来计算平均单位压力以及这些公式的应用范围。

11.4.1 采利柯夫公式

采利柯夫公式为：

$$\bar{p} = mn_{\sigma}\sigma_{\varphi} \tag{11-15}$$

式中 m——考虑中间主应力 σ_2 的影响系数，可在 1.00～1.15 的范围内选取。若忽略宽展，则轧件的变形是平面变形，此时，主应力 $\sigma_2=\dfrac{\sigma_1+\sigma_3}{2}$，$m=1.15$。

式（11-15）中 σ_{φ} 为轧件的真实变形抗力，其确定方法在模块 11.3 已介绍。因为采利柯夫公式导自于平面变形，因此采利柯夫公式可写为：

$$\bar{p} = 1.15n_{\sigma}\sigma_{\varphi} \quad 或 \quad \bar{p} = Kn_{\sigma} \tag{11-16}$$

式中 K——平面变形抗力。

准确地确定应力状态系数 n_{σ} 对计算平均单位压力是很重要的，其影响的因素有：外摩擦、外端、张力，所以应力状态系数的表示为：

$$n_{\sigma} = n'_{\sigma}n''_{\sigma}n'''_{\sigma} \tag{11-17}$$

式中 n'_{σ}——外摩擦影响系数；

n''_{σ}——外端影响系数；

n'''_{σ}——张力影响系数。

11.4.1.1 确定外摩擦影响系数 n'_{σ}

采利柯夫推导出的外摩擦影响系数 n'_{σ} 可由下式确定。

$$n'_{\sigma} = \frac{2(1-\varepsilon)}{\varepsilon(\delta-1)}\frac{h_{\gamma}}{h}\left(\frac{h_{\gamma}}{h}-1\right) \tag{11-18}$$

式中 ε——某一道次的相对压下量，$\varepsilon=\dfrac{\Delta h}{H}$；

δ——系数，$\delta=\dfrac{2fl}{\Delta h}$，$f$ 为摩擦系数，l 为变形区长度，$l=\sqrt{R\Delta h}=\sqrt{\dfrac{D}{2}\Delta h}$，显然，摩擦系数和轧辊直径增大，$\delta$ 值增大；

$\dfrac{h_{\gamma}}{h}$——中性面处轧件厚度与轧制后轧件厚度的比值，表示为：

$$\frac{h_\gamma}{h} = \left[\frac{1 + \sqrt{1 + (\delta^2 - 1)\left(\frac{H}{h}\right)^\delta}}{\delta + 1}\right]^{\frac{1}{\delta}} = \left[\frac{1 + \sqrt{1 + (\delta^2 - 1)\left(\frac{1}{1 - \varepsilon}\right)^\delta}}{\delta + 1}\right]^{\frac{1}{\delta}}$$

从此式可知：若已知系数 δ 和相对压下量 ε，则可求$\frac{h_\gamma}{h}$，因此$\frac{h_\gamma}{h}$的比值取决于系数 δ 和相对压下量 ε。综合对此式和式（11-18）的分析后可知，外摩擦影响系数 n'_σ取决于系数 δ 和相对压下量 ε，可写成函数表达式：

$$n'_\sigma = f(\delta, \varepsilon) \tag{11-19}$$

由于外摩擦影响系数 n'_σ取决于系数 δ 和相对压下量 ε 两个参数，因此为了方便实际应用，可将外摩擦影响系数 n'_σ和系数 δ、相对压下量 ε 的函数关系做成曲线，表示在图 11-12 中［图(b)是图(a)的放大图］，图中每条曲线代表相对压下量 ε 一定时，外摩擦影响系数 n'_σ随系数 δ 变化而变化情况。

图 11-12 的用途在于，若已知相对压下量 ε 和系数 δ，可利用此图来确定外摩擦影响系数 n'_σ，而不必进行繁琐的计算。例如，当相对压下量为 30%、系数 δ 为 11 时，查图 11-12(a)

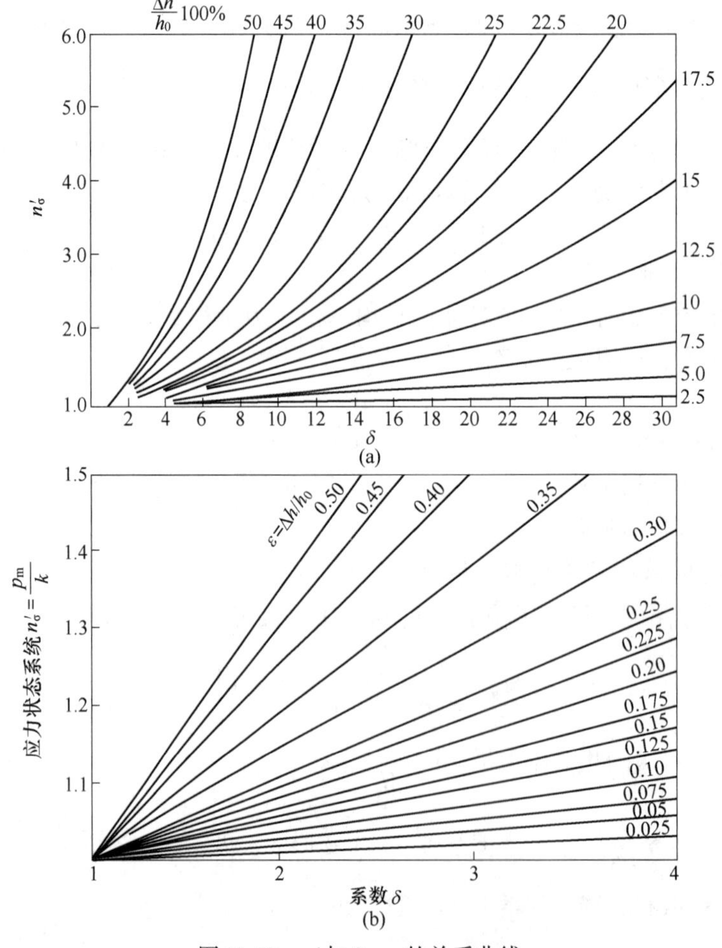

图 11-12　n'_σ与 δ、ε 的关系曲线

(a) n 与 δ、ε 的关系；(b) 图(a)的局部放大图

可知外摩擦影响系数 n'_σ 为 2.9。从图中可以看出，随系数 δ 的增大（即随摩擦系数 f 和轧辊直径 D 增大）和压下率增大，外摩擦影响系数 n'_σ 急剧增大，平均单位压力急剧增大。因此，减小轧辊直径、摩擦系数和压下率可减小平均单位压力，从而减小轧制压力，这就是为什么在冷轧板带材时必须采用小直径轧辊和考虑润滑的原因。

11.4.1.2　确定外端影响系数 n''_σ

外端影响系数 n''_σ 的确定比较困难，因为外端对平均单位压力的影响很复杂。实验研究表明：当变形区 $\frac{l}{\bar{h}}>1$（即轧制薄件）时，n''_σ 接近于 1。例如，当 $\frac{l}{\bar{h}}=1.5$ 时，n''_σ 不超过 1.04，而当 $\frac{l}{\bar{h}}=5$ 时，n''_σ 不超过 1.005。因此在轧制板带材时，外端影响可忽略不计，此时外端影响系数 $n''_\sigma=1$。

实验研究也表明：轧制厚件时，由于外端力图使轧件表面变形而引起附加应力，使平均单位压力增加，故当轧制厚件 $\left(0.5<\frac{l}{\bar{h}}<1\right)$ 时，外端的影响不能忽略，外端影响系数可按公式 $n''_\sigma=\left(\frac{l}{\bar{h}}\right)^{-0.4}$ 计算。此时，外端影响系数 $n''_\sigma>1$。

在孔型中轧制时，外端对平均单位压力的影响性质不变，可按图 11-13 上的实验曲线查找。

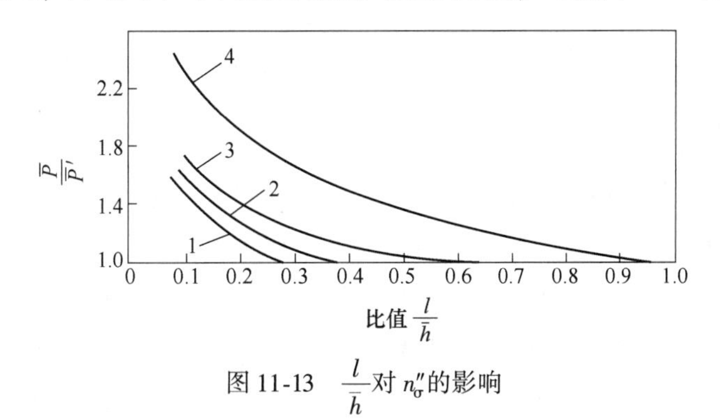

图 11-13　$\frac{l}{\bar{h}}$ 对 n''_σ 的影响

1—方形断面轧件；2—圆形断面；3—菱形轧件；4—矩形轧件

11.4.1.3　确定张力影响系数 n'''_σ

冷轧带钢时，一般采用张力轧制。张力轧制能降低平均单位压力，单位后张力 q_H 的作用比单位前张力 q_h 大。张力之所以能降低平均单位压力，一方面它改变了变形区的应力状态，通过减小轧件的变形抗力而减小平均单位压力，另一方面它减小了轧辊的弹性压扁，通过减小变形区长度而减小接触面积。因此不能单独求出张力影响系数 n'''_σ。通常用简化的方法考虑张力的影响，即将这种影响考虑到平面变形抗力 K 中去，认为张力直接降低了 K。在入辊处和出辊处 K 值降低分别按 $K-q_H$ 和 $K-q_h$ 计算，因此 K 值的平均降低值 K' 为：

$$K'=\frac{(K-q_H)+(K-q_h)}{2}=K-\frac{q_H+q_h}{2} \tag{11-20}$$

应当指出，这种考虑方法没有考虑张力对变形区中性面位置的影响。这种把张力考虑到 K 值中去的方法是建立在中性面位置不变的基础上，只有在单位前、后张力相等或相差不大时，应用式（11-20）才是正确的，否则会造成较大的误差。

采利柯夫公式应用广泛，既可以用于热轧板带，也可用于冷轧板带；同时也考虑了张力对轧制压力的影响。

【例题 11-3】 在轧辊直径为 500 mm，轧辊材质为铸铁的轧机上轧制低碳钢板，轧制温度为 950 ℃，轧前轧件厚度为 5.7 mm，压下量为 1.7 mm，轧件宽度为 600 mm，平面变形抗力为 86 N/mm²，求轧制压力。

解： 摩擦系数 $f=0.8\times(1.05-0.005t)=0.8\times(1.05-0.0005\times950)=0.46$；

变形区长度 $l=\sqrt{R\Delta h}=\sqrt{250\times1.7}=20.6$ mm；

系数 $\delta=\dfrac{2fl}{\Delta h}=\dfrac{2\times0.46\times20.6}{1.7}=11$；

相对压下量 $\varepsilon=\dfrac{\Delta h}{H}=\dfrac{1.7}{5.7}=30\%$；

根据系数 δ 和相对压下量 ε 可在图 11-12 中查得外摩擦影响系数 $n'_\sigma=2.9$；

又因为 $\dfrac{l}{\bar{h}}=\dfrac{20.6}{(5.7+4)/2}=4.2>1$，所以外端影响系数 $n''_\sigma=1$；

又因为轧制无前后张力，所以张力影响系数 $n'''_\sigma=1$；

轧制压力 $P=F\bar{p}=lBn_\sigma K=lBn'_\sigma n''_\sigma n'''_\sigma K=20.6\times600\times2.9\times1\times1\times86=3.08\text{MN}$。

11.4.2 斯通公式

斯通在研究冷轧薄板的平均单位压力时，考虑到两个问题，一是因为板材较薄，轧辊直径与板材厚度的比值很大；二是冷轧时板材发生加工硬化，这两个问题导致轧件变形抗力很大，轧辊受到的轧制压力很大，发生显著的弹性压扁，使轧辊与轧件接触弧增大（此时的接触弧长度不是简单轧制的接触弧长度，而是 $\left[\sqrt{R\Delta h+(c\bar{p}R)^2}+c\bar{p}R\right]$），从而导致变形区长度增加，接触面积增大。同时，他认为可以将冷轧薄板看作无宽展的平面变形，而且多采用张力轧制。此外，在冷轧中从变形区入口端到变形区出口端，由于变形程度是增大的，导致加工硬化也是增大的，故变形区各个断面处变形抗力不同，因此产生了平均变形抗力的概念。这里直接给出计算平均单位压力的斯通公式为：

$$\bar{p}=(\overline{K}-\bar{q})n'_\sigma \tag{11-21}$$

式中　$\overline{K}$——平均平面变形抗力，MPa，$\overline{K}=1.15\,\overline{\sigma_\varphi}$，$\overline{\sigma_\varphi}$ 是轧件的平均真实变形抗力，它可由冷轧道次累积的相对压下量的平均值 $\bar{\varepsilon}$ 在加工硬化曲线上查得，平均相对压下率的求法参阅模块 11.3；

$\bar{q}$——轧件平均单位横截面积的前、后张力，$\bar{q}=\dfrac{q_H+q_h}{2}$；

n'_σ——应力状态系数。

由式（11-21）可知，应用斯通公式计算平均单位轧制压力时，关键是确定应力状态系数。现直接给出斯通公式的应力状态系数 n'_σ 为：

$$n'_{\sigma}=\frac{e^{x}-1}{x} \tag{11-22}$$

式中，$x=\frac{fl'}{\bar{h}}$，l'为考虑弹性压扁的变形区长度。为计算方便，表 11-1 给出了应力状态系数 n'_{σ} 和 x 的关系。若知道 x 便可从表中查出应力状态系数 n'_{σ}（例如，当 x=0.34 时，n'_{σ}=1.190）。

表 11-1　应力状态系数 $n'_{\sigma}=\frac{e^{x}-1}{x}$ 的数值

x	0	1	2	3	4	5	6	7	8	9
0.0	1.000	1.005	1.010	1.015	1.020	1.025	1.030	1.035	1.040	1.046
0.1	1.051	1.057	1.062	1.068	1.078	1.078	1.084	1.089	1.095	1.100
0.2	1.106	1.112	1.118	1.125	1.131	1.137	1.143	1.149	1.155	1.160
0.3	1.166	1.172	1.178	1.184	1.190	1.196	1.202	1.209	1.215	1.222
0.4	1.229	1.236	1.243	1.250	1.256	1.263	1.270	1.277	1.284	1.290
0.5	1.297	1.304	1.311	1.318	1.326	1.333	1.340	1.347	1.355	1.362
0.6	1.370	1.378	1.336	1.393	1.401	1.409	1.417	1.425	1.433	1.442
0.7	1.450	1.458	1.467	1.475	1.483	1.491	1.499	1.508	1.517	1.525
0.8	1.533	1.541	1.550	1.558	1.567	1.577	1.586	1.595	1.604	1.613
0.9	1.623	1.632	1.642	1.651	1.661	1.670	1.681	1.690	1.700	1.710
1.0	1.719	1.729	1.739	1.749	1.750	1.770	1.780	1.790	1.800	1.810
1.1	1.820	1.830	1.840	1.850	1.860	1.871	1.884	1.896	1.908	1.920
1.2	1.935	1.945	1.957	1.968	1.978	1.990	2.001	2.013	2.025	2.037
1.3	2.049	2.062	2.075	2.088	2.100	2.113	2.126	2.140	2.152	2.165
1.4	2.181	2.195	2.209	2.223	2.237	2.250	2.264	2.278	2.291	2.305
1.5	2.320	2.335	2.350	2.365	2.380	2.395	2.410	2.425	2.440	2.455
1.6	2.470	2.486	2.503	2.520	2.536	2.553	2.570	2.586	2.603	2.620
1.7	2.635	2.652	2.670	2.686	2.703	2.719	2.735	2.752	2.769	2.790
1.8	2.808	2.826	2.845	2.863	2.880	2.900	2.918	2.936	2.955	2.974
1.9	2.995	3.014	3.033	3.052	3.072	3.092	3.112	3.131	3.150	3.170
2.0	3.195	3.170	3.240	3.260	3.282	3.302	3.323	3.346	3.368	3.390
2.1	3.412	3.435	3.458	3.480	3.504	3.530	3.553	3.575	3.599	3.623
2.2	3.648	3.672	3.697	3.722	3.747	3.772	3.798	3.824	3.849	3.876
2.3	3.902	3.928	3.955	3.982	4.009	4.037	4.064	4.092	4.119	4.148
2.4	4.176	4.205	4.234	4.263	4.292	4.322	4.352	4.381	4.412	4.442
2.5	4.473	4.504	4.535	4.567	4.598	4.630	4.663	4.695	4.727	4.761
2.6	4.794	4.827	4.861	4.895	4.929	4.964	4.998	5.034	5.069	5.104
2.7	5.141	5.176	5.213	5.250	5.287	5.324	5.362	5.400	5.438	5.477
2.8	5.516	5.555	5.595	5.634	5.674	5.715	5.556	5.797	5.838	5.880
2.9	5.922	5.964	6.007	6.050	6.093	6.137	6.181	6.226	6.271	6.316

现直接给出 x 的计算公式：

$$x^2 = (e^x - 1)y + z^2 \tag{11-23}$$

式中，$y=2a\dfrac{f}{\bar{h}}(\bar{K}-\bar{q})$，$a=cR$，$c$ 为系数，其计算方法见模块 11.2；$z=\dfrac{fl}{\bar{h}}$，l 为简单轧制的变形区长度。

为简化计算，把式（11-23）中的 x、y、z 三者的关系做成曲线（见图 11-14）。图中左边标尺是 z^2，右边标尺是 y。将计算得到的 z^2 和 y 值在纵轴上标出，连接这两点得到的直线和图中曲线有一个交点，此点在曲线上对应的值就是 x。求出 x 值后，利用表 11-1 可求出应力状态系数 n'_σ，从而求出平均单位压力 $\bar{p}$。根据 x 值也可解出轧辊弹性压扁后的变形区长度 l'，最终求出轧制压力。

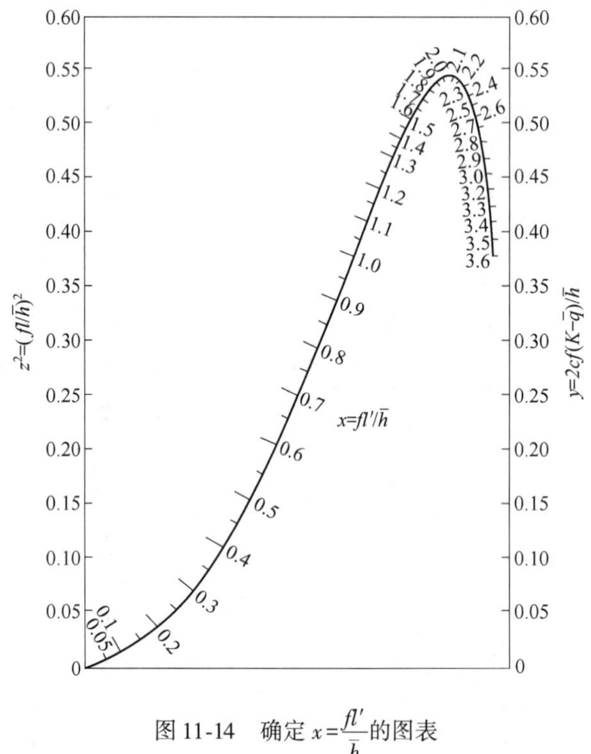

图 11-14　确定 $x=\dfrac{fl'}{\bar{h}}$ 的图表

【例题 11-4】 已知冷轧带钢轧前厚度 $H=1$ mm，轧后厚度 $h=0.7$ mm，平面变形抗力 $K=500$ MPa，平均张应力 $\bar{q}=200$ MPa，摩擦系数 $f=0.05$，带宽 $B=120$ mm，在轧辊直径 $D=200$ mm 的四辊冷轧机上轧制，求轧制压力。

解：变形区长度 $l=\sqrt{R\Delta h}=\sqrt{100\times0.3}=5.5$ mm；

轧件平均高度 $\bar{h}=\dfrac{H+h}{2}=\dfrac{1+0.7}{2}=0.85$ mm；

$z^2=\left(\dfrac{fl}{\bar{h}}\right)^2=\left(\dfrac{0.05\times5.5}{0.85}\right)^2=0.1$；

$y=2cR\dfrac{f}{\bar{h}}(K-\bar{q})=2\times1.075\times10^{-5}\times\dfrac{0.05}{0.85}\times(500-200)=0.037$。

根据 z^2 和 y，在图 11-14 中查得 $x=\dfrac{fl'}{\bar{h}}=0.34$，再根据此值在表 11-1 中查得 $n'_\sigma=\dfrac{e^x-1}{x}=1.19$。

平均单位压力 $\bar{p}=(K-\bar{q})n'_\sigma=(500-200)\times1.19=357$ MPa；

轧辊弹性压扁的变形区长度 $l'=x\dfrac{\bar{h}}{f}=0.34\times\dfrac{0.85}{0.05}=5.78$ mm；

轧制压力 $P=\bar{p}Bl'=357\times120\times5.78=247.6$ kN。

11.4.3　西姆斯公式

西姆斯公式普遍应用于热轧板带。热轧板带也可认为是无宽展的平面变形。计算平均单位应力的西姆斯公式为：

$$\bar{p}=Kn'_\sigma \tag{11-24}$$

式中　K——平面变形抗力，$K=1.15\sigma_\varphi$，σ_φ 是金属的真实变形抗力；

n'_σ——应力状态系数。

西姆斯公式中应力状态系数 n'_σ 的表达式为：

$$n'_\sigma=\sqrt{\frac{1-\varepsilon}{\varepsilon}}\left(\frac{1}{2}\sqrt{\frac{R}{h}}\ln\frac{1}{1-\varepsilon}-\sqrt{\frac{R}{h}}\ln\frac{h_\gamma}{h}+\frac{\pi}{2}\arctan\sqrt{\frac{\varepsilon}{1-\varepsilon}}\right)-\frac{\pi}{4} \tag{11-25}$$

式中，$\dfrac{h_\gamma}{h}=1+\dfrac{R}{h}\gamma^2$，中性角可根据中性面处前滑区和后滑区的单位压力相等导出，为：

$$\gamma=\sqrt{\frac{h}{R}}\tan\left[\frac{1}{2}\arctan\sqrt{\frac{\varepsilon}{1-\varepsilon}}+\frac{\pi}{8}\ln(1-\varepsilon)\sqrt{\frac{h}{R}}\right] \tag{11-26}$$

从式（11-26）和式（11-25）可见，西姆斯公式中的应力状态系数实际上只决定于两个参数：相对压下量 ε 和 $\dfrac{R}{h}$ 比值，因此应力状态系数 n'_σ 是相对压下量 ε 和 $\dfrac{R}{h}$ 比值的函数，有：

$$n'_\sigma=f\left(\varepsilon,\ \frac{R}{h}\right) \tag{11-27}$$

为简化计算，将 n'_σ、ε 和 $\dfrac{R}{h}$ 三者的关系做成曲线图，如图 11-15 所示。图中每条曲线代表 $\dfrac{R}{h}$ 比值一定时，应力状态系数随相对压下量的变化情况。根据 ε 和 $\dfrac{R}{h}$ 的值便可查出应力状态系数 n'_σ。此外，从图中可见，在相对压下量相同的条件下，随 $\dfrac{R}{h}$ 增大，应力状态系数 n'_σ 增大，这说明在同一轧机上，轧制越薄的轧件，应力状态系数 n'_σ 越大，轧制压力也越大。

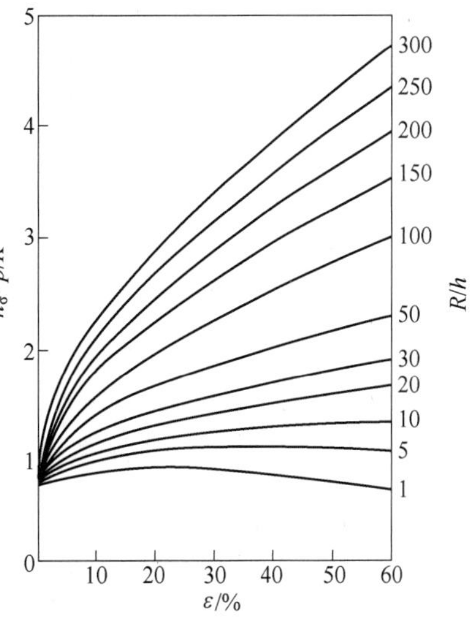

图 11-15　n'_σ 与 ε、R/h 的关系

由于西姆斯公式中确定应力状态系数 n'_σ 很复杂，因此相继出现了下面几种西姆斯公式的简化形式。

（1）志田茂公式：$n'_\sigma = 0.8 + (0.45\varepsilon + 0.04)\left(\sqrt{\frac{R}{H}} - 0.5\right)$；

（2）美坂佳助公式：$n'_\sigma = \frac{\pi}{4} + 0.25\frac{l}{\bar{h}}$；

（3）克林特里公式：$n'_\sigma = 0.75 + 0.27\frac{l}{\bar{h}}$。

【例题 11-5】 在轧辊直径 $D = 860$ mm 的轧机上热轧低碳钢板，轧制温度 $t = 1100$ ℃，轧前、轧后轧件厚度分别为 $H = 93$ mm、$h = 64.2$ mm，钢板宽度 $B = 610$ mm，此时轧件的真实变形抗力 $\sigma_\varphi = 80$ N/mm²，求轧制压力。

解：（1）用西姆斯公式计算：

平面变形抗力 $K = 1.15\sigma_\varphi = 1.15 \times 80 = 92$ N/mm²；

压力率 $\varepsilon = \frac{\Delta h}{H} = \frac{93 - 64.2}{93} = 30.9\%$；

变形区长度 $l = \sqrt{R\Delta h} = \sqrt{430(93 - 64.2)} = 111$ mm；

参数 $\frac{R}{h} = \frac{430}{64.2} = 6.7$；

由 ε 值和 $\frac{R}{h}$ 值可在图 11-15 中可查得应力状态系数 $n'_\sigma = 1.2$；

平均单位压力 $\bar{p} = n'_\sigma K = 1.2 \times 92 = 110.4$ N/mm²；

轧制压力 $P = Bl\bar{p} = 610 \times 111 \times 110.4 = 7475$ kN。

（2）用志田茂公式计算：

应力状态系数 $n'_\sigma = 0.8 + (0.45\varepsilon + 0.04)\left(\sqrt{\frac{R}{H}} - 0.5\right) = 0.8 + (0.45 \times 0.309 + 0.04)$

$$\left(\sqrt{\frac{430}{93}} - 0.5\right) = 1.1；$$

平均单位压力 $\bar{p} = n'_\sigma K = 1.1 \times 92 = 100.8$ N/mm²；

轧制压力 $P = Bl\bar{p} = 610 \times 111 \times 100.8 = 6824$ kN。

（3）用美坂佳助公式计算：

应力状态系数 $n'_\sigma = \frac{\pi}{4} + 0.25\frac{l}{\bar{h}} = \frac{3.14}{4} + 0.25 \times \frac{111 \times 2}{93 + 64.2} = 1.14$；

平均单位压力 $\bar{p} = n'_\sigma K = 1.14 \times 92 = 104.7$ N/mm²；

轧制压力 $P = Bl\bar{p} = 610 \times 111 \times 104.7 = 7089$ kN。

（4）用克林特里公式计算：

应力状态系数 $n'_\sigma = 0.75 + 0.27\frac{l}{\bar{h}} = 0.75 + 0.27 \times \frac{111 \times 2}{93 + 64.2} = 1.13$；

平均单位压力 $\bar{p} = n'_\sigma K = 1.13 \times 92 = 104.1$ N/mm²；

轧制压力 $P = Bl\bar{p} = 610 \times 111 \times 104.1 = 7047$ kN。

11.4.4　艾克隆德公式

艾克隆德公式是用于热轧时计算平均单位压力的半经验公式。该公式为：

$$\bar{p} = (1 + m)(K + \eta\bar{\varepsilon}) \tag{11-28}$$

式中　m——外摩擦对平均单位压力的影响系数；

K——无摩擦的平面变形抗力；

η——金属的黏性系数；

$\bar{\varepsilon}$——平均变形速度。

式中，第一项（$1+m$）是考虑外摩擦的影响。为了确定 m，作者给出了以下公式：

$$m = \frac{1.6f\sqrt{R\Delta h} - 1.2\Delta h}{H + h} \tag{11-29}$$

式中，热轧摩擦系数 f 用公式（6-1）计算。

式（11-28）中，第二项中的 $\eta\bar{\varepsilon}$ 是考虑了变形速度对变形抗力的影响。其中，平均变形速度 $\bar{\varepsilon}$ 用下式计算：

$$\bar{\varepsilon} = \frac{2v\sqrt{\dfrac{\Delta h}{R}}}{H + h}$$

艾克隆德还给出了计算 K 和 η 的经验公式：

$$K = 9.8(14 - 0.01t)(1.4 + \mathrm{C} + \mathrm{Mn})(\mathrm{MPa})$$

$$\eta = 0.1(14 - 0.01t)(\mathrm{MPa \cdot s})$$

式中　t——轧制温度；

C，Mn——以质量分数表示的碳含量、锰含量。

当温度不小于 800 ℃和锰含量不大于 1%，这些公式是正确的。

近年来，有人对艾克隆德公式进行修正，按下式计算黏性系数：

$$\eta = 0.1(14 - 0.01t)C'$$

式中　C'——轧制速度决定的系数，根据表 11-2 选取。

同时计算 K 时，建议用下式考虑铬含量的影响：

$$K = 9.8(14 - 0.01t)(1.4 + \mathrm{C} + \mathrm{Mn} + \mathrm{Cr})(\mathrm{MPa})$$

表 11-2　由轧制速度决定的 C'

轧制速度 v/m · s^{-1}	<6	6～10	10～15	15～20
系数 C'	1	0.8	0.65	0.6

【例题 11-6】　在钢轧辊工作直径 D=530 mm、辊缝 s=20.5 mm、轧辊转速 n=100 r/min 的箱型孔型中轧制 45 号钢，轧前轧件尺寸为 $H\times B$=202.5 mm×174 mm，轧后轧件尺寸为 $h\times b$=173.5 mm×176 mm，轧制温度 t=1120 ℃，求轧制压力。

解：轧辊工作半径 $R=\frac{1}{2}(D-h+s)=\frac{1}{2}(530-173.5+20.5)=188.5$ mm；

压下量 $\Delta h=H-h=202.5-173.5=29$ mm；

变形区长度 $l=\sqrt{R\Delta h}=\sqrt{188.5\times29}=74$ mm；

接触面积 $F=\frac{B+b}{2}l=\frac{174+176}{2}\times 74=12950\ \text{mm}^2$；

轧制速度 $v=\frac{n}{60}\pi R=\frac{100}{60}\times 3.14\times 2\times 188.5=1.97\ \text{m/s}$；

热轧摩擦系数 $f=K_1K_2K_3(1.05-0.0005t)=1.0\times 1.0\times 1.0\ (1.05-0.0005\times 1120)=0.49$；

外摩擦影响系数 $m=\frac{1.6fl-1.2\Delta h}{H+h}=\frac{1.6\times 0.49\times 74-1.2\times 29}{202.5+173.5}=0.06$；

无摩擦平面变形抗力 $K=9.8(14-0.01t)(1.4+C+Mn)=9.8\times(14-0.01\times 1120)(1.4+0.45+0.5)=64\ \text{N/mm}^2$；

黏度系数 $\eta=0.1(14-0.01t)C'=0.1\times(14-0.01\times 1120)\times 1=0.3\ \text{N}\cdot\text{s/mm}^2$

平均变形速度 $\bar{\varepsilon}=\frac{2v\sqrt{\frac{\Delta h}{R}}}{H+h}=\frac{2\times 1970\sqrt{\frac{29}{188.5}}}{202.5+173.5}=4.1\text{s}^{-1}$；

平均单位压力 $\bar{p}=(1+m)(K+\eta\bar{\varepsilon})=(1+0.06)(64+0.3\times 4.1)=69\ \text{N/mm}^2$；

轧制压力 $P=F\bar{p}=12950\times 69=895.4\ \text{kN}$。

习　题

11-1　什么是轧制压力，理论上如何计算轧制压力？

11-2　什么是轧件的真实变形抗力，其影响因素有哪些？

11-3　什么是轧制的平面变形，平面变形抗力如何表示？

11-4　影响轧制应力状态系数的因素有哪些？

11-5　变形速度如何影响轧制压力？

11-6　冷轧板带材采用小轧辊轧制的优点是什么？

11-7　为什么冷轧板带材张力轧制可以减小轧制压力？

11-8　已知 ϕ1200/700 mm 四辊轧机的工作辊转速 80 r/min，轧件钢种为 Q215，轧制温度 $t=1050$ ℃。轧件轧前断面尺寸 $H\times B=20\ \text{mm}\times 1400\ \text{mm}$，压下量 $\Delta h=5$ mm。分别采用采利柯夫公式、西姆斯公式和艾克隆德公式计算轧制力。

项目 12　传动轧辊所需力矩及功率

模块 12.1　辊系受力分析

12.1.1　简单轧制的辊系受力分析

简单轧制时，轧件作用于轧辊上的合力 P 的方向与两轧辊轴心连线平行（见图 12-1）。上、下辊的 P 力大小相等、方向相反。此时，转动一个轧辊所需力矩应为力 P 和它对轧辊轴线力臂的乘积，即：

$$M_{1,2} = Pa \quad 或 \quad M_{1,2} = P\frac{D}{2}\sin\varphi \tag{12-1}$$

式中　a——力臂，等于$\frac{D}{2}\sin\varphi$；

φ——合力 P 作用点对应的圆心角。

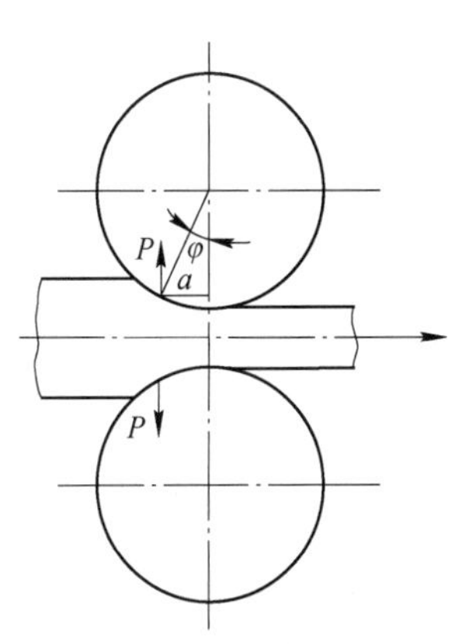

图 12-1　简单轧制时作用于轧辊上力的方向

转动两个轧辊所需的力矩（轧制力矩）为：

$$M = 2Pa \tag{12-2}$$

12.1.2　单辊驱动的辊系受力分析

单辊驱动是指轧制时电机只驱动一个轧辊，另一个轧辊的转动靠轧件和轧辊之间的摩擦力来驱动。单辊驱动通常用于叠轧薄板轧机或平整机。此外，当两辊驱动轧制时，其中一辊的传动轴损坏，或者两辊单独驱动时，其中一个电机发生故障都可能产生这种情况。

在上辊驱动下辊并且两辊匀速转动的情况下，如果忽略上辊的轴承摩擦，则轧件对上辊的作用力合力 P_1 的方向应指向上辊轴心（见图 12-2）。因为上辊为非驱动辊且做匀速转动，这只有在该辊上的所有作用力对轧辊轴心力矩之和为零时才可能。

现在确定轧件作用于下辊的合力 P_2 方向。根据原始条件（即轧件受到的外力来自轧辊，轧件匀速运动），轧件所受上、下两辊的作用力之合力必为零，又因为力的作用是相互的，故下辊 P_2 应与 P_1 平衡，即 P_2 和 P_1 大小相等（$P_1 = P_2 = P$）、方向相反，作用在同一条直线上（见图 12-2）。由图可得：驱动下辊转动所需的力矩可表示为：

$$M = Pa_2 \quad 或 \quad M = P(D + h)\sin\varphi \tag{12-3}$$

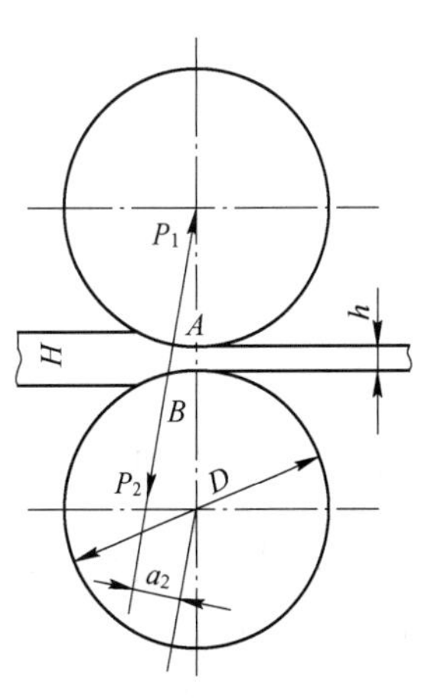

图 12-2　下辊单独驱动时轧辊上作用力的方向

12.1.3　张力轧制的辊系受力分析

假定轧制进行的一切条件与简单轧制相同，只是在轧件的入口端和出口端作用有张力 Q_H、Q_h（见图 12-3）。

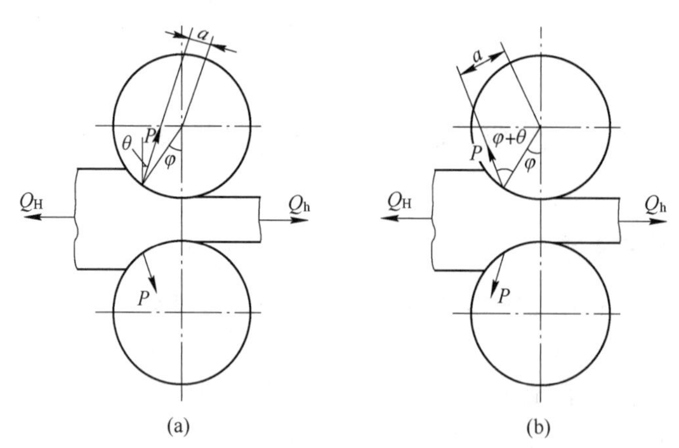

图 12-3　有张力时轧辊上作用力的方向

(a) $Q_h>Q_H$；(b) $Q_h<Q_H$

如果前张力 Q_h 大于后张力 Q_H，此时作用于轧件上的所有力为了达到平衡，上、下轧辊对轧件作用力的合力之水平分量之和必须等于前张力与后张力之差：

$$2P\sin\theta = Q_h - Q_H \tag{12-4}$$

由此可见，张力轧制时，只有当 $Q_h=Q_H$ 时，轧件给轧辊的合力 P 的方向才是垂直的。而在大多数情况下，$Q_h \neq Q_H$，因而合力的水平分量不可能为零。当 $Q_h>Q_H$ 时，轧件给轧辊的合力 P 向轧制方向偏转了 θ 角，如图 12-3(a) 所示；当 $Q_h<Q_H$ 时，合力 P 向轧制的反方向偏转了 θ 角，如图 12-3(b) 所示。θ 角的大小为：

$$\theta = \arcsin\frac{Q_h - Q_H}{2} \tag{12-5}$$

由图 12-3（a）可以看出，当 $Q_h>Q_H$ 时，转动两个轧辊所需力矩为：

$$M = 2Pa = PD\sin(\varphi - \theta) \tag{12-6}$$

由式（12-6）可看出，随 θ 角增加，转动两个轧辊所需力矩减小。当 θ 角增加到 $\theta=\varphi$ 时，$M=0$。在这种情况下，力 P 通过轧辊轴心，整个轧制过程仅靠前张力（确切地说靠 Q_h-Q_H 的值）来完成，相当于空转辊组成的拉拔过程，此时，金属的变形不需要电动机。

12.1.4　四辊轧机的辊系受力分析

四辊轧机的辊系由两个轧辊和两个支撑辊组成，辊系受力情况有两种，即由主电机驱动两个工作辊或由主电机驱动两个支撑辊。下面仅研究主电机驱动工作辊的受力情况。

如图 12-4 所示，工作辊必须克服下列三项力矩才能转动。

首先为轧制力矩，它与两辊轧制的情况完全相同，是用合力 P 与力臂 a 的乘积来确定，即 $2 \times P \times a$。

其次为转动支撑辊所需施加的力矩。因为支撑辊是不驱动的，工作辊给支撑辊的合力 P_0 方向应与支撑辊的摩擦圆相切，以便与同一圆相切的轴承反作用力平衡。如果忽略工作辊和支撑辊间的滚动摩擦，可以认为 P_0 的作用点在两轧辊的接触点上［接触点在两辊连心线上，如图 12-4(a)所示］。当考虑滚动摩擦时，为克服滚动摩擦产生的力矩，力 P_0 的作用点将离开两轧辊的连心线，向轧辊转动方向的反方向移动一个滚动摩擦力臂 m 的数值。

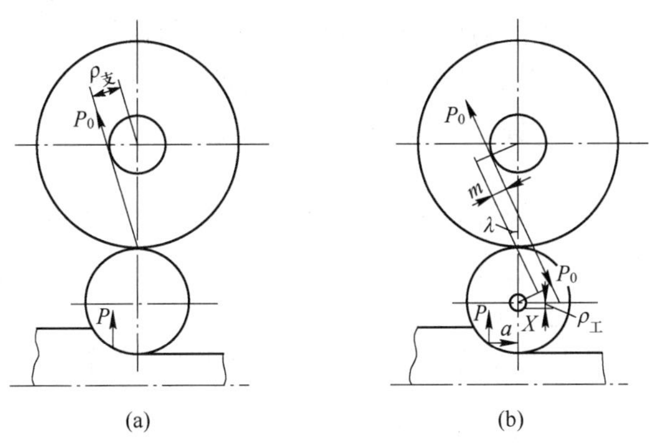

图 12-4　驱动工作辊时四辊轧机受力情况

（a）忽略滚动摩擦；（b）考虑滚动摩擦

使支撑辊转动的力矩为 P_0a_0，而力臂为：

$$a_0 = \frac{D_{工}}{2}\sin\lambda + m;\ \sin\lambda = \frac{\rho_{支} + m}{\frac{D_{支}}{2}} \tag{12-7}$$

式中　$D_{工}$——轧辊直径；

λ——力 P_0 与轧辊连心线之间的夹角；

m——滚动摩擦力臂，一般 m=0.1～0.3；

$\rho_{支}$——支撑辊的摩擦圆半径；

$D_{支}$——支撑辊直径。

所以，转动支撑辊所需要施加的力矩为：

$$P_0a_0 = P_0\left(\frac{D_{工}}{2}\sin\lambda + m\right) = P_0\left[\frac{D_{工}}{D_{支}}\rho_{支} + m\left(1 + \frac{D_{工}}{D_{支}}\right)\right] \tag{12-8}$$

式中，第一项为支撑辊轴承中的摩擦损失；第二项为工作辊沿支撑辊滚动的摩擦损失。

另外，消耗在工作辊轴承中的摩擦力矩为工作辊轴承支反力 X 与工作辊摩擦圆半径 $\rho_{工}$ 的乘积。因为工作辊靠在支撑辊上，且其轴承具有垂直导向装置，轴承反力应该是水平的，方向与轧制方向相反，用 X 表示。从工作辊的平衡考虑，P、P_0 和 X 3 个力之间的关系可用力三角形图示确定出来，即：

$$P_0 = \frac{P}{\cos\lambda};\ X = P\tan\lambda \tag{12-9}$$

综合上述三项，要使一个工作辊转动，施加的力矩必须为：

$$M = Pa + P_0a_0 + X\rho_{工} \tag{12-10}$$

模块 12.2　轧制时主电机的输出力矩

12.2.1　轧制时的功能消耗

设计轧机时，必须确定主电机功率。为此，必须要了解轧制时主电动机做的功消耗在哪些方面。轧制时，主电机做的功最多消耗在以下 4 个方面。

（1）轧制功 A_z。使轧件产生塑性变形必须消耗的功。其大小不仅取决于金属真实变形抗力的大小，还取决于外摩擦、外端、张力的影响。

（2）附加摩擦功 A_f。由于轧制时产生轧制压力，由此导致在辊颈和轴承之间以及在传动机构中产生摩擦力而分别消耗的功 A_{f1} 和 A_{f2}。注意，如果轧机空转不轧制时，不存在轧制压力，附加摩擦功也就不存在，为 0。

（3）空转功 A_k。轧机空转不轧制时，所消耗的功。

（4）动力功 A_d。轧辊发生变速转动时，为克服轧辊等旋转部件的惯性所消耗的功。例如，在可调速轧机上采取“低速咬入，高速轧制”时，就会产生动力功。若轧辊匀速转动，不论是轧制还是空转，都不产生动力功。

总之，轧制时主电机做的功最多由上述四部分之和表示，为：

$$A_{电} = A_z + A_f + A_k + A_d \tag{12-11}$$

12.2.2　轧制时主电机的输出力矩

根据动力学，在转动条件下，功 A、力矩 M 和角位移 θ 三者的关系为：力矩和角位移的乘积等于功：

$$A = M\theta \quad 或 \quad M = \frac{A}{\theta} \tag{12-12}$$

根据此关系，轧制时主电动机做的功和上述各部分消耗的功可以用力矩来表示，相应地称为主电机输出力矩 $M_{电}$、轧制力矩 M_z、附加摩擦力矩 M_f、空转力矩 M_k 和动力矩 M_d，则轧制时主电机输出力矩 $M_{电}$ 为：

$$M_{电} = \frac{M_z}{i} + M_f + M_k + M_d \tag{12-13}$$

式中　i——减速箱的减速比。因为减速箱的作用，主电机的角位移是轧辊的 i 倍，$\frac{M_z}{i}$是将轧制力矩换算成主电机轴上的输出力矩，其他力矩都已经换算成主电机轴上的输出力矩。

12.2.3　静力矩和轧制效率

12.2.3.1　静力矩

静力矩 M_j 是指轧制时轧辊等部件做匀速转动所需要的力矩。因为匀速转动无动力矩，因此它由轧制力矩$\frac{M_z}{i}$、附加摩擦力矩 M_f 和空转力矩 M_d 三部分组成，即：

$$M_j = \frac{M_z}{i} + M_f + M_k \tag{12-14}$$

静力矩对任何轧机都是必不可少的。一般情况下，在组成静力矩的三个力矩中，轧制力矩最大，只有在老式轧机上，由于轴承中的摩擦损失过大，才会导致附加摩擦力矩大于轧制力矩。

12.2.3.2　轧制效率 η

在静力矩中，只有轧制力矩直接使轧件产生塑性变形，是有效力矩；而附加摩擦力矩和空转力矩虽然是实现轧制必不可少的部分，但对轧件的塑性变形来说，是无效力矩。这样换算到主电机轴上的轧制力矩与静力矩比值的百分数称为轧机效率 η：

$$\eta = \frac{\frac{M_z}{i}}{M_j} = \frac{\frac{M_z}{i}}{\frac{M_z}{i} + M_f + M_k} \times 100\% \tag{12-15}$$

注意：求轧制效率时，不涉及到动力矩。轧制效率随轧制方式和轧机结构（主要是轧辊轴承的构造）不同，在相对大的范围内变化，通常为 $\eta = 0.5 \sim 0.95$。

模块 12.3　四种力矩的计算

12.3.1　轧制力矩的计算

轧制力矩的计算方法有两种，根据轧制合力 P 来计算和按能耗曲线来计算。

12.3.1.1　按轧件对轧辊的作用力计算轧制力矩

对于矩形断面轧件的轧制，如板带材等，按轧件作用在轧辊上的合力 P 来确定轧制力矩，可以得到比较精确的结果。

在确定了轧件作用在轧辊上的合力 P 的大小和方向后，欲计算轧制力矩需要知道合力作用角 φ 或合力作用点到轧辊轴心连线的距离 a。知道 φ 角就可按合力 P 的作用方向确定力臂 a，或直接将 φ 角和合力 P 的数值代入模块 12.1 相关的公式中，计算轧制力矩。

在简单轧制情况下（见图 12-1），轧制力矩是转动两个轧辊所需力矩：

$$M_z = 2Pa \quad 或 \quad M_z = PD\sin\varphi \tag{12-16}$$

设咬入角为 α，变形区长度为 l。为简化轧制力臂 a 的计算，可认为：

$$\frac{a}{l} \approx \frac{\varphi}{\alpha} \rightarrow a = l\frac{\varphi}{\alpha} = l\psi$$

式中，$\psi = \frac{\varphi}{\alpha}$，称为轧制压力的力臂系数。不同轧机的 ψ 不同，通常根据实验数据来确定，见表 12-1 和表 12-2。将 $a = l\psi$ 和 $P = \bar{p}(\bar{B}l)$ 代入 $M_z = 2Pa$ 中，可得轧制力矩为：

$$M_z = 2Pa = 2\bar{p}(\bar{B}l)l\psi = 2\psi\bar{p}\bar{B}R\Delta h \tag{12-17}$$

式中　$\bar{p}$——平均单位压力；

$\bar{B}l$——轧辊和轧件的接触面积，$\bar{B}$ 为变形区轧件的平均宽度。

将轧制力矩换算到主电机轴上的力矩为$\frac{M_z}{i}$，$\frac{M_z}{i}=\frac{2\psi\bar{p}\bar{B}R\Delta h}{i}$。

表 12-1　热轧的力臂系数

轧制条件	力臂系数 ψ
热轧厚度较大时	0.5
热轧薄板	0.42～0.45
热轧方断面	0.5
热轧圆断面	0.6
在闭口孔型中轧制	0.7
在连续式板带材轧机第一架轧机上	0.48
在连续式板带材轧机最后一架轧机上	0.39

表 12-2　冷轧的力臂系数

轧件材质	轧件厚度/mm	轧件表面状态	力臂系数 ψ
碳钢［w(C)］：0.2%	2.54	表面光泽	0.40
碳钢［w(C)］：0.2%	2.54	普通光表面	0.32
碳钢［w(C)］：0.2%	2.54	普通光表面，无润滑	0.33
碳钢［w(C)］：0.11%	1.88	表面光泽	0.36
碳钢［w(C)］：0.07%	1.65	表面光泽	0.35
铜	2.54	表面光泽	0.40
铜	1.27	普通光表面	0.40
铜	1.9	普通光表面	0.32
铜	2.54	普通光表面	0.33

12.3.1.2　按能耗曲线确定轧制力矩

在许多情况下按轧制时的能量消耗来确定轧制力矩是比较方便的，因为在这方面积累了一些实验资料，如果轧制条件相同，其计算结果也比较可靠。在轧制非矩形断面轧件时，由于接触面积和平均单位压力的计算比较复杂，常常采用这种方法来确定轧制力矩。

在一定的轧机上由一定规格的坯料轧制产品时，随着轧制道次的增加，轧件的延伸系数增大。根据实测得到的数据，按轧件在各道次轧制后得到的总延伸系数和 1 t 轧件由该道次轧出后积累消耗的轧制能量所建立的关系曲线，称为单位能耗曲线。对于型钢和钢坯轧制，单位能耗曲线一般表示为每吨产品的能耗与积累延伸系数的关系，如图 12-5 所示；对于板带材轧制一般表示为每吨产品的能耗与板带厚度的关系，如图 12-6 所示。

轧制能耗 A 与轧制力矩 M(kN · m) 的关系为：

$$M=\frac{A}{\theta}=\frac{A}{\omega t}=\frac{AR}{vt} \tag{12-18}$$

式中　θ——轧件轧制期间轧辊的角位移，$\theta=\omega t=\frac{v}{R}t$；

ω——角速度，1/s；

t——时间，s；

R——轧辊半径，m；

v——轧辊圆周速度，m/s。

在轧制单位能耗曲线中，第 $n+1$ 道次的单位能耗为 $a_{n+1}-a_n$，若轧件质量为 Gt，则该道次的总能耗为：

$$A=(a_{n+1}-a_n)G \tag{12-19}$$

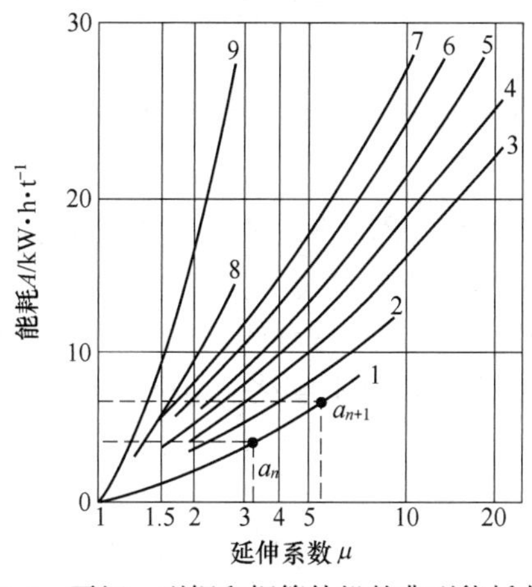

图 12-5　开坯、型钢和钢管轧机的典型能耗曲线

1—1700 热连轧机；2—3 机架冷连轧；3—5 机架冷连轧；4—1150 板坯轧机；5—1150 初轧机；6—250 线材连轧机；7—350 棋盘式中型轧机；8—700/500 钢坯连轧机；9—750 轨梁轧机

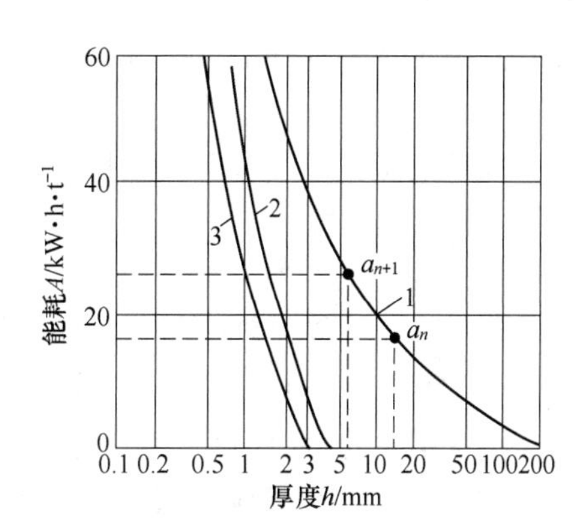

图 12-6　板带钢轧机的典型能耗曲线

1—1700 热连轧机；2—3 机架冷连轧；3—5 机架冷连轧

因为轧制时的能耗一般是按电机负荷测量的，故按能耗曲线确定的能耗包括轧辊轴承和传动机构中的附加摩擦能耗，不包括轧机的空转能耗和与动力矩对应的动负荷能耗。因此按能量消耗确定的力矩是轧制力矩和附加摩擦力矩的总和。根据式（12-18）和式（12-19）可以导出：

$$\frac{M_z}{i}+M_f=\frac{3600(a_{n+1}-a_n)GR}{tv} \tag{12-20}$$

如果将 $G=F_hL_h\rho$；$t=\frac{L_h}{v_h}=\frac{L_h}{v_h(1+S_h)}$代入式（12-20），整理后得：

$$\frac{M_z}{i}+M_f=1800(a_{n+1}-a_n)\rho F_hD(1+S_h) \tag{12-21}$$

式中　G——轧件质量，t；

ρ——轧件密度，t/m³；

D——轧辊工作直径，m；

F_h——该道次轧制后轧件断面积，m²；

S_h——该道次前滑值；

i——减速比。

取钢的密度 $\rho=7.8$ t/m³，并忽略前滑的影响，则：

$$\frac{M_z}{i} + M_f = 14040(a_{n+1} - a_n)F_h D \tag{12-22}$$

由于能耗曲线是在现有的一定轧机上，在一定温度、速度条件下，对一定规格的产品和钢种测得的。所以在实际计算时，必须根据具体的轧制条件选取合适的曲线。在选取时通常应注意以下几个问题：

（1）轧机的结构及轴承的形式应该相似。如用同样的金属坯料轧制相同的断面产品，连续式轧机的单位能耗低于横列式轧机，使用滚动轴承的轧机的单位能耗比采用普通滑动轴承的轧机低 10% ~60%。

（2）选取的能耗曲线的轧制温度以及轧制过程应该接近。这是因为热轧时温度对轧制压力影响很大。

（3）曲线对应的坯料原始断面尺寸，应与欲轧制的坯料相同或接近，在热轧时可大于欲轧制的坯料断面尺寸。

（4）曲线对应的坯料原始断面尺寸和最终断面尺寸，应与欲轧制的相同或接近。例如，在断面尺寸和延伸系数相同的条件下，轧制钢轨消耗的能量比轧制圆钢和方钢的大。因为在异形孔型中轧制时金属与轧辊间的摩擦损失比较大，轧件的不均匀变形也要消耗附加能量，并且钢轨的表面积大，散热和降温快。

（5）曲线对应的金属应与欲轧制的金属相同或接近，以保证变形抗力相近。

（6）对于冷轧，曲线对应的工业润滑条件和张力大小应与欲轧制的过程相近。

12.3.2　附加摩擦力矩的计算

附加摩擦力矩 M_f 是已经换算到主电机轴上的力矩，它包括两部分：（1）轧辊轴承的摩擦力矩 M_{f1}；（2）传动机构的摩擦力矩 M_{f2}。这两部分应分别计算。

12.3.2.1　轧辊轴承的摩擦力矩 M_{f1}

设轧辊辊颈的直径为 d，一个轧辊的轧制压力 P 作用在两个轴承上，每个轴承承受的轧制压力为 $\frac{P}{2}$，相应产生的摩擦力为 $\frac{P}{2}f_1$，则每个轴承的摩擦力矩就为：$\frac{P}{2}f_1\frac{d}{2}$（$f$ 是轧辊轴承的摩擦系数，见表 12-3，d 是轧辊辊颈的直径，$\frac{d}{2}$ 为轧辊圆心到摩擦力方向的距离）。两个轧辊有四个轴承，其摩擦力矩就为：Pf_1d。将轧辊轴承的附加摩擦力矩换算到主电机轴上，则为：

$$M_{f1} = \frac{Pf_1 d}{i} \tag{12-23}$$

表 12-3　轧辊轴承的摩擦系数

轴承种类与工作条件	摩擦系数 f	轴承种类与工作条件	摩擦系数 f
滑动轴承金属衬热轧	0.07 ~0.01	液体摩擦轴承	0.003 ~0.004
滑动轴承金属衬冷轧	0.05 ~0.07	半液体摩擦轴承	0.006 ~0.01
滑动轴承塑料衬	0.01 ~0.03	滚动轴承	0.005 ~0.01

12.3.2.2　传动机构的摩擦力矩 M_{f2}

传动机构包括连接轴、齿轮机座、减速箱和主电机连接轴等部分（见图 12-7）。传动机构的附加摩擦力矩 M_{f2} 可按下式计算。

$$M_{f2} = \left(\frac{1}{\eta} - 1\right)\left(\frac{M_z}{i} + M_{f1}\right) \tag{12-24}$$

式中　M_{f2}——已换算到主电机轴上的传动机构的附加摩擦力矩；

M_{f1}——已换算到主电机轴上的轧辊轴承的附加摩擦力矩；

η——传动机构的效率，即从主电机到轧机的传动效率，一级齿轮传动的效率一般取 0.96 ~ 0.98，皮带的传动效率取 0.85 ~ 0.90。

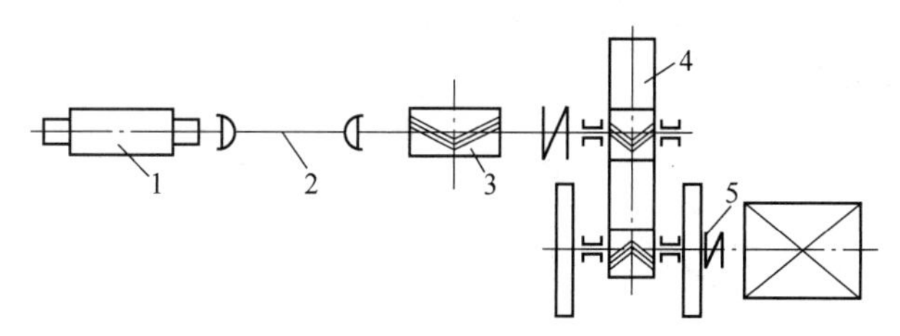

图 12-7　主机列示意图

1—轧机；2—连接轴；3—齿轮机座；4—减速箱；5—主电机连接轴

综合轧辊轴承的摩擦力矩 M_{f1} 和传动机构的摩擦力矩 M_{f2}，得到推算到主电机轴上的附加摩擦力矩为：

$$M_f = M_{f1} + M_{f2} = \frac{Pf_1 d}{i} + \left(\frac{1}{\eta} - 1\right)\frac{M_z + Pf_1 d}{i} \tag{12-25}$$

12.3.3　空转力矩 M_k 的计算

空转力矩是指不轧制时轧辊匀速转动所需要的力矩。通常是根据轧机空转时，在各个转动部分轴承中引起的摩擦力来计算。

轧机中的轧辊、连接轴、齿轮等部件，各有不同的重量、不同的轴颈直径和不同的摩擦系数，因此必须分别计算。很显然，空转力矩 M_k 应等于每个转动部件空转力矩 M_{kn} 之和。即有：

$$M_k = \sum M_{kn} = \sum \frac{G_n f_n d_n}{2 i_n \eta_n} \tag{12-26}$$

式中　G_n——该部件在轴承上的重量；

f_n——轴承上的摩擦系数；

d_n——轴承轴颈直径；

i_n——该部件与主电机的减速比；

η_n——主电机到该部件之间的传动效率。

按式（12-26）计算很复杂，通常按经验办法，根据主电机的额定力矩来计算，有：

$$M_k = (0.03 \sim 0.06) M_H \tag{12-27}$$

式中　M_H——主电机的额定力矩。新式轧机取下限，老式轧机取上限。

12.3.4　动力矩的计算

动力矩只发生在轧辊不匀速转动的轧机上，如带飞轮的轧机、在轧制过程中调速的可逆式轧机。动力矩的大小可按下式确定：

$$M_{\mathrm{d}} = J\frac{\mathrm{d}\omega}{\mathrm{d}t} \tag{12-28}$$

式中　$\frac{\mathrm{d}\omega}{\mathrm{d}t}$——角加速度，$\frac{\mathrm{d}\omega}{\mathrm{d}t}=\frac{2\pi\mathrm{d}n}{60\ \mathrm{d}t}$，$n$ 为轧机的转速，r/min；

J——惯性力矩，通常用回转体力矩 GR^2 表示，为：$J=mR^2=\frac{GD^2}{4g}$，m、G 为回转体的质量（kg）和重量（N），R、D 为回转体的半径和直径（m），g 为重力加速度。

$$M_{\mathrm{d}} = \frac{GD^2}{38.2}\frac{\mathrm{d}n}{\mathrm{d}t} \tag{12-29}$$

应该指出，式（12-29）中的回转体力矩应包括所有回转体的力矩。

模块 12.4　主电机的负荷图及其功率计算

12.4.1　静负荷图和轧制图表

电机的输出力矩又称电机负荷。为了选择和校核主电机是否满足轧制要求，仅要知道其输出力矩（负荷）是不够的，还要知道其负荷图。所谓负荷图，是指主电机负荷（即输出力矩）随时间的变化而变化的关系图。

轧辊匀速转动过程中（包括空转和轧制），动力矩 M_{d} 为零，此时的负荷图称静负荷图。在绘制静负荷图之前，往往要先绘制轧制图表（表示轧机工作状态的图表），目的是确定各道次轧制的纯轧时间和间歇时间（即轧机空转时间），然后再确定在纯轧时间和间歇时间内主电机的负荷。

12.4.1.1　确定各道次的纯轧时间和间歇时间

每一道次的纯轧时间 t_n 可由下式确定：

$$t_n = \frac{l_n}{\overline{v}_n} \approx \frac{l_n}{v} \tag{12-30}$$

式中　l_n——第 n 道次轧制后轧件的长度；

$\overline{v}_n$——第 n 道次轧制时轧件出辊的平均速度。若忽略前滑，它等于轧辊线速度 v。

间歇时间按间歇动作所需时间确定或按现场数据确定。

12.4.1.2　确定在纯轧制时间和间歇时间内主电机的静负荷

在纯轧时间内，主电机的静负荷为轧制力矩、附加摩擦力矩与空转力矩三者之和，即 $M_{\mathrm{j}}=\frac{M_{\mathrm{z}}}{i}+M_{\mathrm{f}}+M_{\mathrm{k}}$。在间歇时间内，主电机的静负荷为空转力矩，$M_{\mathrm{j}}=M_{\mathrm{k}}$。

图 12-8 表示在横列式两架轧机上单根轧钢时的轧制图表和静力矩图。图 12-8(a)是轧制图表，表示在第一机架上轧 3 道次，在第二机架上轧 2 道次。图中的 $t_1\cdots t_5$ 为各道次的

纯轧时间，可由式（12-30）确定；$t'_1 \cdots t'_5$ 为各道次轧后的间歇时间，其中 t'_3 为轧件横移时间，t'_5 为前后两轧件的间隔时间。

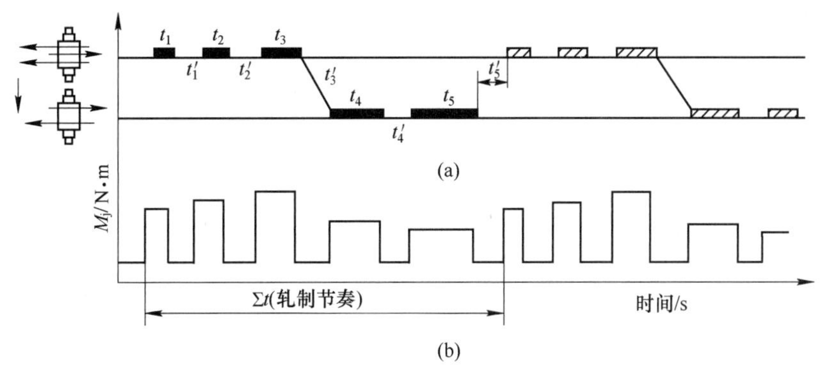

图 12-8　单根过钢时轧制图表(a）与静力矩图(横列式轧机)(b)

图 12-9(b）是静力矩图，表示了轧制过程中主电机负荷随时间的变化关系。轧件从进入轧辊到最后离开轧辊并送入下一轧件为止所需要的时间，称为轧制节奏或轧制周期。

在上述轧机上，若轧制方法稍加改变，即在第二架轧机上轧制前一轧件的第 5 道次时，在第一架轧机上轧制后一轧件的第 1、2 道次，此时的轧制图表如图 12-9 所示。由于两架轧机由一个电机传动，静力矩图就必须在两架轧机同时轧制的时间内进行叠加，但空转力矩不叠加（见图 12-9)。在这种情况下轧制周期缩短了，而主电机负荷加重。

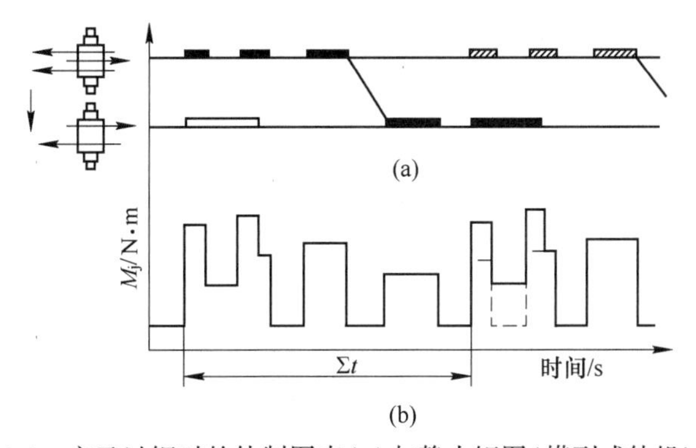

图 12-9　交叉过钢时的轧制图表(a)与静力矩图(横列式轧机)(b)

根据轧机的布置、传动方式和轧制方法的不同，轧制图表也是不同的。图 12-10 为不同传动方式的静力矩图。

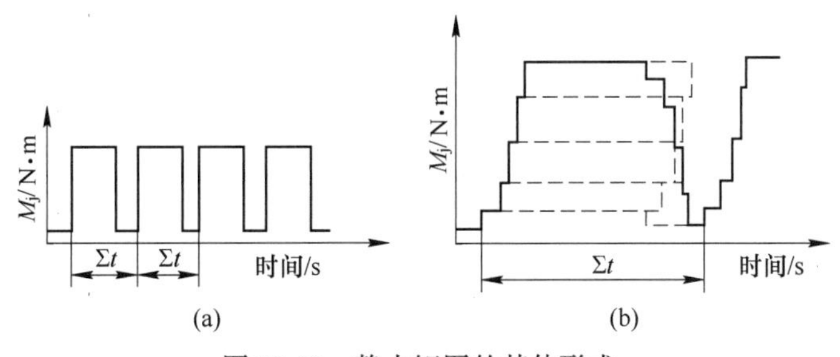

图 12-10　静力矩图的其他形式

(a）纵列式或单独传动的连轧机；(b）集体传动的连轧机

12.4.2　可逆式轧机的动负荷图

可逆式轧机由直流电机驱动，轧辊可正、反两个方向转动，并且轧制速度可在较大范围内调整。

在可逆式调速轧机上，采取的轧制过程一般是“低速咬入、高速轧制、低速甩出”的轧制方式。因此轧机的纯轧时间由加速期、稳定轧制期和减速期三部分组成。同样，轧机空转时的间歇时间可分为加速期、减速期和等速期，如图 12-11(a) 所示。在图中轧件被咬入辊缝，在咬入过程中轧辊转速增大，而后进入转速不变的稳定轧制期；在即将完成轧制之前，轧辊转速降低，轧件被抛出辊缝。t_2、t_3、t_4 分别是轧制的加速期、稳定期和减速期所占用的时间，而 t_1、t_5 分别是轧机空转时的加速期、减速期，t'_n 是轧机反转到轧制下一个轧件所占用的时间。

由于可逆式轧机不论是在轧制时，还是在空转时，其轧制速度是变化的，所以负荷图必须考虑动力矩 M_d，此时负荷图由静负荷图和动负荷图叠加组合而成，如图 12-11 所示。

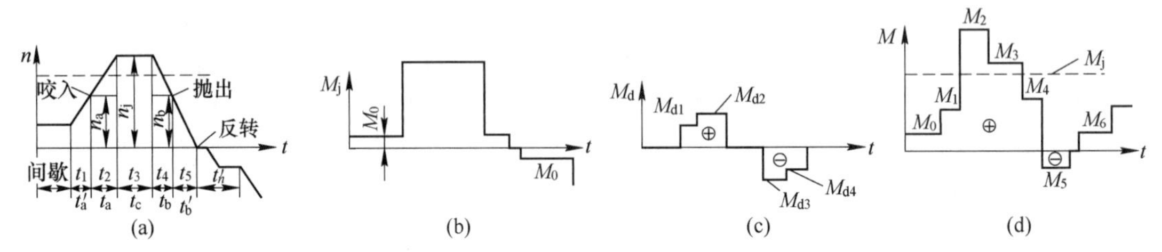

图 12-11　可逆式轧机的轧制速度与负荷图

(a) 电机转速；(b) 静负荷；(c) 动负荷；(d) 合成负荷

在轧制时各期间内的总力矩分别为：

加速轧制期（有正的动力矩 M_{d2}）　$M_2 = M_j + M_{d2} = M_j + \frac{G_1 D^2}{38.2g} a$；

等速轧制期（无动力矩）　$M_3 = M_j$；

减速轧制期（有负的动力矩 M_{d3}）　$M_4 = M_j - M_{d3} = M_j - \frac{G_1 D^2}{38.2g} b$。

注意：轧制时的动力矩包括轧机各部分的回转体和轧件两部分。

在轧机空转时各期间的总力矩分别为：

空转加速期（有正的动力矩 M_{d1}）　$M_1 = M_k + M_{d1} = M_k + \frac{GD^2}{38.2g} a$；

空转减速期（有负的动力矩 M_{d4}）　$M_5 = M_k - M_{d4} = M_k - \frac{GD^2}{38.2g} b$；

空转等速期（无动力矩）　$M_6 = M_k$。

注意：空转时的动力矩仅包括轧机各部分的回转体。

12.4.3　主电机的校核和功率计算

主电机的负荷图确定后，就可对主电机进行校核和功率计算。

12.4.3.1　主电机的校核

轧制时，为保证主电机的正常工作，必须校核主电机。校核主电机的内容包括：主电机必须满足不过热和不过载两个要求。

A　发热校核

主电机的额定力矩 M_H 是指电动机在负荷不变的条件下长时间工作，其温升在允许范围内的最大力矩。通常轧机工作时主电机的负荷是变化的，空转时负荷小，而轧制时负荷大。因此，轧制生产中校核主电机是否发热，必须要计算主电机的等效力矩。等效力矩也称均方根力矩 $M_{均}$，计算公式为：

$$M_{均} = \sqrt{\frac{\sum M_i^2 t_i + \sum M_i'^2 t_i'}{\sum t_i + \sum t_i'}} \tag{12-31}$$

式中　$\sum t_i$——一个轧制周期内各段纯轧时间的总和；

$\sum t_i'$——一个轧制周期内各段间歇时间的总和；

M_i——各段轧制时间所对应的力矩；

M_i'——各段间歇时间所对应的力矩。

如果主电机的等效力矩 $M_{均}$ 大于其额定力矩 M_H，那么主电机的温升将超过允许的范围。因此，校核主电机不过热的条件为等效力矩 $M_{均}$ 不大于额定力矩 M_H，即：

$$M_{均} \leqslant M_H \tag{12-32}$$

B　过载校核

轧制生产中，可以允许主电机在短时间、在一定限度内超过额定负荷工作。校核主电机的不过载条件为：

$$M_{max} \leqslant K_G M_H \tag{12-33}$$

式中　M_{max}——轧制周期中的最大力矩；

K_G——主电机的允许过载系数，直流电动机为2.0~2.5；交流同步电动机为2.5~3.0。

当主电机达到允许最大力矩 $K_G M_H$ 时，持续时间必须在 15 s 内，否则主电机温升将超过允许范围。

12.4.3.2　主电机的功率计算

对于新设计的轧机，必须选择主电机。在这种情况下，必须根据等效力矩 $M_{均}$ 和所要求的主电机转速 n 两个参数，来计算主电机的功率 N，然后选择主电机。计算主电机的功率 N 可按下式进行：

$$N = \frac{1.03 M_{均}\, n}{\eta} \tag{12-34}$$

式中　η——由主电机到轧机的传动效率；

n——主电机的转速，r/min。

12.4.3.3　主电机实际转速超过基本转速时的校核

实际生产中，有时主电机的实际转速会超过其基本转速，此时应对超过基本转速部分所对应的力矩加以修正，即乘以修正系数。

如果此时力矩图为梯形（见图 12-12），则等效力矩为：

$$M_{均} = \sqrt{\frac{M_1^2 + M_1 M + M^2}{3}} \tag{12-35}$$

式中　M_1——转速未超过基本转速时的力矩；

M——转速超过基本转速时修正后的力矩，为 $M = M_1 \frac{n}{n_H}$，n 为超过基本转速时的转速，n_H 为主电机的基本转速。

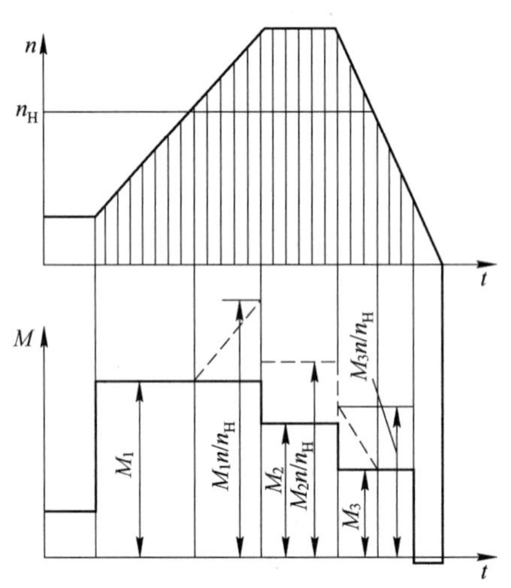

图 12-12　超过基本转速时的力矩修正图

校核主电机不过载的条件为：

$$\frac{n}{n_H} M_{max} \leqslant K_G M_H \tag{12-36}$$

习　题

12-1　主电机的输出力矩最多由哪几部分组成，最少又由哪几部分组成？

12-2　什么是轧制力矩，有哪两种确定方法？

12-3　什么是静力矩和轧制效率，静力矩包括哪几部分？

12-4　空转力矩实际上是传动部件产生的摩擦力矩，对吗，为什么？

12-5　某二辊轧机，轧辊辊身直径 $D=470$ mm，辊径直径 $d=260$ mm，轴承为滚动轴承，一级齿轮减速，减速比 $i=5.654$。在轧某种钢材时轧制压力 $P=1880$ kN，前张力 $Q_h=10.6$ kN，后张力 $Q_H=0$ kN，合力作用点角度 $\varphi=4.8°$。求轧制力矩和附加摩擦力矩。

12-6　某四辊轧机，工作辊辊身直径 $D_{工}=230$ mm，辊颈直径 $d_{工}=170$ mm，支撑辊辊身直径 $D_{支}=450$ mm，辊颈直径 $d_{支}=260$ mm，传动工作辊轴承为滚动轴承，滚动摩擦半径 $m=0.2$ mm，轧制压力 $P=1200$ kN，合力作用点角度 φ 为咬入角的一半。求传动工作辊所需力矩。

12-7　什么是主电机的额定力矩，为什么要计算主电机的等效力矩？

12-8　轧制中主电机不过热和不过载的条件分别是什么？

项目 13　轧制时的弹塑性曲线

模块 13.1　轧机的弹跳方程

在轧制过程中，轧辊对轧件施加压力，使轧件产生塑性变形。与此同时，轧件也给轧辊一个大小相同、方向相反的作用力，使轧辊和轧机各部件产生一定的弹性变形，这些零部件的弹性变形积累后又都反映在轧辊的辊缝上，使辊缝由空载时的 s 增大到轧制时的 s'，如图 13-1 所示，这种现象称为轧机弹跳。在轧机弹跳产生的同时，轧辊还会发生弹性弯曲变形，使辊缝沿轧辊长度方向上大小不均匀，引起轧件的横向厚度差。

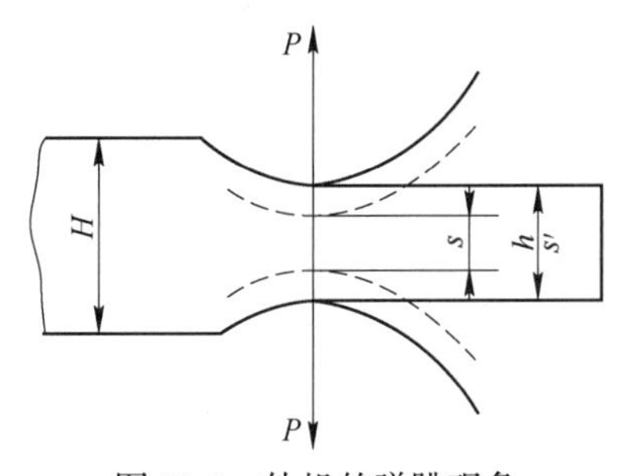

图 13-1　轧机的弹跳现象

轧机弹跳，或者说轧辊弹跳，是由于在轧制压力作用下，两个轧辊的轴线发生相对平移而引起使辊缝增大的现象。若忽略轧件的弹性变形，轧制后轧件的厚度 h 为轧制时的辊缝 s'，表示为：

$$h = s' = s + \frac{P}{K} \tag{13-1}$$

式中　s'——有载辊缝；

s——空载辊缝；

P——轧制压力；

K——轧机刚度系数，单位为 kN/mm，其物理意义是使轧机产生单位弹性变形所施加的负荷量。

式（13-1）称为轧机的弹跳方程，$\frac{P}{K}$就是轧机的弹跳量。轧机的弹跳量在开坯轧机上不必考虑，但在板带材轧机上必须考虑。

模块 13.2　轧机的弹性曲线

轧机的弹性曲线是表示轧制压力与轧机弹性变形量之间的关系曲线。曲线的斜率即为

轧机的刚度系数 K。生产上一般采用轧板法和轧辊压靠法来确定轧机的弹性曲线和刚度系数 K。

图 13-2 所示为轧机的弹性变形曲线。由图可见，在轧制压力较小时，弹性曲线呈非线性变化；当轧制压力达到一定的值后，曲线才呈近似线性关系。非线性段产生的原因是轧机的零部件之间存在接触不均匀和间隙。在轧机受力之初，零部件之间的接触不均匀和间隙随压力的增大而逐渐消失。轧机弹性变形曲线的线性段的斜率是轧机的刚度系数 K，其数值越大，表示轧机的刚度越大，轧制压力一定时，发生的弹性变形越小。

在图 13-2 中，当轧辊相互压靠，空载辊缝 s 为零时，弹性曲线过坐标原点，但其线性段部分的延长线并不通过坐标原点，它与横坐标的交点到坐标原点的距离代表轧机零部件之间的接触不均匀和间隙，用 s_0 表示。如果轧辊存在辊缝 s，那么曲线不通过坐标原点，如图 13-3 所示，这时轧出轧件的厚度 h 为：

$$h = s + s_0 + \frac{P}{K} \tag{13-2}$$

式中　s_0——轧辊弹性变形曲线非线性段产生的辊缝值；

s——轧辊辊缝。

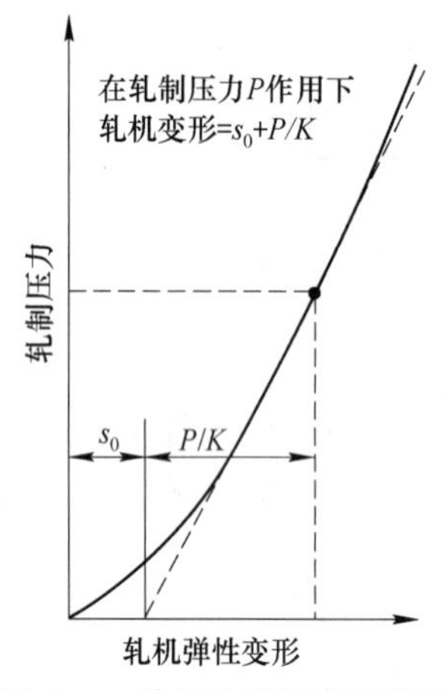

图 13-2　轧机的弹性变形曲线

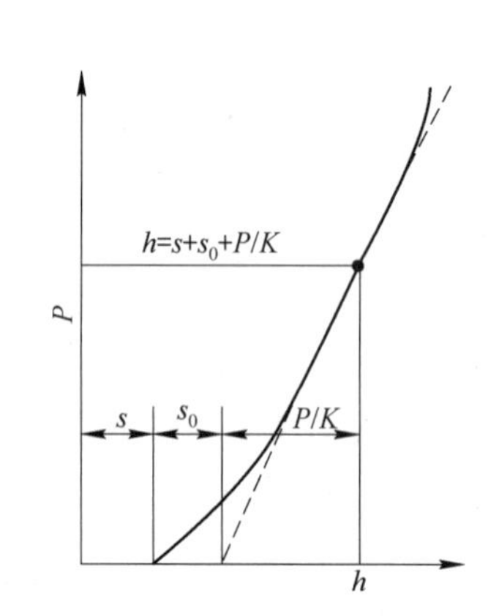

图 13-3　轧件尺寸在弹性曲线上的表示

由于轧机零部件之间存在的接触不均匀和间隙受多种因素的影响，是一个不稳定因素，轧机弹性曲线的非线性段产生的辊缝值 s_0 经常变化，每次换辊后都会有所不同，因此，辊缝的实际零位（$s+s_0$）很难确定，上述式（13-1）和式（13-2）很难应用于生产中。

在实际生产中，为了消除非线性段的影响，往往采用人工零位法。此法是在轧制前先将轧辊预压靠到一定压力（或按压下电机电流作标准），然后将此时的轧辊辊缝仪设定为零。预压靠时，轧辊之间无轧件，通过压下螺丝的压下使空转的轧辊压靠。当轧辊压靠后，使压下螺丝继续压下，轧机便产生弹性变形。由轧辊压靠开始点到轧制力为 P_0 时的压下螺丝行程，就是压力 P_0 作用下轧机的弹性变形，根据所测数据可绘出图 13-4 中的弹性曲线。

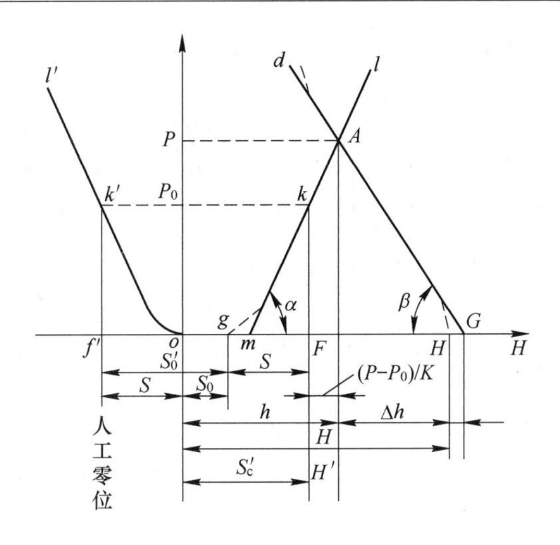

图 13-4　人工零位法的弹性曲线

在图 13-4 中，$ok'l'$ 为预压靠曲线，在 o 处轧辊开始接触受力变形，当压靠力为 P_0 时，辊缝 of' 是一个负值。现以 f' 为人工零位。当压靠力由 P_0 减为零时，实际辊缝为零，而辊缝仪的读数为 $f'o=S$。然后继续抬辊，当抬到 g 点位置时，辊缝仪的读数为 $f'g=S'_0=S+S_0$。由于曲线 gkl 和曲线 $ok'l'$ 完全对称，因此 $of'=gF=S$，所以 oF 段就是轧制力为 P_0 时人工零位法的轧辊辊缝仪读数 S'_0。当轧制压力为 P 时，轧出的轧件厚度为：

$$h = S'_0 + \frac{P - P_0}{K} \tag{13-3}$$

式中　S'_0——人工零位辊缝仪显示的辊缝值；

P_0——清零时轧辊预压靠的压力。

式（13-3）即为人工零位的弹跳方程。用人工零位法能消除轧机弹性曲线上非线性段的不稳定性，使弹跳方程便于应用。

弹跳方程对轧机调整有重大意义。弹跳方程表示了轧后轧件厚度与辊缝和轧机弹跳的关系，它可用来设定原始辊缝，而且它可作为间接测量轧件厚度的基本公式。

必须注意的是，前面所涉及的弹跳方程没有考虑轧制过程中某些因素的影响，要知道轧机的刚度不仅是轧机结构的故有特性，而且与轧制条件有关。首先，在轧制过程中轧辊和机架温度将升高，产生热膨胀，同时轧辊磨损会逐渐增大，而使轧辊辊缝发生变化，即改变了轧机刚度。其次，在轧辊采用油膜轴承时，油膜厚度与轧辊转速有关，且在轧辊加减速过程中，油膜厚度的变化使辊缝发生变化，从而影响轧机刚度。再有，在轧制板带材时，轧件宽度的变化也会引起轧机刚度的变化。这是因为当轧件宽度增大时，在相同的轧制力下，轧辊辊身长度方向上的单位压力减小，轧辊的弹性变形量减小；反之，当轧件很窄时，单位压力增大，相当于集中载荷作用，轧辊的弹性变形量增大。基于上述因素的影响，弹跳方程还要对上述影响因素作进一步修正。

模块 13.3　轧件的塑性曲线

影响轧制负荷（即轧制压力）的因素也影响轧机的压下能力，最终影响轧件的轧制厚度。根据项目 11 轧制压力可知，影响轧制压力的因素很多，轧制压力和轧制后轧件厚度的关系若用轧制压力公式来表示，则关系很复杂，应用不方便，而用图表来表示可以更清楚一些。在一定轧制条件下，轧制压力和轧出轧件厚度的关系曲线称为轧件的塑性曲线，如图 13-5 所示，纵坐标表示轧制压力，横坐标表示轧件厚度。由曲线可知：轧制压力增大，轧出轧件厚度减小。轧件塑性曲线的斜率为轧件的塑性系数，用 M 表示，其物理意义是使轧件产生单位塑性变形所施加的负荷量（kN/mm）。下面简单讨论轧件塑性曲线的影响因素。

（1）金属变形抗力的影响。如图 13-6 所示，当轧制的金属变形抗力较大时，则其塑性曲线为曲线 2，斜率较大，较陡。在相同的轧制压力下，变形抗力较大的金属轧后轧件的厚度要大一些（$h_2>h_1$）。

（2）摩擦系数的影响。图 13-7 反映了外摩擦的影响。摩擦系数越大，轧制时变形区的三向压应力状态越强烈，金属变形抗力越大，曲线越陡。在相同的轧制压力下，轧后轧件厚度越厚（$h_2>h_1$）。

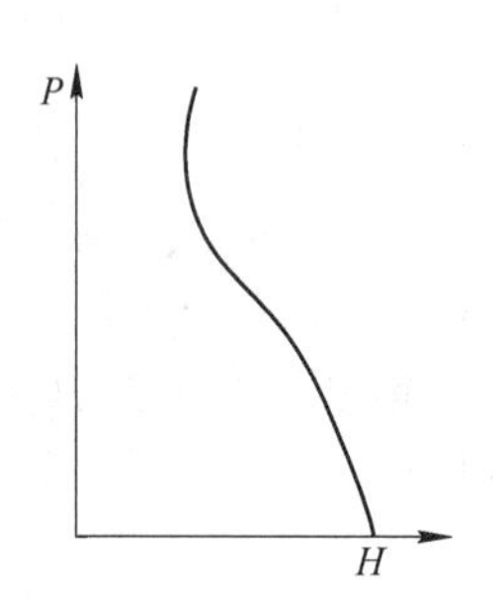

图 13-5　轧件的塑性曲线

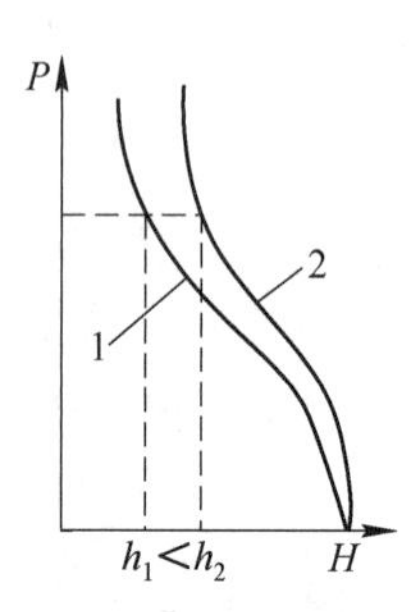

图 13-6　变形抗力的影响
1—变形抗力较小的金属；2—变形抗力较大的金属

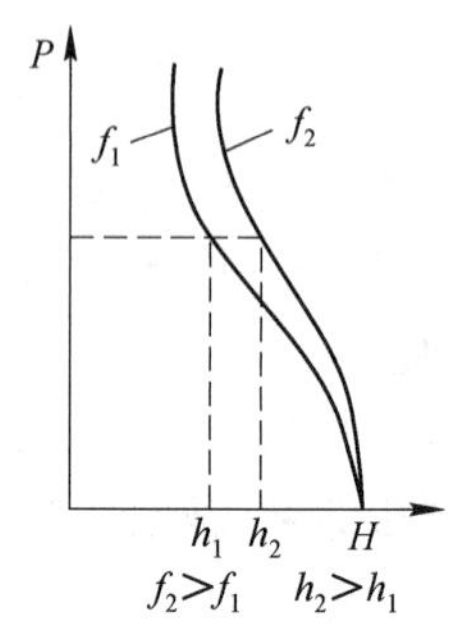

图 13-7　摩擦系数的影响

（3）张力的影响。张力的影响如图 13-8 所示。张力越大，变形区的三向压应力状态的强烈程度减弱（即平均压应力减小），甚至使纵向压应力变为拉应力，从而减小变形抗力，曲线斜率变小，轧后轧件厚度减薄。

（4）轧件原始厚度的影响。如图 13-9 所示，相同的轧制压力下，轧件越厚，则轧制压下量越大；轧件越薄，则轧制压下量越小。当轧前轧件厚度薄到一定程度时，其塑性曲线将变得很陡，这说明在此轧机上，无论施加多大压力，也不可能使轧件减薄，也就是达到最小可轧厚度的临界条件。

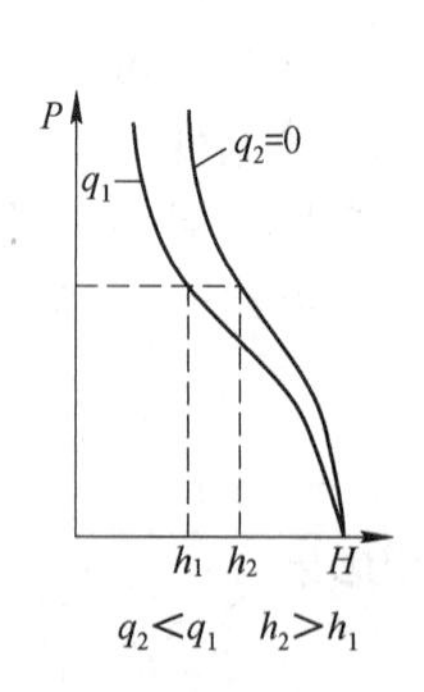

图 13-8　张力的影响

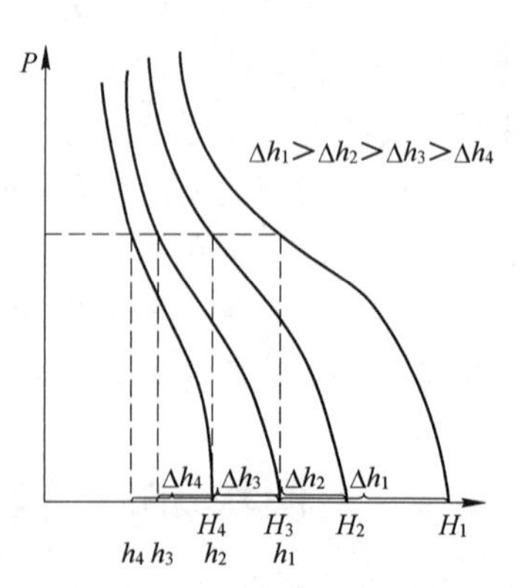

图 13-9　轧件厚度的影响

由上述分析可得结论：凡使轧制压力增大的因素，均使轧件的塑形曲线变陡，曲线斜率变大，在同样轧制压力下，轧出轧件厚度变厚，反之亦然。

模块 13.4　轧制时的弹塑性曲线

把轧机的弹性曲线和轧件的塑性曲线画在同一个图上，得到的曲线图称为轧制时的弹塑性曲线（见图 13-10）。轧机的弹性曲线与横轴交点 s_0 为已人工调零的空载辊缝值。轧件的塑性曲线和横轴的交点 H 是轧前轧件厚度，两曲线的交点称为工作点，其纵坐标是轧制压力，横坐标是轧出轧件的厚度 h。下面讨论各种因素对弹塑性曲线的影响。

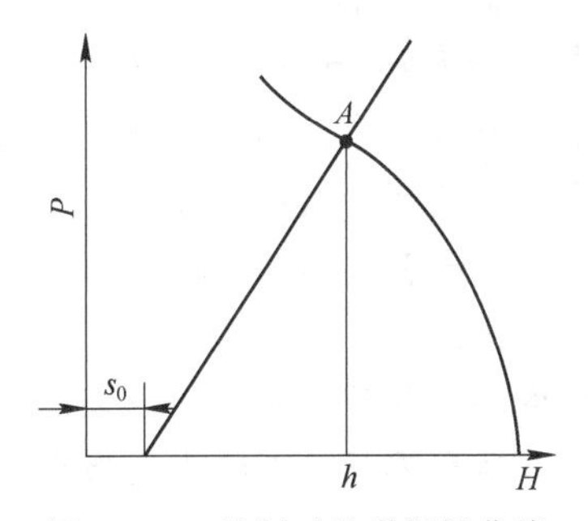

图 13-10　轧制时的弹塑性曲线

13.4.1　影响弹塑性曲线的因素

13.4.1.1　金属变形抗力的影响

图 13-11 为轧件变形抗力的变化对弹塑性曲线的影响。正常情况下，在已知辊缝的条件下轧出的轧件厚度为 h，工作点为 A。若由于退火不均匀，某段带材的加工硬化未完全消除，而使变形抗力增加，此时工作点由 A 变为 B，轧制压力由 P 增加至 P'，轧出的轧件厚度由 h 增大至 h'。要保持轧出的轧件厚度仍为 h，就需要调整压下，减小辊缝，使轧机的弹性曲线变为点划线，工作点由 B 变为 C，此时轧制压力进一步增大为 P''。

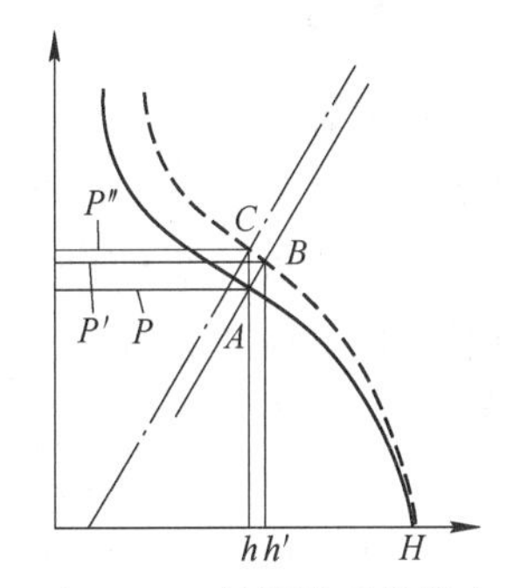

图 13-11　材料性质的影响

13.4.1.2　摩擦系数的影响

图 13-12 中的实线为已知轧机轧制带材时的弹塑性曲线，工作点为 A。此时在负荷 P 下可将厚度为 H 的轧件轧制成厚度为 h 的轧件。若因某种原因，摩擦系数增加，轧件的塑性曲线将由实线变为虚线。如果辊缝不变，工作点由 A 变为 B，负荷由 P 增高为 P'，而轧出的轧件厚度由 h 变为 h'，因而外摩擦增加使轧制压力增加而压下量减小。如果仍希望得到规定的轧件厚度 h，就应当增加压下，使轧机的弹性曲线向左平移为虚线，与轧件的塑性曲线（虚线）交于新的工作点 C，此时轧后轧件厚度为 h，但轧制压力增大到 P''。

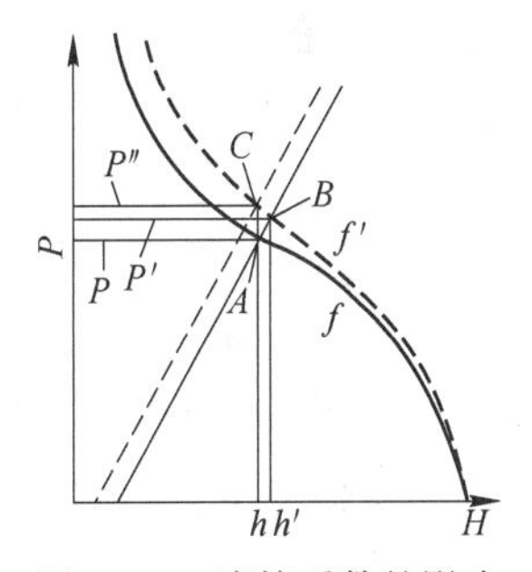

图 13-12　摩擦系数的影响

13.4.1.3　张力的影响

图 13-13 为冷轧时张力对弹塑性曲线的影响。实线是在张应力 q_1 作用下的轧制情况，此时的工作点为 A，轧制压力为 P，轧出的轧件厚度为 h。假如张应力增大到 q_2，轧件的塑性曲线将变为虚线，此时工作点为 B 点，轧制压力降低至 P'，轧出的轧件厚度减小为 h'。若要使轧出的轧

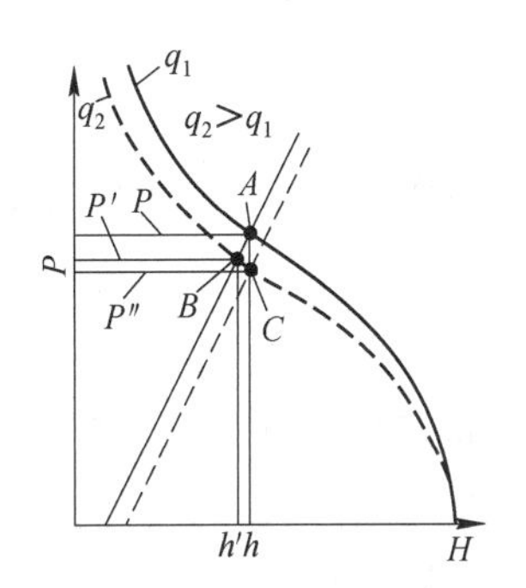

图 13-13　张力的影响

件厚度仍为 h，就要增大辊缝，将轧机的弹性曲线平行右移为虚线，达到新工作点 C，才能保持轧出的轧件厚度为 h，但是由于张应力增加，轧制压力降低为 P''。

13. 4. 1. 4　轧件原始厚度的影响

图 13-14 为轧前来料厚度变化对弹塑性曲线的影响。如果来料厚度增加，塑性曲线由实线变为虚线，此时工作点由 A 变为 B，轧制压力由 P 增加到 P'，轧出的轧件厚度由 h 增加到 h'。这时应增大压下，使弹性曲线平行左移为虚线，和塑性曲线（虚线）交于新工作点 C，此时，轧出的轧件厚度由 h'减小为 h，而轧制压力由 P'增加为 P''。

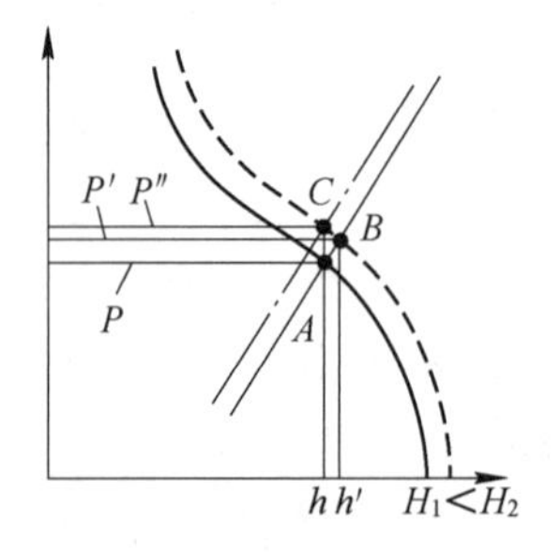

图 13-14　来料厚度变化的影响

由以上分析可以看出，任何轧制因素的影响都可用弹塑性曲线反映出来。一般来说，处于稳定阶段的轧制过程是暂时的、相对的，而各种轧制因素的影响是绝对的、大量存在的。所以利用弹塑性分析轧制过程是很方便的。

13. 4. 2　辊缝转换函数

关于轧制时弹塑性曲线的影响因素，以上的分析仅仅是定性的。若已知弹塑性曲线，上述影响因素完全可以定量地表示出来，这样就会有更大的用途。

轧钢操作人员都知道，要想改变带材厚度，就需要对辊缝进行调整。譬如说，要使轧出的轧件厚度减薄 0. 1 mm，调整压下（辊缝）的距离要大于 0. 1 mm。如果带材较软（变形抗力低），那么比 0. 1 mm 稍大一些的压下就可以了；如果带材较硬（变形抗力高），就需要多压下一些，这称为轧机的弹性效果，它可用辊缝转换函数来表示。辊缝转换函数 θ 是微小辊缝变化 ∂s 所引起的轧出轧件厚度的微小变化 ∂h 与微小辊缝变化 ∂s 之比，表示为：

$$\theta = \frac{\partial h}{\partial s} \tag{13-4}$$

辊缝转换函数的大小及其变化，可用弹塑性曲线来说明。如图 13-15 所示，当轧后轧件的厚度为 h 时，需要 A 点的轧制压力 P。如果要用压下来改变轧出轧件厚度，当压下 ∂s 距离时，得到新的弹性曲线（点划线）和塑性曲线相交于 B 点，此时轧出轧件厚度为 h'，轧制负荷由 A 到 B 增加了 ∂P。

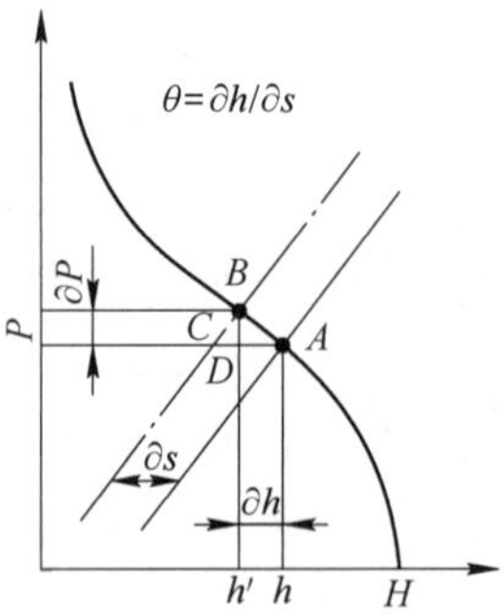

在微量情况下，可将 AB 看作直线段，则塑性曲线 AB 线段的斜率 M 为：

$$M = \frac{\partial P}{\partial h} \quad 或 \quad \partial P = M\partial h \tag{13-5}$$

图 13-15　辊缝转换函数

从图 13-15 中还可以看出：$\partial s = AC = CD + DA = \frac{\partial P}{K} + \partial h$，即：

$$\partial s = \frac{\partial P}{K} + \partial h \tag{13-6}$$

将式（13-5）代入式（13-6）得：

$$\partial s = \frac{M\partial h}{K} + \partial h \quad 或 \quad \frac{\partial s}{\partial h} = \frac{M}{K} + 1 = \frac{M + K}{K} \tag{13-7}$$

所以辊缝转换函数 θ 为：

$$\theta = \frac{\partial h}{\partial s} = \frac{K}{K + M} \tag{13-8}$$

若辊缝转换函数的值为 1/5，即 $\partial s = 5\partial h$，则压下调整距离为轧出轧件厚度变化量 ∂h 的 5 倍。

轧钢操作人员都知道，对于厚而软的轧件，压下调整较少就能校正轧出轧件厚度的尺寸偏差；而对于薄而硬的轧件，压下调整必须要有相当的量，才能校正轧出轧件厚度的尺寸偏差。当轧件厚度为一定值时（即轧机的最小可轧厚度），不管如何调整压下，轧出轧件厚度不再变化，此时辊缝转换函数 θ 趋近于 0。

如果用弹塑性曲线表示，图 13-16(a) 为厚而软的轧件的轧制情况，此时 $\partial h \approx \partial s$，即辊缝转换函数 θ 趋近于 1，塑性曲线的斜率 M 很小，轧件的变形抗力很小。当轧制薄而硬的轧件时，则相应于图 13-16(b) 的情况，此时虽然轧出轧件厚度变化 ∂h 很小，但相应的压下调整量 ∂s 却很大，这种情况很难调整。

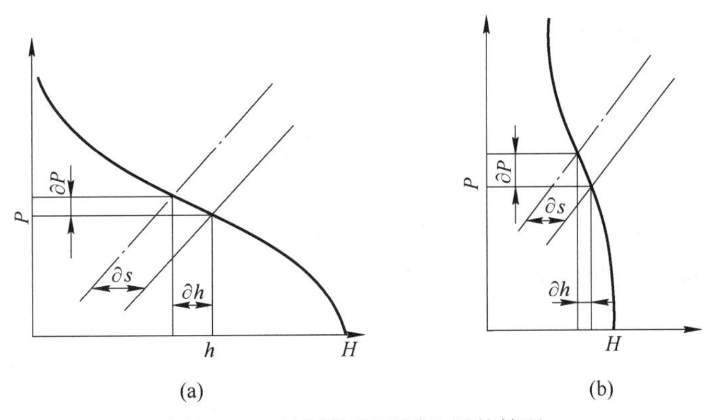

图 13-16　轧制软硬不同金属的情况
（a）厚软金属；（b）薄硬金属

轧机刚度对产品尺寸有很大的影响。假设轧机为完全刚性体，那么在调整好辊缝 s 后，不管来料或工艺有什么变化，轧出轧件厚度 h 应与辊缝 s 完全相等。刚度较小的轧机 K 值较小，如图 13-17(a) 所示。若来料厚度有 ∂H 的变化，相应地轧出轧件厚度的变化为 ∂h。刚度较大的轧机 K 值较小，如图 13-17(b) 所示。若来料厚度有相同的变化 ∂H，但轧

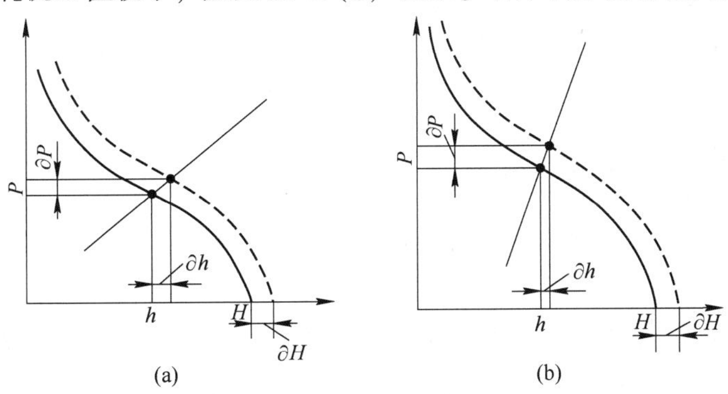

图 13-17　不同刚度轧机轧制情况
（a）轧机刚度小；（b）轧机刚度大

出轧件厚度的变化要比刚度较小轧机的小得多。因此，刚度不大的轧机的缺点就是，轧制参数的稍微变化会在轧件尺寸上明显反映出来。

模块 13.5　轧制弹塑性曲线的意义

轧制时的弹塑性曲线以图解的方式，直观地表达了轧制过程中的矛盾，因此它已日益获得广泛的应用。其实际意义有以下几点。

13.5.1　分析造成轧件厚差的原因

通过弹塑性曲线可以分析轧制过程中造成轧件厚差的各种原因。由式（13-2）可知，只要使 s 和 $s_0+\frac{P}{K}$ 变化，就会造成厚度的波动。如前所述，轧件材质变化、外摩擦变化、张力变化和来料厚度波动、温度波动都会引起轧出厚度的变化。

13.5.2　说明轧机的调整原则

通过弹塑性曲线可以说明轧制过程中的调整原则。如图 13-18 所示，在一台刚度系数为 K 的轧机上［曲线（1）］，空载辊缝为 s_1，坯料厚度为 H_1，轧制压力为 P_1，轧后轧件厚度为 h_1。若坯料厚度变为 H_2，则轧件塑性曲线变为曲线 2，因压下量增加而使轧制压力增加至 P_2，此时轧后轧件的厚度增加至 h_2。如果要轧成 h_1 的厚度，就需要调整轧机。调整轧机的方法有 3 种。

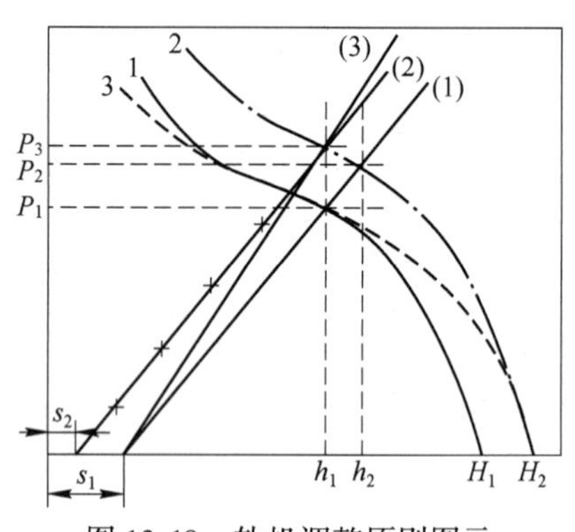

图 13-18　轧机调整原则图示

（1）通常，调整压下螺丝，将空载辊缝由 s_1 减小为 s_2，轧机弹性曲线变为曲线（2），此时轧制压力增加到 P_3，轧出的轧件厚度仍为 h_1。

（2）在连轧机和可逆式带材轧机上，通过增大张力，可使轧件的塑性曲线变为曲线 3，此时轧制压力仍为 P_1，轧后轧件的厚度仍为 h_1，这称为恒压力轧制。

（3）近年来出现的液压轧机，可改变轧机的刚度系数，即改变轧机弹性曲线的斜率，将弹性曲线变为曲线（3），此时轧制压力增大到 P_3，而辊缝 s_1 不变，可保持轧出的轧件厚度仍为 h_1，这称为恒辊缝轧制。

13.5.3　给出了厚度自动控制的基础

根据 $h=s'+\frac{P}{K}$，如果能进行压下位置检测以确定辊缝 s'，并能测量轧制压力 P 以确定 $\frac{P}{K}$（K 可视为常数），那么就可以确定轧出的轧件厚度 h。这就是所谓的间接测厚法，如果所测得的厚度与要求的给定值有偏差，就可以自动调整轧机，直到获得所要求的厚度值为止。最早的厚度自动控制法（也称 AGC）就是根据这一原理设计的。另外，式（13-7）

可写为：

$$\partial s = \left(\frac{M}{K} + 1\right)\partial h \tag{13-9}$$

此公式就是后馈 AGC 的基本方程。再有，根据图 13-19 可得以下两式：

$$\partial h = \frac{gc}{K} \quad 或 \quad gc = K\partial h$$

$$\partial H = bc + cd = \partial h + \frac{gc}{M}$$

所以 $\partial H=\partial h+\frac{K}{M}\partial h=\frac{M+K}{M}\partial h$ 或 $\partial h=\frac{M}{M+K}\partial H$，将该式代入式（13-9）得：

$$\partial s = \frac{M}{K}\partial H \tag{13-10}$$

此式即为前馈 AGC 的基本方程。

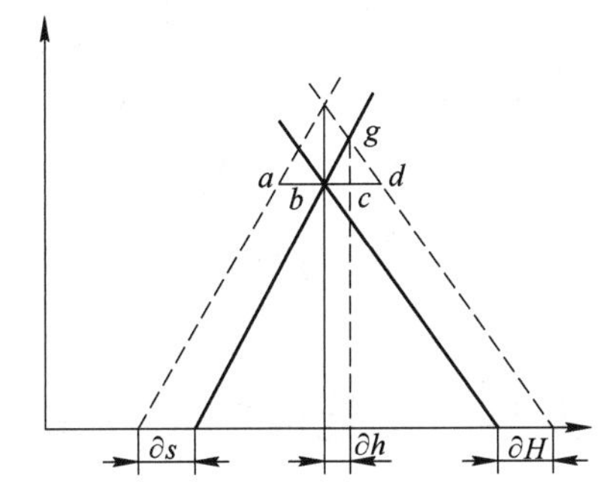

图 13-19　辊缝调整与原料尺寸偏差的关系

13-1　什么是轧机的弹性曲线，该曲线的斜率是什么，其物理意义又是什么？

13-2　轧机的弹性曲线为什么会存在非线性段，如何消除非线性段的影响？

13-3　什么是轧件的塑性曲线，影响该曲线的因素有哪些，如何影响？

13-4　什么是轧制的弹塑性曲线，两曲线交点代表的意义是什么？

13-5　什么是辊缝转换函数，举例说明如何利用它来保证产品尺寸精度？

13-6　轧制的弹塑性曲线在生产实践中有何应用？

项目 14 连轧基本理论

随着轧制理论和现代技术的发展，在板带材和棒线材生产中首先出现了连轧。“连轧”是指一件很长的轧件同时通过数架顺序排列的机座（也称机架）而进行的轧制（见图 14-1）。目前，连轧已扩大到型钢和钢管生产中，并且在生产中所占的比重日益扩大。本章介绍连轧的基本理论和连轧的生产应用。

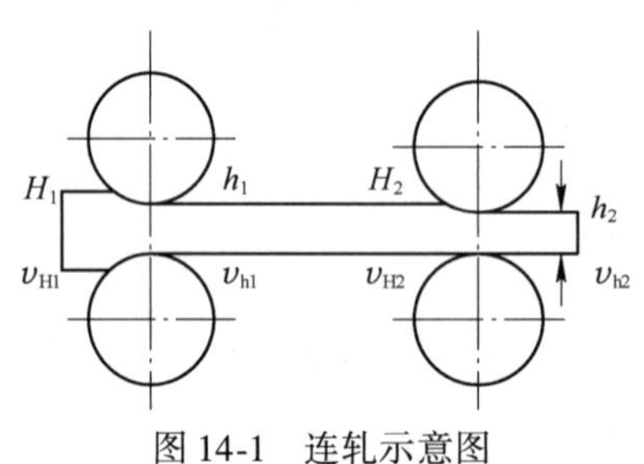

图 14-1 连轧示意图

模块 14.1 连轧的特殊规律

连轧时，各机座的工艺参数通过轧件相互联系、相互影响、相互制约，使连轧的变形条件、运动学条件和力学条件具有不同于单机架轧制的特殊规律。

14.1.1 连轧的变形条件

为保证连轧的顺利进行，必须使轧件在单位时间内通过各个机座的金属体积量相等，这称为连轧过程秒流量相等原则。若连轧机组有 n 个机座，则连轧过程秒流量相等原则可表示为：

$$F_1 v_{h1} = F_2 v_{h2} = \cdots = F_n v_{hn} = 常数 \tag{14-1}$$

式中 $F_1, F_2, \cdots, F_n$——通过各个机座的轧件出口断面积；

$v_{h1}, v_{h2}, \cdots, v_{hn}$——通过各个机座的轧件出口速度。

（1）如果要用轧制速度 v 来表示连轧过程秒流量相等的原则，可把由 $S_h = \frac{v_h - v}{v}$ 得到的 $v_h = v(1+S_h)$ 代入式（14-1），则为：

$$F_1 v_1 (1 + S_{h1}) = F_2 v_2 (1 + S_{h2}) = \cdots = F_n v_n (1 + S_{hn}) = 常数 \tag{14-2}$$

式中 $v_1, v_2, \cdots, v_n$——各机座的轧制速度；

$S_{h1}, S_{h2}, \cdots, S_{hn}$——各机座轧件的前滑值。

若连轧机组最后第 n 个机架的轧制速度 v_n 已知，为保持秒流量相等，其余各机架的轧制速度可按如下公式确定：

$$v_i = \frac{F_n v_n (1 + S_{hn})}{F_i (1 + S_{hi})}, \quad i = 1, 2, \cdots, n$$

(2) 如果用轧辊转速 n 来表示连轧过程秒流量相等原则，把 $v = \frac{\pi \bar{D}}{60} n$ 代入式（14-2），则为：

$$F_1 \bar{D}_1 n_1 (1 + S_{h1}) = F_2 \bar{D}_2 n_2 (1 + S_{h2}) = \cdots = F_n \bar{D}_n n_n (1 + S_{hn}) = 常数 \tag{14-3}$$

式中　$\bar{D}_1, \bar{D}_2, \cdots, \bar{D}_n$——各机座轧辊的平均工作直径；

$n_1, n_2, \cdots, n_n$——各机座的轧辊转速。

(3) 在连轧带钢时，若忽略宽展，把 $F = bh$ 代入式（14-2），则连轧过程秒流量相等原则为：

$$h_1 v_1 (1 + S_{h1}) = h_2 v_2 (1 + S_{h2}) = \cdots = h_n v_n (1 + S_{hn}) = 常数 \tag{14-4}$$

式中　$h_1, h_2, \cdots, h_n$——各机座的轧件轧出厚度。

秒流量相等的原则一旦被破坏，就会破坏变形的平衡状态，造成拉钢和堆钢。在图 14-1 中，当后一个机架的出辊金属秒流量大于前一个机架的出辊金属秒流量时发生拉钢，拉钢使轧件横断面减小，严重时轧件被拉断；当后一个机架的出辊金属秒流量小于前一个机架的出辊金属秒流量时发生堆钢，堆钢使轧件在两机架间堆积、折叠，引发设备事故。对轧制生产来说，堆钢的危害更大。

14.1.2　连轧的运动学条件

连轧时，前一机架的轧件出辊速度等于后一机架的轧件入辊速度，即：

$$v_{hi} = v_{Hi+1} \tag{14-5}$$

式中　v_{hi}——第 i 机架的轧件出辊速度；

v_{Hi+1}——第 i+1 机架的轧件入辊速度。

14.1.3　连轧的力学条件

连轧时，前一机架的前张力等于后一机架的后张力，即：

$$q_{hi} = q_{Hi+1} = q = 常数 \tag{14-6}$$

式中　q_{hi}——前一机架的前张力；

q_{Hi+1}——后一机架的后张力。

14.1.4　如何认识连轧的平衡状态

连轧的变形方程式、运动学方程式和力学方程式统称连轧平衡方程式。应当指出，秒流量相等的平衡状态并不等于张力不存在，即张力轧制仍可使连轧处于平衡状态，而保持秒流量相等的原则。但由于张力作用，各机架的轧制参数从无张力的平衡状态改变为有张力的平衡状态。

当连轧平衡状态被破坏时，秒流量不再相等，前机架轧件的出辊速度不再等于后机架轧件的入辊速度，张力也不再是常数，但经过一段时间的过渡过程后，连轧又进入新的平衡状态。

连轧是一个非常复杂的过程。当连轧处于平衡状态时，各机架轧制参数保持着相对稳定的关系。然而，一旦某个机架上干扰量（如来料厚度、材质、摩擦系数、温度等）和调节量（辊缝、辊速）发生变化，则不仅破坏了该机架的平衡状态，而且还会通过机架间张力和出口轧件的变化，把这些变化瞬时或延时地传递给前、后机架，从而使整个连轧机组的平衡状态遭到破坏。随后通过张力对轧制的调节作用，上述干扰又会逐渐趋于稳定，从而使连轧机组进入一个新的平衡状态。这时，各机架参数之间建立起新的相互关系，而且目标参数也达到新的水平。由于干扰因素总是不断出现，所以连轧过程中的平衡状态是暂时的、相对的，连轧过程总是处于平衡状态→干扰→新的平衡状态→新的干扰这样一种不断波动着的动态平衡过程中。

模块 14.2　连轧张力

张力是连轧过程中一个很活跃的因素。正是通过张力，各机架之间的影响和能量的传递才能相互联系，所以必须给以足够的重视。

14.2.1　连轧张力的微分方程

图 14-2 是两个机架上的张力轧制。假设轧件进入下一机架的速度为 v_{2H}，大于前一机架轧件的出口速度 v_{1h}，则轧件在两机架之间受张力作用，产生弹性拉伸。利用力学条件可以推导出连轧张力随时间变化的微分方程为：

$$\frac{dq}{dt} = \frac{E}{L}(v_{2H} - v_{1h}) \tag{14-7}$$

式中　q——单位面积前后张力差；

t——时间；

E——轧件的弹性模量；

L——两机架间的距离。

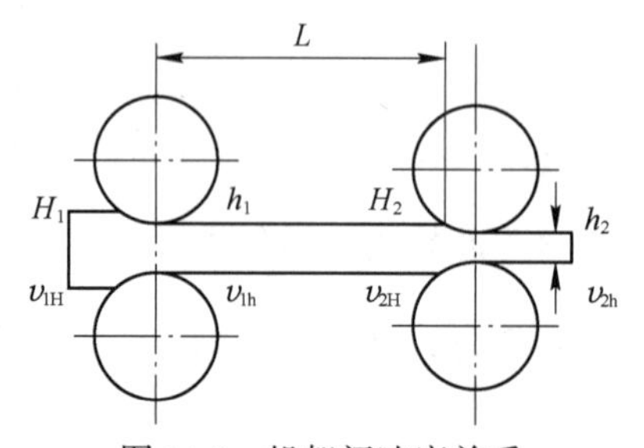

图 14-2　机架间速度关系

从连轧张力的微分方程可知，由于机架之间的轧件存在速度差（$v_{2H}-v_{1h}$）而产生连轧张力 q，这一过程称为建张过程。在建张过程中，首先是因为轧件的速度差（$v_{2H}-v_{1h}$）而产生张力，并且张力随时间而变化；反过来，张力又会影响轧件的速度差（$v_{2H}-v_{1h}$），并且速度差也随时间而变，因此，轧件的速度差、张力两者相互影响，并随时间而变化。所以，张力的微分方程很难得到解析解，只能采用数值解法。

14.2.2　张力公式

为考虑张力对轧件速度差（$v_{2H}-v_{1h}$）的影响，假定张力只影响前一机架轧件的出口速度 v_{1h}，即：

$$\frac{dq}{dt} = \frac{E}{L}(v_{2H} - v_{1h}) = \frac{E}{L}\{v_{2H} - v_{1h}[f(q)]\} \tag{14-8}$$

根据前滑定义，有：

$$v_{1h} = v_1(1 + S_{1h}) \tag{14-9}$$

式中　v_1——前一机架轧辊的线速度；

S_{1h}——前一机架轧件的前滑值。

如前所述，前滑大小随张力而变化。根据 H. H. 德鲁日宁的实验，当张力在通常的应用范围内变化时，前滑和张力有下面的直线关系：

$$S_h = S_{h0} + aq \tag{14-10}$$

式中　S_{h0}——无张力时（或张力变化前）的前滑值；

a——系数。

根据式（14-9）和式（14-10）两式，可建立前一机架的轧件出口速度和张力的关系；

$$v_{1h}[f(q)] = v_{1h} = v_1(1 + S_{1h0} + aq) \tag{14-11}$$

将式（14-11）代入式（14-8）张力微分方程，经过积分可得张力公式为：

$$q = \frac{v_{2H} - v_{1h0}}{v_1 a}\left(1 - e^{-\frac{Ev_1 a}{L}t}\right) \tag{14-12}$$

式中　v_{2H}——后一机架的轧件入辊速度；

v_{1h0}——无张力时（或张力变化前），前一机架的轧件出辊速度；

v_1——前一机架轧辊线速度；

a——系数；

E——轧件的弹性模量；

L——两机架之间的距离；

t——时间。

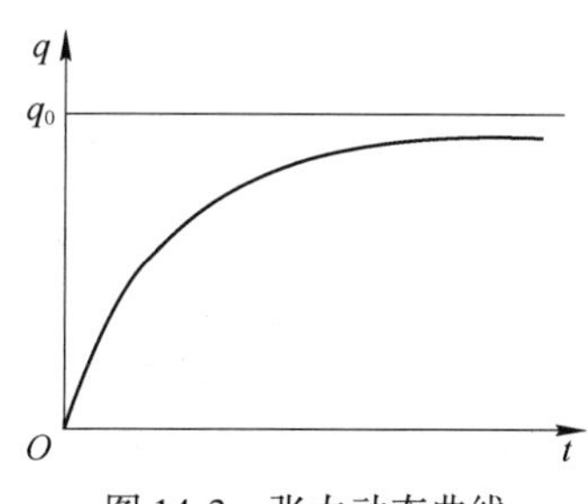

图 14-3　张力动态曲线

张力公式反映了张力随时间的变化（见图 14-3）。张力公式和图 14-3 可以说明建张过程。如有速度差产生，则平衡破坏而产生张力，张力不稳定，随时间延长而增大。

在连轧过程中，张力具有“自动调节”的作用。在连轧过程中，当某一机架的轧制参数发生变化而产生速度差（$v_{2H}-v_{1h}$）时，轧件中便产生张力，且张力逐渐增加。张力增加使前一机架受到的前张力增大，使前滑值 S_{1h} 增加，使轧件出辊速度 $v_{1h}=v_1(1+S_{1h})$ 增加，同时张力增加又使后一机架受到的后张力增加，使后滑值 S_{2H} 增加，从而使后一机架的轧件入辊速度 $v_{2H}=v_2\cos\alpha_2(1-S_{2H})$ 减小，进而使速度差 $v_{2H}-v_{1h}$ 减小，导致张力增大变得缓慢。这样，经过一段时间，在张力的调节作用下，速度差 $v_{2H}-v_{1h}$ 减小为0，轧制过程在一定的张力条件下达到新的平衡，这就是所谓的张力“自动调节”作用。

必须指出的是，若速度差（$v_{2H}-v_{1h}$）太大，产生的张力大于轧件的 σ_s，则轧件会产生塑性变形，甚至被拉断，新的轧制平衡就不能建立。

模块 14.3　前滑系数、堆拉系数和堆拉率

14.3.1　前滑系数

由前滑定义可得：$S_h=\frac{v_h-v}{v}=\frac{v_h}{v}-1$。把式中轧件的出辊速度 v_h 与轧辊线速度 v 之比值

称为前滑系数 S_v，即：

$$S_v = \frac{v_h}{v} \tag{14-13}$$

前滑系数和前滑值的关系为：$S_v = S_h + 1$，显然，前滑系数大于 1。

连轧时，各机架的前滑系数分别为：

$$S_{v1} = \frac{v_{h1}}{v_1},\ S_{v2} = \frac{v_{h2}}{v_2},\ \cdots,\ S_{vn} = \frac{v_{hn}}{v_n}$$

各机架前滑系数和前滑值的关系为：

$$S_{v1} = S_{h1} + 1,\ S_{v2} = S_{h2} + 1,\ \cdots,\ S_{vn} = S_{hn} + 1 \tag{14-14}$$

将式（14-14）代入式（14-3），可得用前滑系数来表示连轧的秒流量相等原则：

$$F_1D_1n_1S_{v1} = F_2D_2n_2S_{v2} = \cdots = F_nD_nn_nS_{vn} \tag{14-15}$$

14.3.2　堆拉系数和堆拉率

实际上在连轧生产中，要保持秒流量绝对相等相当困难。为了使连轧能顺利进行，常常有意识地采用堆钢或拉钢的操作技术。在线材连轧机组上通常可分为初轧、中轧和精轧机组，机组与机组之间一般采用堆钢轧制，而机组内的机架与机架之间一般采用拉钢轧制。

拉钢轧制有利有弊。利是不会出现因堆钢而产生事故，弊是轧件头、中、尾尺寸不均匀，特别是在精轧机组内的机架之间，若拉钢轧制控制不当时，将会使产品的头、尾尺寸超出公差。一般头、尾尺寸超出公差的长度，与最后几个机架间的距离有关。因此，为减少头尾尺寸超出公差的长度，除减小张力，采用微张力拉钢轧制外，还应尽量缩小精轧机组内最后几个机架间的距离。

14.3.2.1　堆拉系数（K_s）

堆拉系数 K_s 是指单位时间通过前一机架的金属量和后一机架的金属量之比，它是堆钢或拉钢轧制的一种表示方法。其表达式为：

$$K_{s1} = \frac{F_1D_1n_1S_{v1}}{F_2D_2n_2S_{v2}} = \frac{C_1S_{v1}}{C_2S_{v2}}$$

$$K_{s2} = \frac{F_2D_2n_2S_{v2}}{F_3D_3n_3S_{v3}} = \frac{C_2S_{v2}}{C_3S_{v3}}$$

$$\vdots$$

$$K_{s(n-1)} = \frac{F_{n-1}D_{n-1}n_{n-1}S_{v(n-1)}}{F_nD_nn_nS_{vn}} = \frac{C_{n-1}S_{v(n-1)}}{C_nS_{vn}} \tag{14-16}$$

式中　K_{s1}，K_{s2}，…，K_{sn}——连轧时各机架的堆拉系数。若知道各机架的轧件出口断面积、轧辊工作直径、轧辊转速和前滑系数，就可以求出各机架之间的堆拉系数。堆拉系数可以表示堆钢轧制和拉钢轧制。

（1）当 $K_s<1$ 时，表示堆钢轧制。线材连轧机组之间采用堆钢轧制，这时要根据活套大小，调节直流电机的转数来控制适当的堆钢系数。

（2）当 $K_s>1$ 时，表示拉钢轧制。在线材连轧机组中采用拉钢轧制，粗轧机组和中轧机组的机架与机架之间的拉钢系数一般控制在1.02～1.04之间，而精轧机组控制在1.005～1.02。

14.3.2.2　用堆拉系数表示的连轧关系

由式（14-16）得：

$$K_{s1} = \frac{C_1 S_{v1}}{C_2 S_{v2}},\ K_{s2} = \frac{C_2 S_{v2}}{C_3 S_{v3}},\ \cdots,\ K_{sn} = \frac{C_n S_{vn}}{C_{n+1} S_{v(n+1)}}$$

考虑堆钢和拉钢的连轧关系为：

$$C_1 S_{v1} = K_{s1} C_2 S_{v2} = K_{s1} K_{s2} C_3 S_{v3} = \cdots = K_{s1} K_{s2} \cdots K_{sn} C_{n+1} S_{v(n+1)} \tag{14-17}$$

14.3.2.3　堆拉率（ε）

堆拉率是堆钢和拉钢的另一种表示方法。堆拉率和堆拉系数的关系为：

$$\varepsilon = (K_s - 1) \times 100 \quad 或 \quad \varepsilon_i = (K_{si} - 1) \times 100 \tag{14-18}$$

堆拉率为正表示拉钢轧制，堆拉率为负表示堆钢轧制。

习　　题

14-1　理论上连轧必须满足哪三个条件，当外扰量和调节量变化时，这三个条件是否还成立？

14-2　如何理解连轧是动态的，也是稳定的。

14-3　张力在连轧中如何进行自动调节。

14-4　什么是前滑系数，堆拉系数和堆拉率？

14-5　堆拉系数和堆拉率有何关系，如何用它们来表示堆钢轧制和拉钢轧制？

参考文献

[1] 袁志学，王淑平．塑性变形与轧制原理［M］．北京：冶金工业出版社，2008.
[2] 运新兵．金属塑性成形原理［M］．北京：冶金工业出版社，2012.
[3] 曹乃光．金属塑性加工原理［M］．北京：冶金工业出版社，1989.
[4] 魏立群．金属压力加工原理［M］．北京：冶金工业出版社，2008.
[5] 李生智．金属压力加工概论［M］．北京：冶金工业出版社，2011.
[6] 王廷溥，齐克敏．金属塑性加工学［M］．北京：冶金工业出版社，2006.
[7] 赵业志．金属塑性变形与轧制原理［M］．北京：冶金工业出版社，1994.
[8] 徐洲，姚寿山．材料加工原理［M］．北京：科学出版社，2003.
[9] 王平．金属塑性成型力学［M］．北京：冶金工业出版社，2013.
[10] 宋维锡．金属学［M］．北京：冶金工业出版社，2004.
[11] 崔忠圻．金属学与热处理原理［M］．哈尔滨：哈尔滨工业大学出版社，2007.
[12] 王从曾．材料性能学［M］．北京：北京工业大学出版社，2010.
[13] 刘国勋．金属学原理［M］．北京：冶金工业出版社，1980.